TAGUNGSBERICHT
Nr. 135

Stand und Entwicklungstendenzen der Intensivierung sowie der Konzentration und Spezialisierung der industriemäßigen Druschfruchtproduktion

Wissenschaftliche Vortragstagung
im Institut für Getreideforschung
Bernburg-Hadmersleben
der Akademie der Landwirtschaftswissenschaften
der Deutschen Demokratischen Republik
vom 14. bis 15. Februar 1974

1975

AKADEMIE DER LANDWIRTSCHAFTSWISSENSCHAFTEN
DER DEUTSCHEN DEMOKRATISCHEN REPUBLIK

Herausgeber: Akademie der Landwirtschaftswissenschaften
der Deutschen Demokratischen Republik

Chefredakteur: Prof. Dr. sc. Hansgeorg Steikhardt, Direktor des Instituts
für Getreideforschung Bernburg-Hadmersleben der Akademie

Herstellung: Institut für Landwirtschaftliche Information
und Dokumentation der Akademie

Erschienen im Akademie-Verlag, 108 Berlin, Leipziger Straße 3–4

Lizenznummer: 202 · 100/510/76

Gesamtherstellung: VEB Druckhaus Köthen, DDR-437 Köthen

Bestellnummer: 808 215 6

Printed in GDR

Inhalt

Vorwort 7

Themenkreis Aktuelle Fragen der Konzentration und Spezialisierung der Druschfruchtproduktion

EBERT, D.
Zur Problematik der Konzentration und Spezialisierung einer intensiven, industriemäßigen Produktion von Druschfrüchten in der sozialistischen Landwirtschaft der DDR 13

EHRENPFORDT, V.
Auswirkungen der Getreidekonzentration in der Fruchtfolge auf den Ertrag bei Einbeziehung von Intensivierungsmaßnahmen 29

SCHÖNROK-FISCHER, R.; SCHWÄBE, L.
Möglichkeiten zur Einschränkung fruchtfolgebedingter Ertragsminderungen bei hoher Getreidekonzentration 39

FOCKE, I.; GRAZZECK, E.; ARNECKE, S.
Die Entwicklung der Halmbruchkrankheit in Abhängigkeit von Intensivierungsfaktoren und Witterung 47

GRAZZECK, E.; FOCKE, I.; HEIDE, A.
Schaderreger und Ertragsentwicklung in Monokultur sowie Fruchtfolgen mit unterschiedlich hohen Anteilen von Körnermais 57

OTTO, R.; WIECZOREK, J.
Technologische Probleme im spezialisierten Druschfruchtbetrieb 67

FEISTKORN, M.
Die Auswirkungen der Konzentration und Spezialisierung der Druschfrüchte auf einige ökonomische Kriterien 77

MICHEL, H. J.
Zur betriebswirtschaftlichen Einordnung der Rapsproduktion 89

SCHUBERT, H.
Perspektivische Erweiterung der Getreideproduktion 99

Themenkreis Maßnahmen der Intensivierung der Druschfruchtproduktion zur Steigerung der Aufkommensenergie und eiweißreicher Futterstoffe

BEESE, G.; KRAUSE, M.; MERZDORF, G.
Die Leistungsfähigkeit der Getreidearten in Abhängigkeit vom Standort 105

KAUFHOLD, W.
Der Leistungsstand der Körnerleguminosen Ackerbohne und Weiße Lupine im Vergleich zu Getreide 121

ZIMMERMANN, H.-G.
Der Rohproteingehalt bei Getreide im Zusammenhang mit einigen anbautechnischen und ökologischen Faktoren 127

BOCK, H.-D.; KRACHT, W.; WÜNSCHE, J.
Zur Bedeutung der Futtergetreidearten als Eiweiß- und Energieträger in der Mastschweinefütterung 137

MÜHLE, P.
Zur Wirkung agrotechnischer Maßnahmen im Körnermaisanbau 145

BANNEICK, A.; MÜLLER, F.
Erste Ergebnisse von Ertragsleistungen und Anbauversuchen des hellkörnigen Tetraroggens 151

OTTO, R.
Zu einigen Problemen der Verlustsenkung beim Mähdrusch von Raps 157

KRATZSCH, G.; SCHWÄGER, D.; KOBOLD, F.
Zum Problem der optimalen Schnittzeitspanne bei der Getreideganzpflanzenernte . 167

BERNHARDT, H.
Verfahrenstechnische Fragen bei der Ganzpflanzenernte zu Getreide 177

STEIKHARDT, HG.
Ergebnisse der Ganzpflanzenernte von Mais 189

JAUERT, R.; ANSORGE, H.; GÖRLITZ, H.
Einfluß der N-Düngung bei zusätzlicher Beregnung auf den Ertrag und die Qualität der wichtigsten Getreidearten auf Schwarzerde und anlehmigem Sand 199

REINSBERG, K.; ANSORGE, H.; JAUERT, R.
Einfluß unterschiedlich gedüngter Vorfrüchte auf den Wirkungsgrad der N-Düngung zu Getreide 217

KRATZSCH, G.
Ergebnisse über eine rationelle Verteilung der Stickstoffgaben bei Getreide 225

BANNEICK, A.
Beziehungen zwischen Bestandsdichte und Ertrag einiger Winterweizensorten als Beitrag zum Problem der Aussaatmengenfestlegung bei sowjetischen Sorten 235

Ulrich, P.-C.; Wicke, H.-J.
Zur Steuerung der Beregnung von Getreide mit Hilfe der Refraktometermethode .. 243

Reuss, H.
Die Erhöhung der Getreideproduktion durch Beregnung bei Getreidearten und Getreidesorten 253

Vorwort

Durch die sozialistische Intensivierung und den schrittweisen Übergang zu industriemäßigen Produktionsmethoden auf dem Wege der Kooperation erhöhen unsere Genossenschaftsmitglieder und Landarbeiter von Jahr zu Jahr die Produktion, steigern die Arbeitsproduktivität und verbessern ihre Arbeits- und Lebensbedingungen.
Auch das Aufkommen und die Qualität des Getreides erhöhen sie ständig. In den letzten Jahren wurden über 8 Millionen Tonnen Getreide geerntet. Die Erträge, die 1960 im Durchschnitt unserer Republik 27,5 dt/ha betrugen, stiegen im Jahre 1973 auf 35,8 dt/ha. Der vermehrte Mineraldüngereinsatz, die sachgemäße Unkraut- und Schädlingsbekämpfung und insbesondere der Anbau sowjetischer Intensivweizen haben zur Erzeugung eines eiweißreicheren Getreides für die Tierproduktion und zu besseren Rohstoffen für die Nahrungsmittelindustrie geführt.
Die Hauptursache dieser eindeutig positiven Entwicklung ist die gesetzmäßige Weiterentwicklung der Produktivkräfte und der Produktionsverhältnisse. Das bewußte Handeln unserer Menschen, die Bereitstellung hochwertiger Produktionsmittel durch die Arbeiterklasse und die vielfältigen Kooperationsbeziehungen bzw. die gemeinsame Bewirtschaftung des Bodens ermöglichen moderne Formen der Produktionsorganisation, die Verbesserung der Ackerkultur, die zügige Verbreitung leistungsstarker Sorten, die sachgemäße Agrotechnik, vermehrte Chemisierung sowie den effektiven Einsatz der Technik.
Das gestiegene Aufkommen an Getreide und seine Qualität reichen jedoch nicht aus, um der auf dem VIII. Parteitag der SED beschlossenen Zielstellung einer immer besseren Befriedigung der Bedürfnisse der Werktätigen gerecht zu werden.
Der zukünftige Bedarf an Getreide beläuft sich auf 11 bis 12 Millionen Tonnen. Das Getreide für die Tierproduktion, das rund 70 Prozent des Gesamtbedarfes ausmacht, muß einen Rohproteingehalt von 15 bis 17 Prozent und einen höheren Anteil an essentiellen Aminosäuren, insbesondere von 0,6 Prozent Lysin, enthalten.

Auch die Arbeitsproduktivität ist weiter zu steigern und die Verfahrenskosten sind zu senken. Als Parameter seien 16 bis 20 AKh/ha und weniger als 400 M/ha genannt.

Andererseits geht es darum, durch eine höhere Eigenerzeugung die Importe aus der Sowjetunion zu reduzieren und dadurch den sozialistischen Bruderländern größere Getreidelieferungen in die jungen Nationalstaaten zu ermöglichen und diese auf die Weise vom ökonomischen Druck und der politischen Erpressung der imperialistischen Staaten zu befreien.

In diesen politischen Zusammenhängen sind die Aufgaben der Getreidewirtschaft in unserer Republik zu sehen und daraus resultiert die Verpflichtung, die Getreideproduktion nach wie vor entscheidend zu erhöhen und qualitativ zu verbessern.

Die Genossenschaftsbauern und Landarbeiter unserer sozialistischen Landwirtschaft wollen diese anspruchsvollen Aufgaben auf folgende Weise lösen:

Erstens steigern sie weiter die Hektarerträge und verbessern die Qualität des Getreides, und

zweitens dehnen sie die Getreidefläche planmäßig aus.

Die Beschlüsse des VIII. Parteitages der SED und des XI. Bauernkongresses der DDR zeigen ihnen die Wege zur Verwirklichung dieser Zielstellungen:

Die Ackerkultur wird weiter verbessert. Düngung und Pflanzenschutz werden wirksamer. Die Beregnung gewinnt an Bedeutung. Die Getreidearten mit dem höchsten Ertragspotential und den besten Werteigenschaften dehnen sich aus, und Getreidesorten mit einem höheren Nährstoffausnutzungsvermögen, einer größeren Standfestigkeit und einer befriedigenden Widerstandsfähigkeit gegen Krankheiten und Schädlinge werden zum Anbau kommen. Das Flugzeug, leistungsfähigere Mähdrescher, effektivere Verfahren der Strohdüngung und Strohbergung und neue Prinziplösungen im Produktionsverfahren bestimmen die Produktion maßgebend mit. Schließlich werden der Prozeß der Konzentration, Spezialisierung und Arbeitsteilung sowie die damit verbundene Weiterentwicklung der Kooperation einen immer stärkeren Einfluß ausüben.

Die Getreidefläche, die sich vor Jahren auf 2,2 Millionen Hektar belief, betrug 1973 2,35 Millionen Hektar. Im Jahre 1975 wird sie auf 2,5 geschätzt, und Jahre später wird sie noch umfangreicher sein. Der Anteil des Getreides am Ackerland wird sich damit von ehemals 48 Prozent in den kommenden Jahren schrittweise auf 60 Prozent und noch größere Anteile erhöhen. Spezialisierte Mähdruschbetriebe werden voraussichtlich mehr als 70 oder 80 Prozent Druschfrüchte anbauen.

Diese Wege, die wir gehen, um die politisch und volkswirtschaftlich erforderliche Vermehrung des Getreideaufkommens zu verwirklichen, machen jedoch die Lösung noch vielfältiger Probleme notwendig. Gemeinsam mit den Genossenschaftsbauern und Landarbeitern müssen Wissenschaftler, Angestellte und Arbeiter der Getreideforschung und anderer Disziplinen den entsprechenden wissenschaftlichen Vorlauf schaffen.

Dabei geht es insbesondere um die Züchtung ertragreicher Sorten, um die maxi-

male Ausschöpfung des Ertragspotentials durch den effektiven Einsatz aller möglichen Intensivierungsmaßnahmen und um die noch rationellere Gestaltung des Produktionsverfahrens. Die Ausdehnung der Getreidefläche und die damit verbundene Konzentration des Getreides in bestimmten Territorien und die entsprechende Spezialisierung sozialistischer Landwirtschaftsbetriebe machen die Lösung zahlreicher phytosanitärer, acker- und pflanzenbaulicher, arbeitswirtschaftlicher und ökonomischer Aufgaben erforderlich.
Wir haben es deshalb für richtig erachtet, unsere diesjährige wissenschaftliche Vortragstagung unter das Thema „Stand und Entwicklungstendenzen der Intensivierung sowie der Konzentration und Spezialisierung der industriemäßigen Druschfruchtproduktion" zu stellen. Wir wollen damit einen Beitrag zur Lösung dieser vor uns stehenden Probleme leisten sowie Bilanz über das bisher Erreichte ziehen und neue Impulse für die zukünftigen Aufgaben vermitteln.

Prof. Dr. sc. HG. STEIKHARDT

Themenkreis Aktuelle Fragen der Konzentration und Spezialisierung der Druschfruchtproduktion

Tag.-Ber., Akad. Landwirtsch.-Wiss. DDR, Berlin (1975) 135, S. 13–27

Institut für Getreideforschung Bernburg-Hadmersleben
der Akademie der Landwirtschaftswissenschaften der DDR

DIETER EBERT

Zur Problematik der Konzentration und Spezialisierung einer intensiven, industriemäßigen Produktion von Druschfrüchten in der sozialistischen Landwirtschaft der DDR

Auf dem XI. Bauernkongreß der DDR führte der 1. Sekretär des Zentralkomitees der SED, Genosse ERICH HONECKER, aus: „Der Fortschritt von Wissenschaft und Technik, das bedeutende Wachstum der Produktivkräfte, verlangen gesetzmäßig die weitere Konzentration und Spezialisierung der landwirtschaftlichen Produktion. Der Sozialismus kann und muß diesen Notwendigkeiten voll entsprechen. Davon geht unsere agrarpolitische Konzeption aus. Sie ist auf dem Gebiet der Landwirtschaft ein konkreter und wirksamer, realistischer und vorwärtsführender Beitrag zur Verbindung der wissenschaftlich-technischen Revolution mit den Vorzügen der sozialistischen Gesellschaftsordnung" (HONECKER, 1972).

Damit wird sichtbar gemacht, daß der Prozeß der Konzentration und Spezialisierung der landwirtschaftlichen Produktion eine objektive, eine gesetzmäßige Entwicklung darstellt, die sich planmäßig und schrittweise vollziehen wird. Die planmäßige Konzentration und Spezialisierung ist ein wesentliches Merkmal der industriemäßigen Produktion, indem sich große spezialisierte Produktionseinheiten auf dem Wege der Kooperation herausbilden, die es gestatten,

- moderne Maschinensysteme effektiv einzusetzen,
- einheitliche Technologien durchzusetzen,
- die Arbeitsproduktivität zu steigern und die Kosten zu senken,
- im Rahmen der vertikalen Kooperation große, einheitliche Partien mit bedarfsgerechtem Gebrauchswert zu erzeugen und
- die ständig wachsenden Spezialkenntnisse der Mitglieder planorientierter Produktionskollektive zu nutzen.

Eine Voraussetzung für die Konzentration und Spezialisierung der landwirtschaftlichen Produktion ist die weitere Vertiefung der gesellschaftlich-ökonomischen Beziehungen innerhalb und zwischen den Kollektiven der LPG, GPG und VEG sowie zu den Arbeitskollektiven in den Betrieben der industriellen Vorleistungen, der Einrichtungen mit arbeitsteiligen Aufgaben sowie der Betriebe der Nahrungsgüterwirtschaft und des Handels. Sichtbare Beispiele dieser Entwicklung sind in der DDR die spezialisierten Produktionseinheiten, die in

Dedelow, Gröbzig und Berlstedt mit zugleich hohem Konzentrationsgrad entstanden sind.

„Die kooperativen Abteilungen Pflanzenproduktion sind Ausdruck der weiteren Konzentration und Spezialisierung und des Übergangs zu industriemäßigen Produktionsmethoden in der Pflanzenproduktion" (o. V., 1974). Es entstehen große Schläge bzw. Schlageinheiten und überschaubare Fruchtfolgerotationen. So hatte z.B. das heute auf Druschfrüchte spezialisierte LVG (Lehr- und Versuchsgut) Welsleben in den sechziger Jahren noch über 20 Einzelschläge mit 17 Fruchtarten; heute sind es acht Schläge zu 200 ha mit 5 Druschfruchtarten und der Futterkultur Luzerne.

Wie Makowski (1974) in den 3 Nordbezirken am Beispiel des Konzentrationsgrades bei Raps nachweisen konnte, steigt mit dem größer werdenden Anbauumfang der Rapsertrag (Tab. 1).

Tabelle 1

Anbaukonzentration und Rapsertrag 1971/72 nach Makowski

Rapsfläche (in % AL)	Anzahl der Schläge	Ertrag dt/ha
bis 6,0	136	21,9
6,1– 9,0	208	22,9
9,1–12,0	128	23,7
über 12,1	42	(24,7)

Diese, auch auf anderen Gebieten vorzufindende Erscheinung wird in erster Linie bedingt durch eine bessere Leitungstätigkeit und Arbeitsorganisation, stellt doch dann eine solche Produktionskonzentration eine ökonomisch sehr entscheidende Position im Betriebsgeschehen dar.

Bei der Reduzierung der vielseitigen Produktionsstruktur ist darauf zu achten, daß

- die volkswirtschaftlichen Aufgaben voll erfüllt werden,
- die Profilierung planmäßig und schrittweise erfolgt,
- der Arbeitszeitfonds der Genossenschaftsbauern und Landarbeiter umfassend ausgelastet wird und
- die modernen Maschinensysteme effektiv genutzt werden.

Bedeutsam ist auch für die Entwicklung in den nächsten Jahren, „daß mehrere Produkte in einer LPG bzw. einem VEG oder einer kooperativen Abteilung Pflanzenproduktion zu erzeugen sind" (o. V., 1974b).

Auf der Basis dieser agrarpolitischen Grundsätze bei der weiteren Konzentration und Spezialisierung der sozialistischen Landwirtschaft stellt sich die Frage, welche Aspekte und Probleme bei diesem Prozeß auftreten, wenn man die Entwicklung der Getreideproduktion bzw. unter Berücksichtigung der nahezu übereinstimmenden Technologie die der Gruppe der Druschfrüchte (Getreide, Körnerleguminosen, Raps) ins Auge faßt.

1. Charakteristik und Bestimmungsgründe der Konzentration und Spezialisierung der Druschfrüchte

Um die Probleme möglichst eindeutig erfassen zu können, soll eingangs der Versuch einer Definition der – wohlgemerkt als Einheit zu betrachtenden – Begriffe Konzentration und Spezialisierung vom Standpunkt der Pflanzenproduktion gemacht werden.

Unter Konzentration verstehen wir die räumliche (territoriale) Verdichtung einer auf großen Schlägen bzw. Schlageinheiten durchgeführten Erzeugung eines Produktes (z.B. Getreide) bzw. einer Produktengruppe (z.B. Druschfrüchte). In Wechselwirkung hierzu kommt es zur Konzentration von Produktionsmitteln, insbesondere zu einheitlichen Maschinensystemen. Konzentration steht immer in Zusammenhang mit der Spezialisierung und der Kombination!

Unter Spezialisierung verstehen wir die Beschränkung auf die Erzeugung weniger, verfahrenstechnisch verwandter Produkte innerhalb einer LPG, eines VEG oder einer kooperativen Abteilung Pflanzenproduktion.

Zur Vervollkommnung dieser Definition muß noch hinzugefügt werden, daß diese Prozesse nur in Verbindung mit der Intensivierung der Produktion, d.h. mit steigenden, stabilen und qualitätsgerechten Ernten ablaufen dürfen.

Neben den Gesetzmäßigkeiten, die der Konzentration und Spezialisierung der landwirtschaftlichen Produktion zugrunde liegen, gibt es noch einige spezifische Bestimmungsgründe, die Ursache dafür sind, wie sich diese Entwicklung sowohl im allgemeinen als auch im Einzelfall auf dem Gebiet der Druschfruchtproduktion vollziehen wird:

1. Der ständig steigende Bedarf an Getreide für die Volkswirtschaft der DDR und für die gemeinsamen Aufgaben in der sozialistischen Staatengemeinschaft erfordert eine schrittweise Ausdehnung der Getreidefläche im Zuge einer effektiven Intensivierung der Pflanzenproduktion. Damit erhöht sich der Konzentrationsgrad an Getreide prinzipiell unter allen natürlichen Produktionsbedingungen der DDR. Die zweifellos zu erwartende Differenzierung wird weniger von den natürlichen Produktionsbedingungen, sondern in erster Linie vom volks- und betriebswirtschaftlich bestimmten Produktionsprofil des einzelnen Betriebes in Zusammenhang mit seinen Versorgungsaufgaben für die Marktproduktion bzw. für die spezialisierte Tierproduktion bestimmt.
2. Zur Erhöhung der pflanzlichen Bruttoproduktion ist es immer mehr erforderlich, das natürliche Produktionspotential des Standortes (Boden, Klima) voll

zu nutzen. Mit diesem Ziel werden in vielen kooperativen Abteilungen Pflanzenproduktion, insbesondere in Gebieten mit wechselnden Standortqualitäten, Maßnahmen ergriffen, um den Anbau der einzelnen Fruchtarten optimal mit den natürlichen Bedingungen in Übereinstimmung zu bringen. So hat z.B. die LPG „Neues Leben" in Benzingerode (Harz) den Getreideanbau von Kleinstflächen sowie aus Hanglagen herausgenommen und dafür dort mehrjährige Futterkulturen eingeführt. Der Kartoffelanbau wurde auf steinfreie, siebfähige Lößböden verlagert. Damit vollzog sich folgerichtig eine Konzentration von Getreide in den restlichen Produktionsbereichen (TRIEGLAFF, 1973).

3. Zielstrebig wird in der DDR das System großflächiger Beregnungsanlagen ausgebaut. In den Produktionseinheiten, die unter Beregnung stehen, treten die beregnungswürdigen Fruchtarten in den Vordergrund und das für Zusatzwasser weniger dankbare Getreide wird stark reduziert. Zur Situation auf diesem Gebiet schreiben SCHIRACH, KACHEL und FÖRKEL (1973): „Wesentlich über 80% Ausnutzung werden selten erreicht, da aus Gründen des Produktionsvolumens von Getreide auf der nicht bevorteilten Fläche und aus Fruchtfolgegründen auf einen Mindestanteil an Getreide auf der Erschließungsfläche im allgemeinen nicht verzichtet werden kann. Die gegenwärtig vorhandenen Beregnungsverfahren lassen jedoch die Beregnung von Getreide im entscheidenden Entwicklungsstadium nicht zu. Zudem bringen die zur Verfügung stehenden Sorten nur geringe Mehrerträge, mit denen keine ökonomische Effektivität zu erreichen ist".

Aus dieser Einschätzung geht hervor, daß gegenwärtig großräumige Beregnungsanlagen Anlaß sind, Getreide außerhalb der Erschließungsfläche mit einem relativ hohen Konzentrationsgrad anzubauen. Ähnliche Auswirkungen haben auch die Konzentrationsprozesse im Futterbau sowie in der Obst- und Gemüseproduktion.

Ein interessantes Problem im Zusammenhang mit Beregnungsanlagen hat sich in der LPG Vippachedelhausen herauskristallisiert. Die Beregnungsschläge lassen sich zum großen Teil durch Flurmelioration nicht so begradigen, daß die Rollstränge alle Schlagteile voll erfassen. Es bleiben zahlreiche Klein- und Randflächen unberegnet. Es wurde der Vorschlag gemacht, diese Randflächen mit einer getreidebetonten Teilfruchtfolge zu bewirtschaften (Tab. 2, Variante 1 in der Rotation I). Bei der Verwirklichung dieses Vorschlages würden in dieser Nebenrotation 66,7% des Ackerlandes mit Getreide bestellt. Fruchtfolgebiologisch wäre diese Konzentration tragbar. Aber die Arbeitsorganisation zur Realisierung dieser Produktion auf vielen kleinen Schlägen würde aus der Sicht einer industriemäßigen Getreideproduktion einen Widerspruch bedeuten und nicht zu einer intensiven und effektiven Erzeugung von Getreide führen. Als Variante 2 (Tab. 2) wurde deshalb vorgeschlagen, die Luzernenutzung aus der unberegneten Rotation II in diese Randflächen zu verlagern und dafür das Getreide auf den großen Schlägen der Rotation II zu produzieren. Allerdings würde sich dort der Konzentrationsgrad des Getreides von 64,3% auf 71,4% erhöhen.

Tabelle 2

Überlegungen zu einer Fruchtfolgelösung in der LPG Vippachedelhausen

	Rotation I			Rotation II	
	Beregnung	Randflächen			
		Var. 1	Var. 2	Var. 1	Var. 2
1	ZR	ZR	ZR	Lu/SM	SM
2	WW	WW	WW	Lu/Ha	WW
3	FG	Ha	Lu	WW	SG
4	FG	WW	Lu	SG	KG
5	ZR	ZR	ZR	KG	Ha
6	FG	WW	SG	WW	WW
7	FG	SG	WW	SG	SG
8	V	V	V		
9	WW	WW	WW		
10	ZR	ZR	Lu		
11	FG	WW	Lu		
12	FG	SG	WW		
Getreide-anteil (%)	16,7	66,7	41,5	64,3	71,4

ZR = Zuckerrübe, V = Vermehrung, FG = Feldgras, KG = Kleegras, Lu = Luzerne, SM = Silomais, WW = Winterweizen, SG = Sommergerste, Ha = Hafer

Genauere Untersuchungen werden eine zufriedenstellende Lösung dieses Problems herbeiführen. Hier wurde das Beispiel nur angeführt, um die Vielzahl der Anlässe anzudeuten, die in den sozialistischen Landwirtschaftsbetrieben im Interesse einer intensiven, industriemäßigen Produktion zu Maßnahmen der Konzentration und Spezialisierung führen.

4. In bestimmtem Maße gibt auch ein örtlich sehr geringer Arbeitskräftebesatz den Anstoß zur Konzentration und Spezialisierung auf Getreideproduktion. Aus volkswirtschaftlicher Sicht muß man dieser Erscheinung aber sehr kritisch gegenübertreten, ist doch in diesen Fällen meist eine Einstellung der arbeitsaufwendigen Hackfruchtproduktion erfolgt. Solange im Interesse der Stabilität sortimentsgerechter Versorgung das Aufkommen dieser Fruchtarten von anderen Betrieben übernommen wird, kann man einer solchen Spezialisierung zustimmen. Sie ist aber nicht der Hauptweg zur Lösung der Arbeitskräftesituation und sollte deshalb auf örtliche Sonderfälle beschränkt bleiben.

Bei der Betrachtung dieser vier hauptsächlichen Bestimmungsgründe zur Konzentration und Spezialisierung ist deutlich geworden, daß bei diesem Prozeß ökonomische und biologische Probleme zu lösen sind, ohne bei dieser Gruppierung die innige Verflechtung dieser beiden Einflußgrößen übersehen zu wollen.

2. Ökonomische Aspekte der Konzentration und Spezialisierung der Druschfruchtproduktion

Neben dem schon im Zusammenhang mit Tab. 1 besprochenen Konzentrationseffekt auf die Leitungstätigkeit und Organisation der Arbeit gibt es noch weitere ökonomische Aspekte. So führt die Spezialisierung in Verbindung mit der Konzentration zu einer Beschränkung auf ein oder zwei Maschinensysteme. Daraus leitet sich eine Konzentration der finanziellen Fonds ab, die wiederum gestattet, den wissenschaftlich-technischen Fortschritt schnell und umfassend im Betrieb wirksam werden zu lassen. Ausdruck dieser Effekte sind steigende Arbeitsproduktivität und Einsparung von Kosten (Tab. 3).

Tabelle 3

Kennzahlen spezialisierter Produktion von Mähdruschfrüchten (nach Oldach)

Standorteinheit		$Lö_{1/2}$		D_5N		D_3S	
Mähdruschfläche	(% AL)	60	80	60	80	60	80
Ertrag in GE	dt/ha	46,6	47,9	45,2	45,4	31,7	32,8
Selbstkosten	M/ha	1274,–	1159,–	1279,–	1182,–	1150,–	1081,–
Verfahrenskosten	M/ha	520,–	421,–	530,–	419,–	502,–	415,–
Materialkosten	M/ha	412,–	468,–	412,–	461,–	369,–	426,–
Kostensatz	%	64,6	54,1	69,8	52,6	94,6	74,9

In einer Studie sind auf 3 typischen Standorteinheiten die Folgerungen untersucht worden, die sich aus einer Erhöhung der Mähdruschfläche von 60% auf 80% des Ackerlandes ergeben. Die ökonomischen Kennwerte sagen aus, daß die Erträge in GE leicht ansteigen, die Selbstkosten um etwa 20,– M/ha und die Verfahrenskosten um rund 100,– M/ha sinken und schließlich eine deutliche Verbesserung des Kostensatzes erzielt wird. Zur Absicherung der konzentrierten Fruchtfolgen sind etwa um 50,– M/ha höhere Materialkosten notwendig. Auch der Aufwand an Arbeitskraftstunden für die Getreideproduktion wird günstig durch die Konzentration und Spezialisierung beeinflußt, wie ein Vergleich dieses Kriteriums zwischen dem spezialisierten Druschfruchtbetrieb Welsleben mit anderen Lehr- und Versuchsgütern, die auf Lößboden wirtschaften, zeigt (Tab. 4).

Mit nur 17,0 AKh/ha liegt der Aufwand an lebendiger Arbeit nur halb so hoch wie im LVG Hohenthurm. Bei steigendem Getreideertrag wird eine hohe Arbeitsproduktivität erzielt, die mit 0,4 AKh/dt deutlich den entsprechenden Parametern der anderen Betriebe überlegen ist (Wieczorek, 1973).

Diesen betriebswirtschaftlich entscheidenden Vorteilen, die bei der Konzentration und Spezialisierung auftreten, steht das Problem der kontinuierlichen Auslastung des Arbeitszeitfonds gegenüber. Im Spezialbetrieb Druschfruchtproduktion kommt es zu einer großen Arbeitsspitze in den Erntemonaten Juli und August und – je nach der gegebenen Artenstruktur – in den Monaten der Aussaat. Es darf auch nicht übersehen werden, daß in bestimmten Perioden eine große Schlagkraft erforderlich ist, so z.B. bei der N-Düngung im Frühjahr oder bei Pflanzenschutzarbeiten.

Tabelle 4

Arbeitskraftstundenaufwand für Getreide in einigen LVG

LVG	AKh/ha 1971	AKh/dt 1971
Hadmersleben	25,0	0,6
Bernburg	24,0	0,6
Seehausen	31,0	0,7
Hohenthurm	35,0	0,9
Welsleben	17,0	0,4

Erfahrungen und Untersuchungsergebnisse besagen, daß die Diskontinuität des Arbeitsablaufes im Spezialbetrieb desto größer wird, je weniger Fruchtarten im Anbau sind, je höher also der Spezialisierungsgrad ist. So war z.B. im schon mehrfach erwähnten LVG Welsleben der Getreidebau nur mit Wintergerste und Winterweizen auf die Dauer nicht zu halten, da im Zusammenhang mit dem ebenfalls im Anbau befindlichen Winterraps die agrotechnischen Termine sowohl für die Bodenbearbeitung als auch für die Aussaat ständig überschritten wurden. Durch ein arbeitsorganisatorisch ausgewogenes Artenverhältnis, durch Variation der Nutzungsformen (z.B. Ganzpflanzenernte oder Strohdüngung statt Strohbergung) lassen sich in einem spezialisierten Druschfruchtbetrieb die arbeitswirtschaftlichen Schwierigkeiten entschärfen. Mittels moderner Technik, über einen vollen Technikbesatz und durch eine gute Arbeitsorganisation wird die notwendige Schlagkraft geschaffen. Beide Maßnahmekomplexe mindern aber nicht die Bedeutung der Kooperation, die ebenfalls, vielleicht noch verstärkt, im spezialisierten Druschfruchtbetrieb zur optimalen Lösung der Produktionsaufgaben angestrebt werden muß.

3. Biologische Aspekte bei der Konzentration und Spezialisierung der Druschfruchtproduktion

Die Pflanzenproduktion realisiert sich auf den einzelnen Schlägen in einem Fruchtfolgeablauf, dessen Gestaltung neben arbeitsökonomischen Kriterien weitgehend von biologischen Momenten abhängt, wenn Bodenfruchtbarkeit und Pflanzenertrag nicht geschmälert, sondern sogar verbessert werden sollen. Die

Produktion in der sozialistischen Landwirtschaft kann nur von dieser progressiven Zielstellung geprägt sein.

Die Konzentration von Mähdruschfrüchten, die sowohl Halm- als auch Blattfrüchte darstellen, wirft für die Fruchtfolge keine zusätzlichen Probleme auf, solange nicht Verträglichkeitsbeziehungen (z.B. bei Körnerleguminosen) verletzt oder phytopathologisch bedenkliche Anbaudichten bestimmter Arten (z.B. Winterraps) überschritten werden. Wir wollen deshalb die weiteren Betrachtungen einengen auf die Problematik der Getreidekonzentration in Fruchtfolgen.

Ein Schema soll helfen, die wichtigsten Probleme zu abstrahieren (Abbildung).

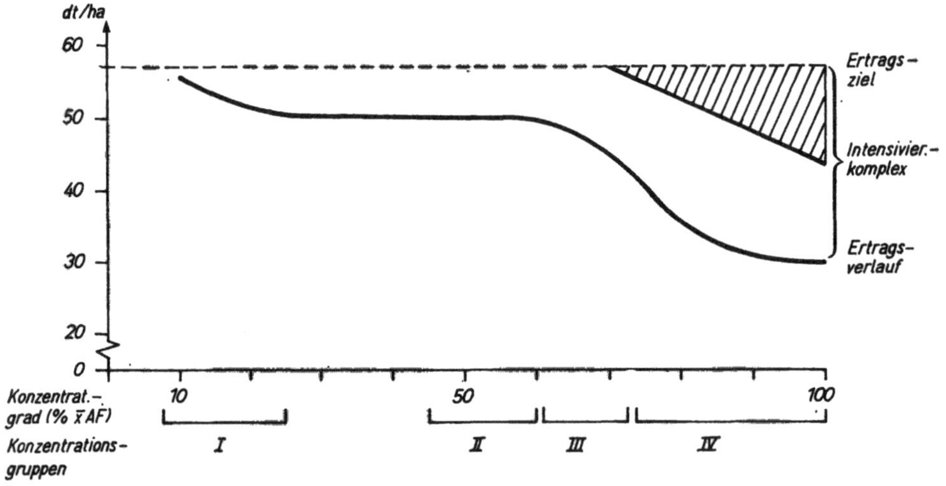

Schematische Darstellung der Ertragsdynamik bei steigendem Konzentrationsgrad in der Getreidewirtschaft

Im Koordinatensystem ist auf der Abszisse die Getreidekonzentration von 10 bis 100% aufgetragen, und unter Beachtung der Ertragsskala auf der Ordinate läßt sich der Ertragsverlauf ablesen. Dieser Ertragsverlauf ist stark schematisiert und soll die in vielen Versuchen und Untersuchungen gewonnenen Erkenntnisse widerspiegeln.

Der sozialistischen Landwirtschaft ist aber das Ziel gesetzt, durch komplexe Intensivierungsmaßnahmen die Erträge planmäßig und kontinuierlich zu steigern. Deshalb verbinden wir in unserem Denkmodell den statischen Verlauf einer konzentrationsabhängigen Ertragskurve mit der dynamischen Aufgabenstellung, statt 50 dt/ha in einer gegebenen Frist ein Ertragsniveau von 57 dt/ha zu erreichen. Betrachten wir unter diesen Voraussetzungen die Situation in den Konzentrationsgruppen I bis IV.

Konzentrationsgruppe I:

Bei einem Anteil von 10–25% vom Ackerland stehen dem Getreide stets gute Vorfrüchte zur Verfügung, so daß die Erträge höher als unter den üblichen Produktionsbedingungen sind. Diese Situation ist z.B. in den schon einmal erwähnten Beregnungsrotationen gegeben, in denen der Getreideertrag schon allein durch die gute Vorfruchtstellung positiv beeinflußt wird.
Der für das vorgegebene Ertragsziel von 57 dt/ha notwendige Intensivierungsaufwand ist vergleichsweise gering.

Konzentrationsgruppe II:

In dieser Situation befindet sich heute der größte Teil der sozialistischen Landwirtschaftsbetriebe. Das Getreide hat einen Anteil zwischen 45% und 60% am Ackerland und bringt bei einem mittleren Intensivierungsaufwand ohne fruchtfolgebedingte Komplikationen die vorausgesetzten Ertragssteigerungen.

Konzentrationsgruppe III:

In der Spanne von 60–75% Getreidekonzentration am Ackerland beginnt die Ertragskurve abzusinken. Es ist sehr schwer, zugleich auch wenig nützlich, den Beginn der Ertragsdepression auf den Punkt abschätzen zu wollen. Dafür ist die Vielfalt der Wirkungselemente zu groß. Hinzu kommt, daß sich auch der Erkenntnisstand der Wissenschaft in Verbindung mit dem Erfahrungsschatz der Praxis entwickelt. So betonen Liste und Schönrok-Fischer (1973), daß sich die Stimmen mehren, die über die bisher unter europäischen Bedingungen als obere Grenze von 60–65% Getreide am Ackerland angesehene Konzentration hinausgehen und Getreidedichten von 70–80% der Ackerfläche unter bestimmten Voraussetzungen für vertretbar halten. Es wird aber nicht unerwähnt gelassen, daß dieser Weg mit mehr oder weniger großen Gefahren verbunden ist, denen man durch zusätzliche Maßnahmen begegnen muß.
Dies kommt auch in unserem Denkmodell zum Ausdruck, indem sich die Summe der Intensivierungsmaßnahmen in der Konzentrationsgruppe III stark erhöht. Wir meinen, daß die jetzt bekannten Methoden und Verfahren in der Lage sind, bei Getreidekonzentration um 70% den planmäßigen Ertragszuwachs zu gewährleisten, wenn sie sachgemäß und komplex zum Einsatz gelangen.

Konzentrationsgruppe IV:

Diese positive Einschätzung gilt in dieser Situation nicht mehr. Die schraffierte, keilförmige Fläche soll andeuten, daß hier noch ein weites Feld der Forschung liegt, das bei der Züchtung auf „Konzentrationsresistenz" beginnt und beim möglichen Einsatz von Substanzen zum vollen „Vorfruchtersatz" endet.
Nicht übersehen werden sollte die Tatsache, daß zwischen einer reinen Getreidefruchtfolge und einer reinen Getreidemonokultur in der Ertragsreaktion der

Tabelle 5

Aufwertung von Getreidemonokulturen

	Winterweizen Bernburg 1970–72		Winterweizen Biestow 1969–73		Wintergerste Biestow 1969–73		Sommergerste Bernburg 1970–72	
	dt/ha	rel.	dt/ha	rel.	dt/ha	rel.	dt/ha	rel.
Fruchtwechsel	49,3	100	39,2	100	36,0	100	36,9	100
Monokultur	43,3	88	33,7	86	28,4	79	35,6	96
Aufwertungsmaßnahmen								
50 kg/ha N	42,8	87	–	–	–	–	36,2	98
Stroh + N	43,3	88	32,4	83	30,0	83	34,6	94
Stalldung	44,9	91	34,9	89	34,8	97	36,8	100
Gründüngung + N	43,1	88	–	–	–	–	35,5	96
Gülle + Stroh	–	–	34,6	88	28,9	80	–	–

beteiligten Getreidearten große Unterschiede bestehen. Diese Erkenntnis ist wichtig in Verbindung mit der perspektivischen Zielstellung für die Forschungsaufgaben in bezug auf die Problematik der oben angeführten Konzentrationsgruppe IV. Fernziel einer Konzentration und Spezialisierung der Getreideproduktion in der DDR ist nicht die Monokultur einer Art, sondern eine ökonomisch gerechtfertigte und biologisch abgesicherte Kombination von Getreide- bzw. Druschfruchtarten.

Wie schwierig es wäre, die bei Monokultur auftretenden Ertragsdepressionen durch anbautechnische Maßnahmen abzufangen, zeigen Ergebnisse aus noch relativ kurzfristig laufenden Versuchen in Bernburg und Rostock-Biestow (Ebert u.a., 1974).

In Tab. 5 wird nachgewiesen, daß es nur durch Einsatz von Stallmist möglich war, den negativen Monokultureffekt von 15–20% bei Wintergetreide mehr oder weniger zu mindern. Mineraldüngergaben und auch Stroh in Kombination mit N oder Gülle konnten die allgemeine Kulturverbesserung des Bodens durch Stallmist nicht ersetzen.

Nicht übersehen werden sollte aber auch die Feststellung, daß die Sommergerste in dreijähriger Monokultur auf dem Schwarzerdestandort Bernburg keine merkliche Ertragsdepression aufweist. Das bestätigen auch anderweitig gemachte Erfahrungen und bewegte u.a. Trieglaff (1973), eine hohe Konzentration der Sommergerste in Verbindung mit Gründüngung zu empfehlen.

Das Ertragsverhalten von Getreidemonokulturen ist auch stark standortabhängig. In allen Gebieten, die wenig oder nicht durch artentypische Fruchtfolgekrankheiten oder -schädlinge betroffen sind, ist bei betonter Ackerkultur ein langjähriger Anbau möglich. Dies zeigt auch ein Beispiel aus Mironovka, der Wirkungsstätte des bekannten und verehrten Weizenzüchters Professor Remeslo (Tab. 6).

Tabelle 6

Winterweizenmonokultur in Mironovka 1930–1971
(nach Remeslo, 1972)

Jahr	Sorte	Kornertrag (dt/ha) bei ungedüngt	$N_{60}P_{60}K_{60}$	Differenz
1930–48	Ukrainka 246	14,7	20,5	5,8
1949–51	Ljutescens 17	6,9	14,4	7,5
1953–58	Eritrospermum 15	8,8	17,5	8,7
1959–65	Mironovskaja 264	13,4	21,8	8,4
1966–71	Mironovskaja 808	23,2	32,2	9,0

Seit 1930 läuft dort ein Weizenmonokulturversuch (Remeslo, 1972). Bei gleichbleibender Bewirtschaftungsintensität (ungedüngt bzw. NPK-Düngung) wird durch den Einsatz von Sorten mit immer höherem Ertragspotential ein erheblicher Ertragszuwachs erzielt. Dabei ist – gemessen am Vergleichszeitraum 1930

bis 1948 – das Ertragsniveau bei ungedüngt um 8,5 dt/ha, bei Volldüngung aber um nahezu 12 dt/ha höher. Ungeachtet dessen, daß eine Variante mit Fruchtwechsel fehlt, ist doch aus diesem Versuch abzuleiten, daß im Intensivierungskomplex zur Bewirtschaftung konzentrierter Getreidefruchtfolgen auch das Produktionsmittel Sorte eine nicht unbedeutende Rolle spielt.
Beim Aufbau von Getreidefruchtfolgen, denen wir uns abschließend noch kurz widmen, spielt die Vorfruchtwahl im Zusammenhang mit den Verträglichkeitsbeziehungen eine große Rolle (Pallutt u. Rönsch, 1973). Wie Untersuchungen in vielen sozialistischen Landwirtschaftsbetrieben ergeben haben, wird in der DDR in vielen Fällen Getreide nach Getreide gebaut (Tab. 7).

Tabelle 7

Relative Häufigkeit der Vorfruchtwahl zu Getreide 1968–1973 (nach Kobold)

Vorfrüchte Getreideart	Getreide insgesamt	nach sich selbst	Hackfrüchte	Feldfutter einschließlich Raps
WR	60	36	17	23
WW	28	8	33	39
WG	67	1	6	27
SG	48	4	32	20
Ha	54	5	15	30

60% des Winterroggens stehen nach Getreide, davon wiederum die Hälfte nach der eigenen Art. Das verbreitete Fruchtfolgeglied „Winterweizen–Wintergerste" führt dazu, daß nur ein Drittel der Wintergerste in den Genuß guter Blattvorfrüchte kommt. Bemerkenswert ist auch die Feststellung, daß Weizen in 8% der Fälle nach Weizen angebaut wird, während Sommergerste nach Sommergerste kaum üblich ist.
Neben der direkten Vorfruchtstellung müssen wir auch die Zeitdauer der Wiederkehr der gleichen Fruchtart im Auge behalten.
Unter Berücksichtigung des Standortes und der geprüften Fruchtfolgerotation läßt sich ableiten, daß für Winterweizen und Wintergerste eine dreijährige Anbaupause ausreicht, um die erwarteten Ertragszuwachsraten zu erzielen. Unter Beachtung anderer Befunde kann man ergänzen, daß Winterroggen und Sommergerste schon bei zweijährigen Anbaupausen recht stabile Erträge bringen, während Hafer auf Grund seiner Nematodenanfälligkeit doch erst im Abstand von 4–5 Jahren nach sich selbst folgen sollte. Es sei nochmals betont, daß diese Relationen davon abhängig sind, was zwischen den Anbaujahren der jeweiligen Getreideart geschieht. Dies ist ebenso bedeutsam wie die Tatsache, daß das Verhalten der Getreidearten in einer Fruchtfolge mit hohem Konzentrationsgrad stark abhängig ist von der Art der Komplementärfrüchte. Geht man

vom Standpunkt einer weitgehenden Vereinfachung des Produktionsprofils aus, wird man Druschfrüchte wählen, um möglichst mit einer einheitlichen Technologie zu arbeiten. Stellt man eine hohe GE-Leistung zum Ziel, wird man Getreide, mit Zuckerrüben kombinieren. Hat man schließlich die Futterversorgung von großen Tierbeständen zu gewährleisten, wird die Kombination „Getreide–Ackerfutterbau" zweckmäßig sein.

4. Schlußbetrachtung

An dieser Stelle stellt sich die Einheit von ökonomischen und biologischen Kriterien im Prozeß der Konzentration und Spezialisierung der Pflanzenproduktion wieder her. Es wird klar, daß – die volkswirtschaftlichen Aufgaben als festen Zielpunkt vorausgesetzt – die Konzentration und Spezialisierung nur unter Wahrnehmung des Prinzips der Kombination auf dem Wege der Kooperation sinnvoll und vorwärtsschreitend vorangetrieben werden kann.

Antrieb für diese strukturelle Entwicklung unter kapitalistischen Produktionsverhältnissen sind das Profitstreben der Großgrundbesitzer und die Sorge vieler Landwirte um die Erhaltung ihrer bäuerlichen Existenz. Es ist deshalb nicht verwunderlich, daß oft die ökonomischen Belange die biologischen Grundsätze zurückdrängen und somit typische Konjunkturwirtschaft betrieben wird.

Antrieb für die Prozesse der Konzentration und Spezialisierung in der sozialistischen Landwirtschaft ist die bewußte Nutzung der ökonomischen Gesetze des Sozialismus mit dem Ziel, im Sinne der Hauptaufgabe des VIII. Parteitages der SED die Volkswirtschaftspläne zu erfüllen und überzuerfüllen.

Von dieser Basis aus möchten wir im heutigen Kolloquium zu einem fruchtbaren Erfahrungsaustausch und wissenschaftlichen Meinungsstreit kommen, um uns alle, die Genossenschaftsbauern und Landarbeiter, die Mitarbeiter in den staatlichen und wirtschaftsleitenden Organen und die Wissenschaftler, zu befähigen, bei der gesellschaftlichen Entwicklung unserer sozialistischen Landwirtschaft tatkräftig mitzuhelfen.

Zusammenfassung

Die Konzentration und Spezialisierung der Pflanzenproduktion ist ein objektiver Prozeß. Daraus leiten sich für die Getreideproduktion einige Probleme ab. Als Bestimmungsgründe für die Konzentration und Spezialisierung sind wirksam die planmäßige Bedarfsdeckung, die optimale Nutzung des natürlichen Produktionspotentials, die Einrichtung von Spezialfruchtfolgen sowie ein örtlich sehr geringer Arbeitskräftebesatz. Ökonomische Untersuchungen zeigen, daß bei einer Erhöhung der Mähdruschfläche von 60% auf 80% des Ackerlandes die GE-Erträge leicht ansteigen, die Selbstkosten um etwa 90,– M/ha und die Verfahrenskosten um rund 100,– M/ha sinken. Die Kontinuität des Arbeitsablaufes wird andererseits ungünstig beeinflußt. Der Konzentrationsgrad an Getreide muß in Übereinstimmung stehen mit dem Ertrags- und Fruchtbarkeitsniveau des Bodens. Hohe Getreidekonzentration erfordert größere Intensität der Bewirtschaftung und des Einsatzes von Produktionsmitteln. Vorfruchtwahl, Artenzusammensetzung, Häufigkeit der Wiederkehr der gleichen Art sowie die Art der Komplementärfrüchte sind wichtige Kriterien bei der Planung und Durchführung der Getreideproduktion mit hohem Konzentrationsgrad.

Резюме

Название работы: К проблематике концентрации и специализации интенсивного промышленного производства обмолачиваемых культур в социалистическом сельском хозяйстве ГДР

Концентрация и специализация растениеводства — объективный процесс. В связи с этим в производстве зерна возникают некоторые проблемы. Концентрацию и специализацию обусловливают планомерное покрытие потребности в зерне, оптимальное использование естественного потенциала урожайности, организация специальных севооборотов и местный дефицит рабочих сил. Экономические исследования показывают, что при расширении площади возделывания обмолачиваемых культур с 60% до 80% пахотной земли слегка повышается сбор зерновых единиц при одновременном снижении погектарной себестоимости примерно на 90 марок и погектарных технологических расходов на 100 марок. С другой стороны такое расширение неблагоприятно отражается на бесперебойности рабочего процесса. Степень концентрации зерновых культур должна увязаться с плодородием почвы. Высокая концентрация зерновых культур требует повышенной интенсификации хозяйственного использования земли и применения средств производства. Важными критериями планирования и производства зерна в условиях высокой его концентрации являются выбор предшественников, видовой состав культур, частота повторения одной и той же культуры и вид добавочных культур.

Summary

Title of the paper: On the problem of concentration, and specialization in intensive industry-like production of combine-harvested crops (cereals, pulses, oilseeds) in socialist agriculture of the GDR

Concentration and specialization of crop production are objective processes entailing some problems for cereal production. Factors determining concentration and specialization are the planful satisfaction of demand, the optimum utilization of the natural production potential, the establishment of special crop rotations as well locally very little labour force available per unit area. Economic studies have revealed that increasing the area under cereals, pulses and oilseeds from 60 to 80 per cent of arable land will result in slightly higher yields of grain equivalents per hectare, whilst prime-costs and technological costs are likely to go gown by 90 and 100 marks per hectare, respectively. On the other hand, the continuity of the field operations will be negatively influenced. The degree of concentration in cereal growing must be in accordance with the yield and fertility levels of the soil. Highly concentrated cereal growing calls for more intensive field husbandry and a stronger use of inputs. Choice of preceding crop, species composition, frequency of growing consecutively one and the same species as well as kind of complementary crops are decisive criteria when planning and implementing cereal production at a high degree of concentration.

Literatur

EBERT, D.; KRATZSCH, G.; MAKOWSKI, N.: Ein Beitrag zur Verminderung von Ertragsdepressionen bei Fruchtfolgen mit hohem Getreideanteil. Arch. Acker- u. Pflanzenbau u. Bodenkd. 18 (1974) 6, S. 387–394

HONECKER, E.: Rede auf dem XI. Bauernkongreß der DDR. Berlin: Staatsverl. der DDR, 1972, S. 99

LISTE, H. J.; SCHÖNROK-FISCHER, R.: Entwicklungstendenz der Fruchtfolgegestaltung in der industriemäßigen Pflanzenproduktion – Übersichtsbeitrag. Arch. Acker- und Pflanzenbau u. Bodenkd. 17 (1973) 6, S. 417–428

PALLUTT, W.; RÖNSCH, H.: Die Wirkung von Fruchtfolgefaktoren und Intensivierungsmaßnahmen auf Ertrag, Ertragskomponenten und Qualitätsmerkmale wichtiger landwirtschaftlicher Nutzpflanzen im Fruchtfolgeversuch Etzdorf. Halle, Univ., Diss. 1973

REMESLO, V. N.: Die Mironovskaer Weizen. Moskau, 1972

SCHIRACH, F.; KACHEL, K.; FÖRKEL, H.: Sechsjährige Ergebnisse ökonomischer Untersuchungen in sieben Großberegnungsanlagen in der DDR. Arch. Acker- u. Pflanzenbau u. Bodenkd. 17 (1973) 9, S. 779–788

TRIEGLAFF, G.: Erfahrungen beim Anbau von Sommergerste nach Sommergerste bei Zwischenschaltung einer Rapsgründüngung. Getreidewirtsch. 7 (1973) 8, S. 174

UEBIGAU, G.: Untersuchungen zur Wirkung von Fruchtfolgefaktoren auf die Ertragsentwicklung. Halle, Univ., Diss., 1973

WIECZOREK, J.: Erkenntnisse und Ergebnisse bei der Herausbildung einer spezialisierten Getreideproduktion im LVG Welsleben. Bernburg, Hochsch., Diss. 1973

Autorenkollektiv: Sozialistische Betriebswirtschaft. Lehrbrief. 1974, Nr. 1, S. 24

Autorenkollektiv: Sozialistische Betriebswirtschaft. Lehrbrief. 1974, Nr. 2, S. 40

Anschrift des Verfassers:
Prof. Dr. habil. DIETER EBERT
Institut für Getreideforschung Bernburg-Hadmersleben
– Bereich Getreideproduktionsforschung – der Akademie
der Landwirtschaftswissenschaften der DDR
4351 Bernburg-Strenzfeld, Mitschurinstraße 22

Tag.-Ber., Akad. Landwirtsch.-Wiss. DDR, Berlin (1975) 135, S. 29–37

Sektion Pflanzenproduktion – Wissenschaftsbereich Ackerbau –
der Martin-Luther-Universität Halle-Wittenberg

VOLKMAR EHRENPFORDT

Auswirkungen der Getreidekonzentration in der Fruchtfolge auf den Ertrag bei Einbeziehung von Intensivierungsmaßnahmen

Die sozialistische Intensivierung und der damit verbundene Übergang zu industriemäßigen Produktionsmethoden in der Landwirtschaft auf dem Wege der Kooperation führen in den nächsten Jahren zu einer verstärkten Konzentration und Spezialisierung im Feldbau. Der Getreideanteil an der Ackerfläche, der z.Z. im Schnitt der DDR 51,8% beträgt, wird auf Kosten anderer Kulturen zunehmen und dabei in speziellen Produktionsbereichen bei gleichzeitiger Beschränkung auf wenige Arten bis auf etwa 80% ansteigen. Unter diesen Bedingungen gilt es, neben der Sicherung einer hohen Ackerkultur zusätzlich effektive Intensivierungsmaßnahmen einzusetzen, um sowohl die Höhe und Sicherheit der Erträge als auch das Niveau der Bodenfruchtbarkeit möglichst kontinuierlich steigern zu können. Eingehende Untersuchungen zu diesen Fragen werden vom Wissenschaftsbereich Fruchtfolgen der Sektion Pflanzenproduktion der Universität Halle seit 1969 durchgeführt.

1. Material und Methodik

Für die vorliegende Arbeit standen zwei- bzw. dreijährige Ergebnisse von vier mehrfaktoriellen Fruchtfolgeversuchen, die speziell zur Frage der Getreidekonzentration 1969/70 bzw. 1968 in Noitzsch (NStE D 2), Walbeck (NStE Lö 2) und Mößlitz (NStE Lö 1) angelegt worden waren, zur Verfügung. Obwohl das Versuchsschema in allen Fällen auf steigenden Getreideanteil in der Folge abgestimmt ist, wurde das Material für die Tabellen nach dem Gesichtspunkt der Blattfruchtvorfrucht (0mal) bzw. einer 1-, 2-, 3- oder 4maligen Getreidevorfrucht zusammengestellt, weil auf diese Weise der störende Einfluß stark unterschiedlicher Vorfrüchte (Blattfrucht bzw. Halmfrucht) verringert werden kann und vor allem ein Anschluß der Ergebnisse an die Werte der vorhandenen Vorfrucht-Normativbasis möglich ist. Die Skala 1-, 2-, 3-, 4malige Getreidevorfrucht entspricht im Schnitt einem Getreideanteil von 55, 60, 75 bzw. 100% in der Folge. Als extreme Variante ist, sofern vorhanden, die Monokultur angefügt. In Kombination mit dieser Konzentrationsskala werden die Intensivierungsfaktoren Stickstoff, Beregnung und Gründüngung besprochen.

2. Ergebnisse

Bei zunehmendem pausenlosen Getreideanbau bzw. hohem Getreideanteil in der Folge fallen die Erträge in der Regel ab. Das Ausmaß der Degression ist von zahlreichen Faktoren wie Konzentrationsgrad, Fruchtart, Anbaupause der gleichen Fruchtart, Vorfruchtstellung sowie Standort, Jahreswitterung, Krankheitsbefall usw. abhängig und schwankt daher in weiten Grenzen. Solange kein übernormaler Krankheits- oder Schädlingsbefall eintritt, ist bei gleichbleibendem Intensitätsniveau im Schnitt mit Mindererträgen zu rechnen, die etwa in der Größenordnung der Werte aus Tab. 1 liegen.

Tabelle 1

Schätzung des mittleren Relativkornertrags verschiedener Getreidearten (einmalige Getreidevorfrucht = 100) bei zunehmendem einseitigem Getreideanbau und standortgemäß mittlerem N-Niveau – 5 Versuchsserien an 4 Standorten

Fruchtart	Zahl der Versuche	Vorfruchtstellung Mono >3mal	>3mal	Getreidevorfrucht 3mal	2mal	1mal	0mal
W-Gerste	8	86	86	93	98	100	111
W-Roggen	8	88	95	97	101	100	105
W-Weizen	9	(66)	84	90	94	100	104
S-Gerste	8	85	87	91	94	100	104
S-Roggen	2		99	100	102	100	98
S-Weizen	2		76	84	91	100	105
(Mittel)		(83)	(88)	(92)	(96)	(100)	(105)

( ) = Mittelwert durch unvollständige Orthogonalität der Unterlagen beeinflußt

Durch zusätzliche N-Gaben können die konzentrationsbedingten relativen Differenzen zur Vergleichsvariante mit normaler Fruchtfolgestellung (einmal Getreide als Vorfrucht) in der Regel verringert werden, ein voller Ausgleich erfolgt jedoch, vor allem beim Dauergetreidebau, bei weitem nicht. Da die Erträge durch das erhöhte Stickstoffniveau gleichzeitig mehr oder weniger steigen, kommt es aber in vielen Fällen zu einer Kompensation der Ertragsausfälle. Trotz des meist stärkeren N-Bedarfs der Fruchtarten im konzentrierten Anbau kann wegen unzureichender Standfestigkeit der Sorten oder begrenzter Wasserversorgung der Pflanzen die Möglichkeit, über hohe N-Gaben zu konstanten Erträgen zu kommen, nicht überall voll genutzt werden (Tab. 2).

Tabelle 2

Relativkornertrag (einmalige Getreidevorfrucht = 100) bei zunehmendem einseitigem Getreideanbau in Abhängigkeit von der N-Stufe (unbewässert) – „Getreidekonzentration" Noitzsch 1971–1973

Fruchtart N-Stufe	Vorfruchtstellung Mono 4mal	 Getreidevorfrucht 4mal	 3mal	 2mal	 1mal	 0mal	 Zum Vergleich dt/ha = 100
W-Gerste							
60 N	80	94	97	100	100	109	*41,4*
120 N	95	88	95	103	100	107	46,2
Zum Vergleich dt/ha (120 N)	**43,9**	40,6	**43,9**	**47,6**	46,2	49,4	
W-Roggen							
60 N	82	102	101	100	100	100	*37,2*
120 N	89	94	96	98	100	96	44,6
Zum Vergleich dt/ha (120 N)	**39,7**	**41,9**	**42,8**	**43,7**	44,6	42,8	
S-Gerste							
60 N	86	88	87	86	100	103	*31,6*
120 N	84	83	88	93	100	102	31,8
Zum Vergleich dt/ha (120 N)	26,7	26,4	28,0	29,6	31,8	32,4	
Mittel							
60 N	83	95	95	95	100	104	*36,7*
120 N	89	88	93	98	100	102	40,9
Zum Vergleich dt/ha (120 N)	36,4	36,0	**38,0**	**40,1**	40,9	41,7	

Kursive Ziffern = Vergleichsvariante
Halbfette Ziffern = Erfolgreiche Kompensation der konzentrationsbedingten Differenzen

Als ein weiterer, besonders effektiver Intensivierungsfaktor wurde neben der Zusatzdüngung die mehrmalige, d.h. möglichst optimale Beregnung von Getreide in einigen der angeführten Fruchtfolgeversuche geprüft. Sie zeigte erwartungsgemäß auf Schwarzerde nur eine geringe Wirkung, brachte auf dem Standort Noitzsch jedoch gute Ergebnisse. Auffällig ist der z.T. völlige Ausgleich der Konzentrationseffekte bei 4maliger Getreidevorfrucht. Die Monokulturen fallen allerdings auch hier ab (Tab. 3). Durch die hohen Mehrerträge bei Bewässerung kommt es wieder in vielen Fällen – nicht überall – zur Kompensation der Mindererträge.

Tabelle 3

Relativkornertrag (einmalige Getreidevorfrucht = 100) bei zunehmendem einseitigem Getreideanbau in Abhängigkeit von der Bewässerung (3–5 Wassergaben zu je 20 mm, 90 kg/ha N) – „Getreidekonzentration" Noitzsch 1971–1973

Wasserstufe Fruchtart	Vorfruchtstellung Mono 3–5mal	Getreidevorfrucht 4mal	3mal	2mal	1mal	0mal	Zum Vergleich dt/ha = 100
W-Gerste							
ohne Bewässerung	88	91	96	102	100	108	*43,8*
mit Bewässerung	81	95	92	89	100	108	47,4
Zum Vergleich dt/ha (mit Bewässerung)	38,4	**45,0**	43,6	42,2	47,2	51,2	
W-Roggen							
ohne Bewässerung	86	97	98	99	100	98	*40,9*
mit Bewässerung	89	101	100	100	100	101	44,0
Zum Vergleich dt/ha (mit Bewässerung)	39,2	**44,4**	**44,0**	**44,0**	44,0	44,4	
S-Gerste							
ohne Bewässerung	85	85	87	89	100	102	*31,7*
mit Bewässerung	97	103	98	94	100	110	33,8
Zum Vergleich dt/ha (mit Bewässerung)	**32,8**	**34,8**	**33,1**	**31,8**	33,8	37,2	
Mittel							
ohne Bewässerung	86	91	94	97	100	103	*38,8*
mit Bewässerung	89	100	97	94	100	106	41,7
Zum Vergleich dt/ha (mit Bewässerung)	37,1	**41,7**	**40,4**	**39,2**	41,7	44,2	

Kursive Ziffern = Vergleichsvariante
Halbfette Ziffern = Erfolgreiche Kompensation der konzentrationsbedingten Differenzen

Getreidereiche Fruchtfolgen können auf geeigneten Standorten durch die Einschaltung von Zwischenfrucht- bzw. Gründüngungsbeständen aufgelockert werden. Abgesehen von den dabei zu erwartenden Vorteilen im Hinblick auf eine verbesserte phytosanitäre Situation und die Wahrung der Bodenfruchtbarkeit, ist auch mit höheren und vor allem sichereren Erträgen beim nachfolgenden Getreide zu rechnen. Die durch die Gründüngung erzielbaren Mehrerträge sind vor allem von der Höhe der Mineral-N-Gabe zum Getreide, von Ertrag und Qualität des Gründüngungsbestandes und der Jahreswitterung abhängig. Die

Werte der Tab. 4 gelten für N-Mengen von 30 kg/ha und weisen daher eine relativ hohe Gründüngungswirkung und demzufolge eine gute Kompensation auf; trotzdem werden die Konzentrationseffekte in keinem Fall ausgeglichen. Der sachgemäße gleichzeitige Einsatz mehrerer Intensivierungsfaktoren kann den Effekt der Maßnahmen erheblich verbessern, unter Umständen sogar stärker, als es auf Grund der Einzelwirkungen zu erwarten ist. Ein typisches Beispiel hierfür ist die Kombination von Bewässerung und hoher N-Gabe auf leichtem Boden (Tab. 5).

Tabelle 4

Relativkornertrag (einmalige Getreidevorfrucht = 100) bei zunehmendem einseitigem Getreideanbau in Abhängigkeit von der Gründüngung (zu S-Gerste, W-Wicken bzw. Raps, zu W-Getreide, Erbsen bzw. Senf). 30 kg/ha N – „Gründüngung zu Getreide", Noitzsch 1971–1972. Schematisiert

Fruchtart Gründüngung	Vorfruchtstellung Getreidevorfrucht 4mal	 3mal	 2mal	 1mal	 0mal	Zum Vergleich dt/ha = 100
W-Gerste						
ohne Gründüngung	86	91	96	100	115	*40,2*
mit Gründüngung	88	92	96	100	111	45,8
Zum Vergleich dt/ha (mit Gründüngung)	**40,3**	**42,1**	**44,0**	45,8	50,8	
W-Roggen						
ohne Gründüngung	93	96	98	100	108	*36,0*
mit Gründüngung	97	98	100	100	106	40,2
Zum Vergleich dt/ha (mit Gründüngung)	39,1	**39,4**	**40,2**	40,2	42,6	
S-Gerste						
ohne Gründüngung	85	90	95	100	108	*29,2*
mit Gründüngung	92	96	98	100	106	34,4
Zum Vergleich dt/ha (mit Gründüngung)	**31,6**	**33,0**	**33,7**	34,4	36,5	
Mittel						
ohne Gründüngung	88	92	96	100	110	*35,1*
mit Gründüngung	92	96	98	100	108	40,1
Zum Vergleich dt/ha (mit Gründüngung)	**36,9**	**38,5**	**39,3**	40,1	43,3	

Kursive Ziffern = Vergleichsvariante
Halbfette Ziffern = Erfolgreiche Kompensation der konzentrationsbedingten Differenzen

Tabelle 5

Relativkornertrag (einmalige Getreidevorfrucht = 100) bei zunehmendem einseitigem Getreideanbau in Abhängigkeit von N-Stufe und mehrmaliger Bewässerung – „Getreidekonzentration", Noitzsch 1971–1973

Fruchtart Wasserstufe	 N-Stufe	 Mono 4mal	Vorfruchtstellung Getreidevorfrucht 4mal	 3mal	 2mal	 1mal	 0mal	 Zum Vergleich dt/ha = 100
W-Gerste								
unbewässert	60 N	80	94	97	100	100	109	*41,4*
bewässert	120 N	77	95	92	90	100	106	50,8
Zum Vergleich dt/ha (bew. 120 N)		39,1	**48,1**	**46,8**	**45,9**	50,8	54,1	
W-Roggen								
unbewässert	60 N	82	102	101	100	100	100	*37,2*
bewässert	120 N	84	103	102	101	100	96	47,8
Zum Vergleich dt/ha (bew. 120 N)		**40,1**	**49,0**	**48,6**	**48,2**	47,8	45,7	
S-Gerste								
unbewässert	60 N	86	88	87	86	100	103	*31,6*
bewässert	120 N	96	102	94	85	100	99	36,5
Zum Vergleich dt/ha (bew. 120 N)		**34,8**	**37,3**	**34,1**	30,9	36,5	36,0	
Mittel								
unbewässert	60 N	83	95	95	95	100	104	*36,7*
bewässert	120 N	86	100	96	92	100	100	45,0
Zum Vergleich dt/ha (bew. 120 N)		**38,7**	**45,0**	**43,2**	**41,4**	45,0	45,0	

Kursive Ziffern = Vergleichsvariante
Halbfette Ziffern = Erfolgreiche Kompensation der konzentrationsbedingten Differenzen

3. Einschätzung der Ergebnisse und Schlußfolgerungen

Die vorstehenden Ergebnisse sind zwar nicht für das gesamte Gebiet der DDR repräsentativ, sie geben aber fundierte Hinweise auf die Größenordnung der bei zunehmender Getreidekonzentration zu erwartenden Differenzen und den Effekt von Intensivierungsmaßnahmen. Demnach ist zwar bei Monokulturen und im Dauergetreidebau mit wechselnden Getreidearten stets mit relativ hohen Mindererträgen zu rechnen, der Ertragsabfall des 3. Getreidejahres beträgt im

Schnitt jedoch nur etwa 4% im Vergleich zur Kombination Getreide nach 1mal Getreide, und für das 4. Getreidejahr ergibt sich eine Differenz von —8%. Bei einer 5feldrigen Folge mit 4 Getreideschlägen – d.h. bei einem Getreideanteil von 80% – kommt es demnach rein rechnerisch für die Gesamtproduktion an Getreide zu einem Mittelwert von —2% im Vergleich zur oben angeführten Bezugsvariante. Ein Vergleich mit der Leistung des Getreidebaues im konsequenten Fruchtwechsel würde entsprechende Werte von etwa —7% ergeben. Diese Differenzen verschärfen sich bei langjährigem konzentriertem Getreidebau, da die negativen Effekte der Konzentration wegen der hierbei nur in jedem 5. Jahr möglichen einmaligen Zwischenschaltung von Blattfrüchten nicht voll abgebaut werden können. Andererseits ist die Situation bei einem geringeren Getreideanteil von beispielsweise 60–65% als wesentlich günstiger einzuschätzen.

Differenzen dieser Größenordnung müssen durch den gezielten Einsatz von zusätzlichen Intensivierungsmaßnahmen zumindest kompensiert werden. Die angeführten Beispiele weisen nach, daß dies durchaus möglich ist, sie lassen aber auch erkennen, daß im allgemeinen dabei mit einem erheblichen Mehraufwand gerechnet werden muß. Es ist daher unerläßlich, daß alle ohnehin erforderlichen Maßnahmen und Bedingungen, wie Vorfruchtstellung, Saattermin, Unkraut- und Schädlingsbekämpfung oder dergleichen, stets möglichst optimal gestaltet werden.

Im Einzelfall können z.B. durch ungünstige Witterung oder plötzlichen verstärkten Krankheits- und Schädlingsbefall sehr viel größere Differenzen, als hier angegeben, auftreten. Bei Zunahme der Konzentration über das z.Z. übliche Ausmaß hinaus ist daher zu fordern, daß die Feldbestände laufend fachgemäß kontrolliert und die Erträge durch Auswertung der Schlagkartei mit Hilfe entsprechender EDV-Modelle überwacht werden, um bei sich andeutenden Kalamitäten bzw. unternormalen Erträgen sofort Gegenmaßnahmen einleiten zu können.

Zusammenfassung

An Hand 2jähriger Ergebnisse von 4 mehrfaktoriellen Fruchtfolgeversuchen an 3 Standorten werden der Einfluß zunehmenden Getreideanbaus auf die Höhe der Kornerträge in der Folge aufgezeigt und gleichzeitig die positive Wirkung einiger möglicher Intensivierungsmaßnahmen (zusätzliche N-Gabe, Bewässerung, Gründüngung) demonstriert. Es wird abgeleitet, daß bei gezieltem Einsatz effektiver Intensivierungsmaßnahmen die Erträge – allerdings mit erhöhtem Aufwand – auch bei einem relativ hohen Konzentrationsgrad konstant gehalten und darüber hinaus gesteigert werden können. Eine wirkungsvolle laufende Kontrolle der Feldbestände und Erträge ist unter diesen Bedingungen unerläßlich.

Резюме

Название работы: Влияние концентрации зерновых культур в севообороте на урожай при одновременном применении мер по интенсификации

На основе двухлетних результатов четырех полифакторных севооборотных опытов в трех географических точках излагается влияние возделываемых в возрастающей мере в севооборотах зерновых культур на сбор зерна. Одновременно рассматривается положительный эффект некоторых мер по интенсификации (дополнительное азотное удобрение, орошение, зеленое удобрение). Автор полагает, что при целенаправленном применении эффективных мер по интенсификации можно добиться также и в условиях сравнительно высокой концентрации зерновых культур устойчивых и даже повышенных урожаев, что, однако, требует повышенных затрат. В таких условиях эффективный текущий контроль полевых посевов и динамики урожайности обязателен.

Summary

Title of the paper: Effects of a high share of cereals in the crop rotation on yield when applying intensification measures

On the basis of two-year results obtained from 4 multi-factor crop rotation experiments on 3 sites, the author describes the influence of increased cereal growing on grain yield level. At the same time, the positive effect of some possible intensification measures such as additional N dressing, irrigation and green manuring is shown. It is concluded that the yields may be kept constant even in the case of a rather high concentration of grain growing and may still be increased by the aid of systematically applied and effective, though expensive, intensification measures. Under these conditions, an effective continuous control of the field stands and yields is indispensible.

Literatur

Beer, K.; Ansorge, H.; Bergmann, W.; Ebert, K.; Gärtig, W.; Koriath, H.; Matzel, W.: Bedeutung und Möglichkeiten der Mineraldüngung bei Intensivierung der Pflanzenproduktion. Arch. Acker- u. Pflanzenbau u. Bodenkd. 16 (1972), S. 263–279

Debruck, J.: Fruchtfolgefragen aus pflanzenbaulicher Sicht. Kali-Briefe, Fachgeb. 310 (1970) 4

Debruck, J.; Range, W.: Extreme Getreidefruchtfolgen mit jährl. Stroh- und Strohgründüngung. Z. Acker- u. Pflanzenbau 129 (1968) 1, S. 29–61

Ebert, D.: Zu einigen Fragen der Konzentration und Spezialisierung im Getreidebau der DDR. Agroforum 3 (1969) 6/7, S. 162–166

Ehrenpfordt, V.: Pflanzenbauliche Grenzen der Spezialisierung auf leichtem Boden. Tag.-Ber., Dt. Akad. Landwirtsch.-Wiss., Berlin (1966) 72, S. 119–225

Ehrenpfordt, V.: Zweckmäßige Fruchtfolgegestaltung im Rahmen moderner Pflanzenproduktionssysteme. Konsultationspunkt, RLN Cottbus 9 (1970) 6, S. 99–103

Ehrenpfordt, V.; Rönsch, H.: Steuerung von Fruchtfolgewirkungen durch den Einsatz der Stickstoffdüngung als Intensivierungsmaßnahme. Arch. Acker- u. Pflanzenbau u. Bodenkd. 17 (1973) 6, S. 435–440

Gliemeroth, G.: Untersuchungen über getreidestarke Fruchtfolgen bei Einschaltung von Zwischenfrüchten nach Pflügen und Schälen. Z. Acker- u. Pflanzenbau 131 (1970), S. 265–277

Könnecke, G.: Konzentrations- und fruchtfolgespezifische Ertragsveränderungen bei Getreide und der Einfluß von Intensivierungsmaßnahmen. Agroforum, Berlin 4 (1970) 5/6, S. 141–144

Liste, H.-J.; Rosche, I.; Ehrenpfordt, V.: Die Fruchtfolgegestaltung bei hoher Konzentration des Getreideanbaues. Feldwirtschaft 13 (1972) 8, S. 318–320

Liste, H.-J.; Smukalski, M.; Ehrenpfordt, V.: Vorfruchtfragen bei hoher Anbaukonzentration des Getreides. Getreidewirtsch. 7 (1973) 9, S. 195–196

Moritz, L.; Smukalski, M.: Möglichkeiten der Ertragsstabilisierung durch fruchtfolgetechnische Maßnahmen. Arch. Acker- u. Pflanzenbau u. Bodenkd. 17 (1973) 4, S. 299 bis 308

Oldach, K.-O.: Grundsätze bei der Intensivierung der Getreideproduktion aus volkswirtschaftlicher Sicht. Tag.-Ber., Akad. Landwirtsch.-Wiss. DDR, Berlin (1972) 119, S. 203–210

Smukalski, M.: Zu einigen Problemen des Produktionsprofils aus der Sicht des Getreidebaues. Tag.-Ber., Akad. Landwirtsch.-Wiss. DDR, Berlin (1972) 119, S. 345–353

Smukalski, M.: Zur Wirkung von Zwischenfruchtgründüngung und -futternutzung auf Kornertrag und NPK-Gehalt des Getreides in Fruchtfolgen mit erhöhten Mähdruschfruchtanteilen. Arch. Acker- u. Pflanzenbau u. Bodenkd. 16 (1972) 12, S. 933–941

Wicke, H.-J.: Ertrag und Ertragsstruktur in Abhängigkeit von der Konzentration des Getreideanbaues. Thaer-Arch. 14 (1970), S. 377–384

Wicke, H.-J.; Stock, H.-G.: Wirkung der Bewässerung sowie der Anbaukonzentration auf Ertrag und Ertragstruktur. Tag.-Ber., Akad. Landwirtsch.-Wiss. DDR, Berlin (1972) 119, S. 287–294

Anschrift des Verfassers:
Dr. Volkmar Ehrenpfordt
Sektion Pflanzenproduktion – Wissenschaftsbereich Ackerbau – der Martin-Luther-Universität Halle-Wittenberg
40 Halle, Ludwig-Wucherer-Straße 2

Tag.-Ber., Akad. Landwirtsch.-Wiss. DDR, Berlin (1975) 135, S. 39–46

Sektion Pflanzenproduktion – Wissenschaftsbereich Ackerbau – der Martin-Luther-Universität Halle-Wittenberg

RUTH SCHÖNROK-FISCHER und LOTHAR SCHWÄBE

Möglichkeiten zur Einschränkung fruchtfolgebedingter Ertragsminderungen bei hoher Getreidekonzentration

Konzentration und Spezialisierung in der Pflanzenproduktion dürfen – hierin liegt eine der wesentlichsten Aufgaben der modernen Fruchtfolgeforschung – nicht zu Lasten der Bodenfruchtbarkeit und damit der Erträge gehen. Aus diesem Grunde muß gerade unter den Bedingungen der industriemäßigen Pflanzenproduktion den biologischen Anforderungen unserer Kulturpflanzen sowie der Aufrechterhaltung einer hohen Ackerkultur stets Rechnung getragen werden. Aus umfangreichen Versuchsergebnissen geht hervor, daß unter Einbeziehung entsprechender Intensivierungs- und Sanierungsmaßnahmen selbst bei stark spezialisierten Fruchtfolgen ein hohes Ertragsniveau zu halten ist. Die Fruchtfolgeforschung steht daher nicht in erster Linie vor der Aufgabe, durch biologische Faktoren bedingte Anbaugrenzen zu ermitteln, als vielmehr durch die Erarbeitung geeigneter Möglichkeiten zur Überwindung konzentrationshemmender Faktoren die nötigen Voraussetzungen für spezialisierte Fruchtfolgen zu schaffen.

Die Konzentration des Getreideanbaues auf über 70% der Ackerfläche wirft vor allem in phytosanitärer Hinsicht auf vielen Standorten Probleme auf. Neben dem vermehrten Auftreten von Getreidefußkrankheiten, insbesondere *Cercosporella herpotrichoides* und *Ophiobulus graminis*, ist bei mehrmaligem Getreidenachbau mit einer Anreicherung pflanzenparasitärer Nematoden zu rechnen, unter denen das Haferzystenälchen (*Heterodera avenae*) sowie verschiedene Vertreter der zur Gruppe der wandernden Wurzelnematoden gehörenden Gattung *Pratylenchus* wirtschaftliche Bedeutung besitzen. Ihre Ertragswirksamkeit ist zwar stark witterungs- und standortabhängig, unter ungünstigen Bedingungen und bei Unterlassung entsprechender Ausgleichsmaßnahmen kann jedoch der Schadumfang erhebliche Ausmaße erreichen. Die Gesunderhaltung bzw. Sanierung der Flächen, die vorzugsweise für die Getreideproduktion vorgesehen sind, sowie die Auffindung geeigneter Möglichkeiten zur Verminderung konzentrationsbedingter Ertragsverluste stellen damit vordringliche Aufgaben zur Gwährleistung eines hohen Ertragsniveaus unter den Bedingungen der industriemäßigen Getreideproduktion dar.

1. Methodik

Als Versuchsbasis für die Prüfung verschiedener Möglichkeiten zur Abschwächung konzentrationsbedingter Schadeffekte bei einseitigem Getreideanbau dient u.a. der 1954 angelegte Getreidedauerversuch in Noitzsch, Kreis Eilenburg. Es handelt sich um einen D 3-Standort. Seit nunmehr 18 Jahren stehen hier Wintergerste, Winterroggen, Winterweizen, Hafer, Sommerweizen und Sommergerste nach sich selbst bzw. im jährlichen Wechsel nacheinander. Bedingt durch die einseitige Bebauung sind auf allen Parzellen eine starke Nematodenverseuchung (insbesondere *Heterodera avenae* und *Pratylenchus sp.*) sowie ein entsprechender Ertragsabfall (teilweise auf 50% des Ausgangsniveaus) eingetreten (Fischer, 1970, 1971).
Zur Untersuchung der Frage, inwieweit bei Beibehaltung der bisherigen Anbaustruktur (Getreidemonokultur) allein durch Eingliederung von Intensivierungsfaktoren das Ertragsniveau wieder angehoben bzw. der Fruchtwechselkontrollvariante angeglichen werden kann, wurde der Versuch im Jahre 1970 umgestellt. Dabei wurden alle Parzellen in die Stickstoffstufen 40, 80 und 120 kg/ha N unterteilt, von den drei vorhandenen Blocks einer als Kontrolle (unbehandelt) belassen, ein zweiter zusätzlich beregnet (100 bzw. 110 mm Klarwasser in 5 Gaben) und ein dritter Block 1970 mit dem Nematizid Nefusan (Dazomet) in einer Aufwandmenge von 50 g/m^2 und 1972 mit Nematin (Vapam) in einer Aufwandmenge von 200 ccm/m^2 behandelt. Obwohl der Nematizideinsatz, zumindest auf Großflächen, z.Z. noch unwirtschaftlich ist und gerade bei Getreide einen geringen ökonomischen Nutzen verspricht, ist dieser Faktor mit in den Versuchen enthalten, um den Einfluß der Nematoden auf die Erträge im Vergleich zu anderen Schadfaktoren näher bestimmen zu können.

2. Ergebnisse

Die bereits an anderer Stelle mitgeteilten Versuchsergebnisse für die Jahre 1971 und 1972 (Schönrok-Fischer u. Schwäbe, 1973) werden auch durch die im Jahre 1973 erhaltenen Befunde bestätigt. In allen drei Versuchsjahren zeigte sich der positive Einfluß der Nematizidbehandlung auf die Erträge am deutlichsten an den Getreidearten, die unter Nematodenbefall (*Heterodera avenae*) am stärksten leiden. So brachte Hafer den höchsten, Roggen den geringsten Mehrertrag durch Nematizidbehandlung (Tab. 1 u. 2). Gleichzeitig wurde in allen behandelten Parzellen eine signifikant höhere Bestandesdichte festgestellt (Tab. 3). Dies erklärt sich u.a. aus der Tatsache, daß starker Nematodenbefall auch die Bestockung hemmt.
Trotz aller positiven Ergebnisse einer Nematizidbehandlung muß jedoch an dieser Stelle betont werden, daß auf Grund der sehr hohen Mittelkosten (sie belaufen sich auf 5–8 TM/ha) eine Anwendung zu Getreide auch in absehbarer Zukunft ökonomisch nicht vertretbar sein wird. In Anbetracht dieser Situation

ist eine Lösung des Nematodenproblems auch auf anderen Wegen anzustreben. Die Züchtung gegenüber *Heterodera avenae* resistenter Getreidesorten hat im Weltmaßstab bereits beachtliche Erfolge aufzuweisen und ist auch in der DDR vorgesehen.

Gegenwärtig besitzen die Maßnahmen der Bodenhygiene sowie die verschiedenen acker- und pflanzenbaulichen Intensivierungsmaßnahmen zur Steigerung und Sicherung der Erträge bei gleichzeitiger Abschwächung konzentrationsbedingter

Tabelle 1

Einfluß von Intensivierungsmaßnahmen auf die Kornerträge bei Getreidedaueranbau
Getreidedauerversuch Noitzsch, x̄ 1971–1973

Fuchtart	unbehandelt		beregnet		Nematizid		Fruchtwechsel (Kontrolle)	
N-Stufe kg/ha	abs.	rel.	abs.	rel.	abs.	rel.	abs.	rel.
W.-Gerste								
40	36,7	100	39,7	108,2	47,3	128,9	51,8	141,1
80	41,5	113,1	46,4	126,4	45,6	124,2	53,6	146,0
120	45,8	124,8	50,5	137,6	47,4	129,1	50,8	138,4
W.-Roggen								
40	35,8	100	38,7	108,1	40,1	112,0	47,2	131,8
80	42,7	119,3	45,0	125,7	37,9	105,9	49,5	138,3
120	44,6	124,6	47,5	132,7	41,3	115,4	48,8	136,3
W.-Weizen								
40	26,0	100	26,6	102,3	29,1	111,9	39,0	150,0
80	29,2	112,3	34,1	131,1	30,0	115,4	35,8	137,7
120	30,5	117,3	35,3	135,8	32,2	123,8	37,9	145,8
Hafer								
40	16,1	100	19,3	120,0	29,5	183,2	32,8	203,7
80	19,7	122,4	25,8	160,2	29,0	180,1	33,8	209,9
120	20,0	124,2	30,5	189,4	30,3	188,2	30,9	191,9
S.-Weizen								
40	19,1	100	24,0	125,6	28,3	148,2	26,3	137,7
80	19,8	103,7	31,1	162,8	23,4	122,5	28,8	150,8
120	21,7	113,6	33,3	174,3	22,2	116,2	24,2	126,7
S.-Gerste								
40	22,3	100	25,8	115,7	26,7	119,7	32,3	144,8
80	26,1	117,0	31,2	140,0	32,0	143,4	33,3	149,3
120	26,4	118,4	30,4	136,3	32,6	146,2	32,5	145,7

Schadeffekte noch die größte Bedeutung. Aus zahlreichen Stickstoffsteigerungsversuchen ist bekannt, daß sich gerade bei Getreide in ungünstiger Vorfruchtstellung durch eine höhere Stickstoffversorgung ein gewisser Ausgleich der Vorfruchtwirkungen erzielen läßt (ANSORGE, 1960; MAAS, 1961; KÖNNECKE, 1970; EHRENPFORDT u. RÖNSCH, 1973, u.a.). Auch unter den extrem einseitigen Anbaubedingungen des Getreidedauerversuches Noitzsch führte die Erhöhung

Tabelle 2

Einfluß von Intensivierungsmaßnahmen auf die Stroherträge bei Getreidedaueranbau
Getreidedauerversuch Noitzsch, $\bar{x}$ 1971–1973

Fruchtart N-Stufe kg/ha	unbehandelt abs.	rel.	beregnet abs.	rel.	Nematizid abs.	rel.	Fruchtwechsel (Kontrolle) abs.	rel.
W.-Gerste								
40	39,7	100	43,6	109,8	52,7	132,7	57,4	144,6
80	44,9	113,1	49,5	124,7	57,9	145,8	59,5	149,9
120	47,3	119,1	51,7	130,2	62,2	156,7	59,3	149,4
W.-Roggen								
40	57,7	100	62,7	308,6	71,7	124,3	77,9	135,0
80	65,2	113,0	69,2	119,9	72,3	125,3	77,8	134,8
120	67,6	117,1	70,7	122,5	78,3	135,7	79,6	137,9
W.-Weizen								
40	49,5	100	51,8	104,6	68,8	139,0	75,0	151,5
80	50,0	101,0	67,7	136,8	74,8	151,1	81,9	165,4
120	62,4	126,1	66,7	134,7	76,6	154,7	80,3	162,2
Hafer								
40	30,2	100	39,1	129,5	52,0	172,2	64,1	212,2
80	38,7	128,1	50,3	166,5	53,6	177,5	68,7	227,5
120	39,1	129,5	55,4	183,4	54,1	179,1	64,9	214,9
S.-Weizen								
40	42,3	100	49,3	116,5	62,2	147,0	62,1	146,8
80	48,0	113,5	60,8	143,7	59,9	141,6	66,8	157,9
120	49,0	115,8	62,9	148,7	59,8	141,4	62,6	148,0
S.-Gerste								
40	28,0	100	33,6	120,0	41,4	147,8	43,4	155,0
80	34,3	122,5	41,7	148,9	45,8	163,6	47,3	168,9
120	35,5	126,8	44,5	158,9	46,3	165,3	43,7	156,1

Tabelle 3

Einfluß von Intensivierungsmaßnahmen
auf die Bestandesdichte bei Getreidedaueranbau
Getreidedauerversuch Noitzsch 1971, Stoppelzahl/lfm

Fruchtart	unbehandelt	nach Behandlung mit Nefusan
W.-Gerste	99,5	105,4
W.-Roggen	102,9	135,4
W.-Weizen	80,7	101,0
Hafer	78,8	124,5
S.-Weizen	72,2	85,5
S.-Gerste	101,2	175,7
$\bar{x}$	89,2	121,2
GD 5% 15,5	GD 1% 20,4	GD 0,1% 26,2

der N-Gaben von 40 auf 80 bzw. 120 kg/ha zu einer wesentlichen Verminderung der Ertragsdifferenzen zwischen den Varianten mit ununterbrochenem Getreideanbau und Fruchtwechsel (Tab. 1, 2). Der Ertragszuwachs lag im Durchschnitt der Getreidearten bei ununterbrochenem Anbau zwischen 10–30%, während in den Fruchtwechselvarianten auf Grund des ohnehin schon höheren Ertragsniveaus in diesen Parzellen durch Stickstoffsteigerung nur noch ein verhältnismäßig geringer Anstieg erzielt werden konnte.

Ganz allgemein läßt sich aus diesen und ähnlichen Versuchsergebnissen folgern, daß bei Getreide nach mehrjähriger Gramineenvorfrucht noch hohe Stickstoffgaben (in Versuchen bis 240 kg/ha) ertragswirksam werden, während bei Getreide in guter Vorfruchtstellung schon bei wesentlich geringeren Aufwandmengen Ertragsverluste durch Lager auftreten können. Ein völliger Ertragsausgleich zwischen Getreidemonokultur und Fruchtfolge ist jedoch allein über die Stickstoffdüngung, wie dies auch für den Nematizideinsatz festzustellen ist, nicht möglich. Ein vermehrtes Auftreten von Haferzystenälchen durch erhöhte N-Gaben konnte im Getreidedauerversuch Noitzsch bisher nicht nachgewiesen werden. Jedoch ist eine stärkere Tendenz der Vermehrung wandernder Wurzelnematoden bei steigendem N-Angebot für die Pflanzen und damit intensiverer Durchwurzelung des Bodens gegeben (Fischer, 1970).

Unter den Bedingungen des Getreidedauerversuchs Noitzsch sprechen die Erträge ferner sehr gut auf eine zusätzliche Wasserversorgung an (Tab. 1 u. 2). Sommergetreide reagiert dabei stärker auf die Beregnung als Wintergetreide. Der höchste Ertragszuwachs von 20–50% konnte bei Hafer festgestellt werden. Bei allen Getreidearten ist die beste Wasserwirkung jeweils bei der höchsten N-Stufe gegeben. Aus diesen Ergebnissen wird, wie schon für die Stickstoffdüngung nachgewiesen, deutlich, daß unter den Bedingungen eines konzentrierten Getreideanbaues durch zusätzliche Wassergaben ein relativ höherer

Ertragszuwachs erzielt werden kann als bei Getreide in optimaler Fruchtfolgestellung. Die Standfestigkeit wurde durch Beregnung nicht bzw. nur unwesentlich beeinflußt.
Hinsichtlich des Einflusses der Beregnung auf die Vermehrungsrate von Phytonematoden können aus den bisher vorliegenden Daten noch keine eindeutigen Schlußfolgerungen gezogen werden. Es liegen jedoch bereits Hinweise darüber vor, daß zumindest in trockenen Jahren bzw. auf leichten Böden die Nematodenvermehrung durch Zusatzberegnung gefördert wird (Heide, 1972; Fuchs, 1973). Der Realisierung der Beregnung in Getreiderotationen in der Praxis steht vor allem aber die Tatsache entgegen, daß Beregnungsanlagen berechtigterweise fast ausschließlich für blattfruchtreiche Fruchtfolgen genutzt werden.
Während alle bisher genannten Maßnahmen zur Überwindung bzw. Abschwächung konzentrationsbedingter Schadeffekte mit mehr oder weniger hohen Kosten verbunden sind, liegen in der richtigen Auswahl und Aufeinanderfolge der Getreidearten sowie in einer sinnvollen Gestaltung des Komplementäranbaues auch bei hoher Anbaukonzentration noch erhebliche Ertragsreserven, die ohne zusätzlichen Kostenaufwand zu erschließen sind. Gerade in Getreiderotationen sollte eine nicht zu einseitige Auswahl anzubauender Getreidearten vorgenommen werden. Vor allem ist eine zu enge Stellung des Weizens nach sich selbst bzw. nach Gerste zu vermeiden. Dagegen muß Roggen eine durchaus positive Rolle als Getreidevorfrucht zugesprochen werden. Auch Körnermais sollte auf geeigneten Standorten stärker in getreidebetonte Fruchtfolgen aufgenommen werden.
Eine einjährige, aber dafür häufigere Unterbrechung der Getreidefolgen wirkt sich stets günstig aus. Dabei ist auf die richtige Auswahl und Einordnung der Komplementärfrüchte einschließlich des Zwischenfruchtanbaues besonderes Augenmerk zu legen. Recht positiv ist in diesem Zusammenhang die Verwendung von Gründüngungspflanzen zu beurteilen (Roth, 1972).

Zusammenfassung

An Hand dreijähriger Versuchsergebnisse aus einem 1954 angelegten Getreidedauerversuch auf einem D 3-Standort werden verschiedene Möglichkeiten zur Verminderung konzentrationsbedingter Schadeffekte (insbesondere Schäden durch Befall mit *Heterodera avenae*) aufgezeigt. Nematizideinsatz (Nefusan bzw. Nematin) führte insbesondere bei Sommergetreide zu beachtlichen Mehrerträgen, muß aber für den Getreidebau auf Grund der hohen Mittelkosten z.Z. noch als unwirtschaftlich abgelehnt werden. Gesteigerte Stickstoffgaben zeigen dagegen gerade auf Flächen mit starker Getreidekonzentration eine hohe Effektivität. Desgleichen wirkte sich unter den Bedingungen einseitigen Getreideanbaues eine zusätzliche Wasserversorgung sehr günstig aus. Weiterhin liegen vielfach noch Ertragsreserven im richtigen Aufbau der Getreiderotationen und in einer sinnvollen Gestaltung des Komplementäranbaues einschließlich des Zwischenfruchtanbaues. Gerade bei konzentriertem Getreideanbau sind an die gesamte Ackerkultur hohe Anforderungen zu stellen.

Резюме

Название работы: Возможности ограничения недоборов урожая, обусловленных высокой концентрацией зерновых культур в севообороте

На основе трехлетних результатов многолетнего опыта по возделыванию зерновых культур, заложенного в 1954 году на дилювиальной почве (D_3), излагаются различные возможности снижения вреда, обусловливаемого высокой концентрацией зерновых культур в севообороте (в частности вреда от поражения *Heterodera avenae*). Применение нематоцидов (нефузан или намтин) приводило, в частности на посевах яровых зерновых культур, к значительным прибавкам урожая. Однако, из-за высокой стоимости этих средств, применение их в производстве зерна пока еще нерентабельно, и поэтому не рекомендуется. Но очень эффективны повышенные дозы азотного удобрения, в особенности на площадях с высокой концентрацией зерновых культур. Кроме того в условиях одностороннего возделывания зерновых культур орошение очень положительно сказывается на урожае. Сверх того имеются еще резервы для повышения урожаев в правильной организации ротации зерновых и рационального выбора добавочных культур, включая возделывание промежуточных культур. В условиях концентрированного возделывания зерновых к агрофону следует предъявлять высокие требования.

Summary

Title of the paper: Possibilities of limiting the yield decrease due to crop-rotation factors in highly concentrated cereal cropping

On the basis of three-year experimental results from a permanent cereal cropping trial started in 1954 on a D 3 location, the authors describe various possibilities of reducing the ill-effects of concentrated cereal growing (especially damage caused by *Heterodera avenae* infestation). Though nematocide application (Nefusan or Namtin, respectively) resulted in substantial extra yields, particularly with spring cereals, for the time being this method is still to be rejected for being uneconomic in cereal cropping because of the high cost. Increased N dressings prove highly efficient just on plots of strongly concentrated cereal cropping. Furthermore, under conditions of cereal monoculture supplemental water supply was found to be very favourable. A properly arranged cereal crop rotation system and adequately composed complementary crops including catch crops offer further yield reserves. Concentrated cereal cropping, in particular, puts high demands on the quality of tillage operations.

Literatur

Ansorge, H.: Beziehungen zwischen Vorfrucht und Düngung. Z. landwirtsch. Versuchs- u. Untersuchungswes. 6 (1960), S. 295–321

Ehrenpfordt, V.; Rönsch, H.: Steuerung von Fruchtfolgewirkungen durch den Einsatz der Stickstoffdüngung als Intensivierungsmaßnahme. Arch. Acker- u. Pflanzenbau u. Bodenkd. 17 (1973) 6, S. 435–440

Fischer, R.: Untersuchungen über die Vermehrung pflanzenparasitärer Nematoden und den Ertragsverlauf bei fortgesetztem Getreidebau. I. Untersuchungen über die Vermehrung pflanzenparasitärer Nematoden. Kühn-Arch. 84 (1970), S. 351–422

Fischer, R.: Untersuchungen über die Vermehrung pflanzenparasitärer Nematoden und den Ertragsverlauf bei fortgesetztem Getreidebau. II. Untersuchungen über Vorfruchtbeziehungen und Ertragsverlauf bei fortgesetztem Getreidebau. Arch. Acker- u. Pflanzenbau u. Bodenkd. 15 (1971), S. 479–512

Fuchs, E.: Der Einfluß von Bodenfeuchtigkeit und Stickstoffdüngung auf die Vermehrung wandernder Wurzelnematoden unter besonderer Berücksichtigung der Gattung Pratylenchus. Halle, Univ., Diss. 1973

Heide, A.: Einfluß einer Zusatzberegnung auf die Populationsdynamik wandernder Wurzelnematoden, insbesondere der Gattung Pratylenchus. Ber. 11. Tag. „Probleme der Phytonematologie", Groß Lüsewitz, 2. 6. 1972, S. 86–101.

Könnecke, G.: Konzentrations- und fruchtfolgespezifische Ertragsveränderungen bei Getreide und der Einfluß von Intensivierungsmaßnahmen. Agroforum (1970) 5/6, S. 141–144.

Maas, G.: Die mineralische Stickstoffuntersuchung des Bodens in ihren Einsatzmöglichkeiten zur Teilchencharakterisierung von Vorfruchtwirkungen. Wiss. Z. Martin-Luther-Univ. Halle-Wittenberg, math.-naturwiss. R., 10 (1961) 2/3, S. 405–408

Roth, R.: In: Kuntzsch, E.; Roth, R.; Schönrok-Fischer, R.; Schwäbe, L.: Modell und Parameter zur Optimierung von Fruchtfolgeabläufen. – Lösungsvorschläge zur Einschränkung fruchtfolgeabhängiger Pflanzenschädigungen in getreidebetonten Fruchtfolgen. Sektion Pflanzenproduktion der Martin-Luther-Universität Halle-Wittenberg 1972

Schönrok-Fischer, R.; Schwäbe, L.: Möglichkeiten zur Verminderung nematodenbedingter Ertragsverluste bei konzentriertem Getreideanbau. Arch. Acker- u. Pflanzenbau u. Bodenkd. 17 (1973) 6, S. 449–455

Anschrift der Verfasser:
Dr. Ruth Schönrok-Fischer,
Forschungsstudent Lothar Schwäbe
Sektion Pflanzenproduktion – Wissenschaftsbereich Ackerbau –
der Martin-Luther-Universität Halle-Wittenberg
402 Halle, Ludwig-Wucherer-Straße 2

Tag.-Ber., Akad. Landwirtsch.-Wiss. DDR, Berlin (1975) 135, S. 47–55

Institut für Getreideforschung Bernburg-Hadmersleben
der Akademie der Landwirtschaftswissenschaften der DDR

Ingeborg Focke, Ernst Grazzeck und Sabine Arnecke

Die Entwicklung der Halmbruchkrankheit in Abhängigkeit von Intensivierungsfaktoren und Witterung

Das starke Auftreten der Halmbruchkrankheit an Winterweizen im Jahre 1973 warf erneut die Frage nach den krankheitsfördernden Faktoren auf.
Es ist bekannt und vielfach bewiesen, daß diese Krankheit bei häufigem Nachbau von Halmfrüchten, insbesondere von Weizen und Gerste, gute Bedingungen zur Verbreitung findet. Es ist fernerhin bekannt, daß mangelnde bzw. unvorschriftsmäßig angewendete acker- und pflanzenbauliche Belange dem Auftreten der Krankheit Vorschub leisten.
Die Problematik des Auftretens und der Schadwirkung der Halmbruchkrankheit ist damit ihrer Komplexität wegen jedoch noch nicht gelöst. Im Hinblick auf die Sicherung der Erträge bei weiter ansteigender territorialer Konzentration von Getreide ist es daher erforderlich, einzelne Faktoren noch eingehender zu prüfen, um wissenschaftlich begründete Verfahren zur Eindämmung dieser Krankheit im Rahmen der industriemäßigen Getreideproduktion vorlegen zu können.
In dem vorliegenden Beitrag sollen einige Ergebnisse über das Auftreten der Halmbruchkrankheit in Abhängigkeit von folgenden Faktoren nach 3–4jährigen Untersuchungen in Bernburg mitgeteilt werden:

extreme Konzentration von Getreide,
Einfluß unterschiedlicher Stoppelbehandlung,
Einfluß von N-Düngung.

Es wird hier nur die Befallssituation berücksichtigt, weil erstens die Beziehungen zwischen Befall durch *Cercosporella herpotrichoides*, Schaden und Ertragsbildung sehr verschiedenartig verlaufen, so daß sie nach Abschluß entsprechender Untersuchungen einer gesonderten Darlegung bedürfen und zweitens in den gleichen Versuchsanlagen noch weitere Schaderreger geprüft werden, die als weitere ertragsbestimmende Faktoren mit einzubeziehen sind.
Für das jahrweise unterschiedliche Auftreten der Halmbruchkrankheit ist außer den genannten Faktoren der Einfluß der Witterung auf Pilz und Wirtspflanze nicht zu übersehen.
Wir haben das starke Auftreten dieser Fußkrankheit im vergangenen Jahr genutzt, um Zusammenhänge mit der Witterung zu finden. Einige dieser Beob-

achtungen sollen den Ausführungen vorangestellt werden. In Tab. 1 findet sich ein Überblick über das Auftreten der Halmbruchkrankheit auf Praxisschlägen im Mittel mehrerer Weizensorten in den Jahren 1970 bis 1973. Die Erfassung erfolgte nach der Gitternetzmethode.
An den drei Standorten sind die Befallswerte für die einzelnen geprüften Jahre weitgehend einheitlich. Den angeführten Standorten entsprechende durchschnittliche Befallswerte zahlreicher Weizenschläge erhielten wir 1973 auch von den Pflanzenschutzämtern Schwerin, Neubrandenburg, Magdeburg, Halle, Erfurt, Gera und Karl-Marx-Stadt.

Tabelle 1

Auftreten der Halmbruchkrankheit (*Cercosporella herpotrichoides*) im Durchschnitt mehrerer Weizensorten auf Praxisschlägen verschiedener Standorte in %

Standort	1970	1971	1972	1973
Bernburg	7	14	8	56
Hadmersleben	2	14	4	44
Welsleben	4	11	4	70

Der Erreger der Halmbruchkrankheit gehört zu den Schadpilzen, die während der gesamten Vegetationszeit des Getreides infizieren können, wenn für sie günstige Bedingungen vorliegen. Im Jahre 1973 wurden ab Ende April im Feldbestand Weizenpflanzen gefunden, die starke Symptome der Halmbruchkrankheit zeigten (Befallsstufe 5–1).
Die Vermutung lag nahe, den milden Winter 1972/73 als Grund hierfür anzusehen. Im Vergleich zum Winter 1971/72 zeichnete sich besonders der Januar 1973 durch eine relativ hohe Temperatursumme von 30°C aus (1972 waren es —89°C). Der April brachte dagegen die relativ niedrige Temperatursumme von 192°C (1972 waren es 254°C).
Der Erreger der Halmbruchkrankheit hatte damit die Möglichkeit, bereits ab Januar 1973 reichlich Konidien zu bilden, weil die Temperaturverhältnisse weitgehend dem Optimum für die Sporulation (3–5°C) entsprachen. Im März/April waren fernerhin günstige Vorbedingungen für den Befall von Winterweizen gegeben; die Temperaturen zeigten gute Übereinstimmung mit den zwischen 7 und 10°C liegenden Optimalwerten für die Infektion des Weizens.
Interessant schienen uns in diesem Zusammenhang die von Kuntzsch (1972) angegebenen phänologischen Daten. Seine Auswertung 10jähriger Beobachtungen ergab, daß eine durchschnittliche Temperatursumme von 52–61°C und eine durchschnittliche Niederschlagsmenge von 8–10 mm je Pentade in der Zeit zwischen der Stachelbeerblüte und der Blüte des Schwarzen Holunders den höchsten durchschnittlichen Befall über alle Rotationen in Fruchtfolgen mit hoher Getreidekonzentration ergaben.

Wir haben den genannten Zeitraum 1973 mit Hilfe der Fangpflanzenmethode nach Fehrmann und Schrödter (1971) getestet. Es zeigte sich, daß die höchsten Befallswerte in der 4. und 5. Aprilpentade nach einer durchschnittlichen Temperatursumme von 28 bis 32 °C und einer Niederschlagsmenge von 4–6 mm auftraten. Eine 2. Periode deutlicher Befallserhöhung war in der 4. bis 6. Maipentade nachweisbar, und zwar bei Temperatur- und Niederschlagswerten, die den Angaben von Kuntzsch entsprachen. Die Höhe des Befalls war jedoch um die Hälfte geringer als in der ersten Befallsperiode.

Tabelle 2

Entwicklung der Halmbruchkrankheit (*Cercosporella herpotrichoides*) bei verschiedenen Getreidearten in Monokultur (Bernburg)

Art	Halmbruchkrankheit in %			
	1970	1971	1972	1973
Wintergerste	0,0	2,2	10,0	12,0
Winterroggen	0,5	3,8	2,2	11,0
Winterweizen	0,0	12,2	7,2	56,5
Sommergerste	3,5	2,5	0,8	1,0
Hafer	0,2	0,0	0,0	6,0

Eine dritte, noch schwächere Befallsperiode im Juni lassen wir außer Betracht, weil sie infolge der hohen Temperaturen und anhaltenden Trockenheit kaum noch ertragsbeeinflussend werden konnte.
Es liegt auf der Hand, die am Weizen nachgewiesenen Befallsgipfel der Aprilinfektion und eventuell schon früher stattgefundener Infektionen für das vermehrte Auftreten von hohen Befallsstufen der Halmbruchkrankheit mit den Symptomen der Weißährigkeit verantwortlich zu machen.
Die Halmbruchkrankheit ist also, besonders auf Grund arteigener Temperaturansprüche ihres Erregers, durch die Witterung beeinflußbar.
Eine Anzahl von Intensivierungsfaktoren wirkt sich – besonders lokal – nicht weniger bedeutungsvoll auf die Entwicklung dieser Fußkrankheit aus.
Mit den folgenden, in 3 respektive 4 Versuchsjahren ermittelten Befallswerten möchten wir zeigen, daß die Anwendung bestimmter Intensivierungsfaktoren nicht in jedem Fall zu einem raschen Anstieg der Halmbruchkrankheit führen muß.
Zunächst einige Zahlen über die Entwicklung der Krankheit in Versuchen mit z. Z. 4jähriger Monokultur von Winter- und Sommergetreide nach einheitlicher Vorfrucht Sommerweizen im Bernburger Versuchsfeld, also auf einem Lö 1-Standort (Tab. 2). Die Getreidearten stehen – getrennt nach Winter- und Sommerweizen – in einer Blockanlage mit 4 Wiederholungen und 30 m² Parzellengröße.

Drei Feststellungen können wir an Hand dieser Zusammenstellung treffen: 1. Bei den Wintergetreidearten ist eine kaum nennenswerte Tendenz der Zunahme der Halmbruchkrankheit erkennbar, wenn von dem witterungsbedingten höheren Befall des Winterweizens abgesehen wird. Die Sommergetreidearten unterliegen dem Angriff des Schadpilzes in wesentlich geringerem Umfang infolge ihrer kürzeren Vegetationszeit unter niedrigen Temperaturen und ihrer schnellen Entwicklung im Jugendstadium. Die Sommerformen von Weizen und Gerste sind aber nicht weniger anfällig. Mehrere unserer Versuche mit zusätzlicher Kontamination von Sommerweizen bewiesen, daß hohe Befallsgrade auftreten können. 2. Winterweizen erweist sich auch in diesen Versuchen als die am meisten gefährdete Fruchtart. Das äußerte sich vor allem in den beiden Versuchsjahren mit stärkerem natürlichen Befall des Weizens, also 1971 und 1973. Auf Weizen folgt die Wintergerste und dann der Winterroggen. Der Hafer

Tabelle 3

Entwicklung der Halmbruchkrankheit (*Cercosporella herpotrichoides*) bei Fruchtwechsel zwischen Winterweizen mit anderen Getreidearten (Bernburg)

Halmbruchkrankheit in % 1970		1971		1972		1973	
Wi.-Weizen	14	Wi.-Gerste	8,2	Wi.-Weizen	5,0	Wi.-Gerste	3,1
Wi.-Weizen		Wi.-Roggen	3,8	Wi.-Weizen	7,0	Wi.-Roggen	9,1
Wi.-Weizen		So.-Gerste	1,8	Wi.-Weizen	4,0	So.-Gerste	1,4
Wi.-Weizen		Hafer	0,0	Wi.-Weizen	4,5	Hafer	0,8

wurde 1973 in unseren Versuchen zum ersten Mal nennenswert befallen, und zwar in der Monokultur ausschließlich in den höchsten Befallsstufen (3 und 1), bei Fruchtartenwechsel zu 65% in diesen Stufen. Wir schließen hieraus, daß der Hafer 1973 in sehr frühen Entwicklungsstadien einem hohen Infektionsdruck ausgesetzt war, der zu den Infektionen führte. Auf eine 3. Feststellung sei noch hingewiesen, die wir hier und in einem weiteren Versuch (Tab. 6) machen konnten. Es zeigte sich, daß Winterweizen und Wintergerste nicht in jedem Jahr die gleiche Tendenz in der Befallsstärke aufweisen. In Jahren mit stärkerem Weizenbefall ist die Gerste häufig weniger infiziert und umgekehrt. Wir führen diese Erscheinung auf die bereits von Lange-de la Camp (1967) aufgezeigten unterschiedlichen Optimaltemperaturen für die Infektion von Weizen (7–10°C) und Gerste (14–15°C) zurück. Demnach dürfte in Jahren mit relativ hohen Frühjahrstemperaturen (März bis Mai) eher mit einem stärkeren Befall der Gerste zu rechnen sein, wenn ein entsprechender Infektionsdruck vorhanden ist.

In gleichartig angelegten statischen Versuchen wurde die Entwicklung der Halmbruchkrankheit bei Fruchtwechsel zwischen Winterweizen bzw. Winter-

Tabelle 4

Entwicklung der Halmbruchkrankheit (*Cercosporella herpotrichoides*)
bei Fruchtwechsel zwischen Winterroggen mit anderen Getreidearten (Bernburg)

Halmbruchkrankheit in % 1970		1971		1972		1973	
Wi.-Roggen	}	Wi.-Gerste	4,2	Wi.-Roggen	1,2	Wi.-Gerste	3,0
Wi.-Roggen	0	Wi.-Weizen	10,5	Wi.-Roggen	1,5	Wi.-Weizen	44,5
Wi.-Roggen		So.-Gerste	0,0	Wi.-Roggen	3,1	So.-Gerste	6,5
Wi.-Roggen		Hafer	0,0	Wi.-Roggen	2,9	Hafer	12,0

roggen mit anderen Getreidearten geprüft. Weizen wurde auf Grund seiner besonders hohen, Roggen wegen seiner geringeren Anfälligkeit ausgewählt.
Tab. 3 weist die Ergebnisse des Artenwechsels mit Winterweizen aus.
1971 bis 1973 entsprechen die Befallsprozente in Tab. 3 etwa denen der Monokultur für jede Art im jeweiligen Jahr. Lediglich Wintergerste und Hafer weisen 1973 im Artenwechsel geringere Befallswerte als in Monokultur auf.
Im Wechsel mit Roggen (Tab. 4) sind ebenfalls 1973 Abweichungen von den Befallswerten der Monokultur zu vermerken: Winterweizen und Wintergerste haben nach Roggen deutlich geringere Befallswerte, Sommergerste und Hafer höhere. Weitere Aussagen können nach diesem zweimaligen Wechsel noch nicht getroffen werden.

Tabelle 5

Entwicklung der Halmbruchkrankheit (*Cercosporella herpotrichoides*)
bei unterschiedlicher Stoppelbehandlung in Monokultur Winterweizen (Bernburg)

Behandlung	Halmbruchkrankheit in % 1970	1971	1972	1973	$\bar{x}$
Stroh räumen	8,0	19,8	3,0	20,0	13,0
Stroh einpflügen	1,0	6,8	2,2	12,0	5,5
Stroh abbrennen	3,0	5,5	1,5	7,0	4,2

Die Konzentrationsversuche zeigen, daß der Schaderreger verbreitet vorhanden und mit Hilfe einer besonders günstigen Witterungskonstellation, wie 1973, zu bemerkenswerten Infektionen befähigt ist. Daß er in den anderen Jahren nur geringfügigen Befall verursachte, führen wir einmal auf den biologisch sehr aktiven Lößboden zurück und zum anderen auf die strikte Einhaltung und sorgfältigste Ausführung aller agrotechnischen Termine und Maßnahmen.
Bei der Einschätzung agrotechnischer Maßnahmen entsteht immer wieder die Frage nach der Wirkung einer Strohdüngung auf den Befall mit dem Erreger

der Halmbruchkrankheit. In Tab. 5 werden Befallswerte aus einer Winterweizenmonokultur mit unterschiedlicher Stoppelbehandlung verglichen.
Die Variante „Stroh einpflügen", sie erfolgte mit zusätzlicher N-Gabe von 1 kg je dt Stroh, erwies sich im Durchschnitt der 4 Versuchsjahre als günstig. Wir haben die Variante „Stroh abbrennen" zum Vergleich mitgeführt, um zu zeigen, daß „Stroh einpflügen" von fast gleich guter Wirksamkeit gegen das Auftreten der Halmbruchkrankheit ist, wenn diese Maßnahme mit der notwendigen Sorgfalt ausgeführt wird. Die Zuführung organischer Substanz zum Boden ist bei letzterer Variante außerdem in zwei weiteren Richtungen positiv zu bewerten: 1. wird durch reine Düngerwirkung die Widerstandsfähigkeit der Weizenpflanzen erhöht und 2. steigt die bodenbiologische Aktivität. Mit Hilfe des Zellulosetestes wurde in diesem Versuch bewiesen, daß die geringste bodenbiologische Aktivität in der Variante „Stroh abbrennen" vorliegt.

Tabelle 6

Auftreten der Halmbruchkrankheit (*Cercosporella herpotrichoides*) in langjähriger Getreidefolge bei 50 und 100 kg/ha N (Bernburg)

Getreideart		Halmbruchkrankheit in % 1970	1971	1972	1973	$\bar{x}$
Winterweizen	50	8,0	41,0	1,5	24,0	18,6
Winterweizen	100	5,5	43,5	1,0	27,0	19,2
Wintergerste	50	24,0	9,0	20,5	0,0	13,4
Wintergerste	100	10,5	2,0	16,0	2,0	7,7
Winterroggen	50	14,5	9,5	6,5	7,0	9,4
Winterroggen	100	12,5	3,5	5,0	9,0	7,5
Hafer	50	1,0	0,0	0,0	1,0	0,5
Hafer	100	3,0	0,0	0,0	7,0	2,5

Aus einem langjährigen Fruchtfolgeversuch der Abteilung Anbautechnik des Instituts für Getreideforschung Bernburg-Hadmersleben ist das Auftreten der Halmbruchkrankheit in der Variante mit 100% Getreide bei unterschiedlicher N-Düngung zu entnehmen (Tab. 6).
Auf folgendes ist hinzuweisen:

1. Die Befallsstärke der Getreidearten in abnehmender Reihenfolge von Weizen über Gerste, Roggen zum Hafer ist deutlich erkennbar.
2. Winterweizen und Wintergerste weisen in jedem Versuchsjahr eine unterschiedliche Befallstendenz auf (vgl. Tab. 2).
3. Einen geringeren Befall bei der höheren N-Stufe läßt vor allem die Wintergerste erkennen, der Winterroggen besonders 1971.

Die Wirkung höherer N-Stufen, die im eigentlichen Sinne als Intensivierungsmaßnahme zu bezeichnen sind, sowie organischer Düngung auf die Entwicklung der Halmbruchkrankheit wird z. Z. an einem anderen langjährigen Fruchtfolgeversuch geprüft.

Zusammenfassung

4jährige Laufzeit einer extremen Konzentration von Getreide, insbesondere auch von Winterweizen und Gerste, führt nicht unbedingt zu einer schnellen Zunahme der Halmbruchkrankheit.
Eine Grundvoraussetzung zur Eindämmung weiterer Ausbreitung bei häufigem Nachbau von Wirtspflanzen ist die optimale Gestaltung der anbautechnischen Maßnahmen und Termine. Entscheidend ist fernerhin, die Fruchtfolgeregeln für konzentrierte Getreide- und Mähdruschfolgen einzuhalten. Hierzu liegt bereits eine größere Anzahl von Empfehlungen in der einschlägigen Literatur vor. Die günstige Wirkung der Strohdüngung zu Winterweizen und einer höheren N-Düngung zu Wintergerste und Winterroggen wurde nachgewiesen.
Über eine witterungsbedingte Masseninfektion in bestimmten Jahren scheint nach Literaturberichten und eigenen bisherigen Erfahrungen eine gewisse kurzfristige Einschätzung möglich zu sein, wenn die Temperaturdaten während der Winter- und Frühjahrsmonate – spätestens ab Januar – örtlich registriert werden. Stimmen die Temperaturen in dieser Zeitspanne bei ausreichender Feuchtigkeit mit den Optimalansprüchen für den Erreger etwa überein, so sind alle Pflege- und Düngungsmaßnahmen zu Beginn der Vegetation im Frühjahr ganz besonders gründlich einzuplanen und auszuführen, um die Widerstandsfähigkeit der Getreidepflanzen gegenüber eventuellem starkem Auftreten des Schaderregers zu erhöhen.

Резюме

Название работы: Развитие ломкости колосьев в зависимости от факторов интенсификации и погодных условий

Предельная концентрация зерновых культур в течение 4 лет подряд, в частности озимой пшеницы и ячменя, не обязательно приводит к быстрому нарастанию ломкости колосьев. Основным условием для ограничения дальнейшего распространения болезни при учащенном возделывании одних и тех же культур (растений-хозяев) является применение оптимальных агротехнических мер и проведение их в оптимальные сроки. Решающее значение имеет кроме того соблюдение правил, которые следует учитывать при концентрированном возделывании зерновых и комбайнируемых культур в севообороте. По этому вопросу в специальной литературе уже имеется много рекомендаций. Установлено положительное влияние соломенного удобрения под озимую пшеницу и внесения повышенных доз азота под озимой ячмень и озимую рожь.
По данным литературы и собственному опыту в определенные годы, по-видимому, имеется в том случае некоторая возможность кратковременно прогнозировать развитие обусловленной погодой массовой инфекции, если в зимние и весенние месяцы начиная с января проводят регистрацию местных температурных данных. Елси температурные данные за этот период, при

достаточной влажности, отвечают оптимальным условиям развития возбудителя, тога для повышения устойчивости зерновых культур к возбудителю при возможном массовом его появлении требуется особенно тщательное планирование и проведение всех мер по уходу за посевами и удобрения в начале вегетации весной.

Summary

Title of the paper: The development of stem break (*Cercosporella herpotrichoides*) in dependence on intensification factors and weather conditions

Cereals, especially winter wheat and barley, when grown at an extremely high degree of concentration over a period of 4 years, were not found to induce in any case a rapid build-up of stem break. A fundamental condition for checking its further propagation when continuously growing host plants lies in optimum cultural practices and dates. In addition, it is essential to strictly observe the crop rotation principles underlying concentrated growing of cereals and other combine-harvested crops. A major number of relevant recommendations are already available from the technical literature. Straw manuring for winter wheat and of high levels of N fertilization for winter barley and winter rye were found to have a favourable effect.

According to data reported in literature and own experience, in certain years, a short-term prediction on weather-conditioned mass infestation appears to be possible if the temperatures of the winter and spring months (from January, at the latest) are locally recorded. When temperatures over this period accompanied by adequate moisture are in agreement with the optimum requirements for the pathogen, all cultural and fertilization practices in spring, at the start of the growing season, must be very carefully planned and carried through in order to increase the resistance of the cereal plants to a possibly heavy attack of the pathogen.

Literatur

Amelung, D.; Makowski, N,; Seidel, D.: Einfluß agrotechnischer Maßnahmen auf die Halmbruchkrankheit. Getreidewirtsch. 7 (1973) 8, S. 178–179

Fehrmann, H.; Schrödter, H.: Ökologische Untersuchungen zur Epidemiologie von *Cercosporella herpotrichoides*. I. Die jahreszeitliche Abhängigkeit von Weizeninfektionen im Freiland. Phytopathol. Z. 71 (1971), S. 66–82

Focke, I.: Fruchtfolgekrankheiten und Fruchtfolgeschädlinge bei der Konzentration von Mähdruschfrüchten. Getreidewirtsch. 7 (1973) 2, S. 39–41

Focke, I.: Einige Getreidekrankheiten in der DDR unter dem Aspekt des Anbaues von neuen Intensivsorten. Getreidewirtsch. 7 (1973) 8, S. 175–177

Kuntzsch, E.: Untersuchungen zur Einschränkung fruchtfolgebedingter Pflanzenschädigungen (*Cercosporella herpotrichoides* Fron) in getreidebetonten Fruchtfolgen. Halle, Univ., Diss. 1972

LANGE-DE LA CAMP, M.: Die Wirkungsweise von *Cercosporella herpotrichoides* Fron, dem Erreger der Halmbruchkrankheit des Getreides. II. Aggressivität des Erregers. Phytopathol. Z. 56 (1966), S. 155–190

SEIDEL, D.; DECKER, H.: Bodenhygienische Aspekte bei der Intensivierung der Getreideproduktion. Nachrichtenbl. Pflanzenschutzdienst DDR 27 (1973), S. 25–29

Anschrift der Verfasser:
Dr. INGEBORG FOCKE, ERNST GRAZZECK, SABINE ARNECKE
Institut für Getreideforschung Bernburg-Hadmersleben
der Akademie der Landwirtschaftswissenschaften der DDR
4351 Bernburg-Strenzfeld, Mitschurinstraße 22

Tag.-Ber., Akad. Landwirtsch.-Wiss. DDR, Berlin (1975) 135, S. 57–66

Institut für Getreideforschung Bernburg-Hadmersleben
und Institut für Pflanzenschutzforschung Kleinmachnow
der Akademie der Landwirtschaftswissenschaften der DDR

Ernst Grazzeck, Ingeborg Focke und Alfred Heide

Schaderreger und Ertragsentwicklung in Monokultur sowie Fruchtfolgen mit unterschiedlich hohen Anteilen von Körnermais

Die Steigerung und Stabilisierung der Getreideproduktion in unserer Republik erfordert die Konzentration auf solche Getreidearten, die über ein hohes Ertragspotential verfügen. Den Körnermais müssen wir unter diesem Aspekt – trotz anbautechnischer und ökonomischer Besonderheiten – für die Gestaltung getreidebetonter Fruchtfolgen sowie für die Spezialisierung der sozialistischen Landwirtschaftsbetriebe gebührend beachten. Die Einbeziehung des Körnermaises in die Getreideproduktion setzt aber voraus, daß ausreichende Kenntnisse über die für den Körnermais spezifischen Schaderreger und deren Einfluß auf die Ertragsleistung vorhanden sind.
Im vorliegenden Beitrag werden Ergebnisse aus Versuchen in Bernburg (Lö 1-Standort) und Herzberg (D 2-Standort) mitgeteilt.

1. Monokultur

In je einem Monokulturversuch auf beiden Standorten wurde die Entwicklung der Schaderreger und des Ertrages bei unterschiedlicher Düngung untersucht. Der Versuch wurde in Bernburg 1969 und in Herzberg 1970 mit der Sorte 'INRA 200' angelegt.
Der Tab. 1 sind die Varianten des Versuches und die Erträge der Jahre 1969 bis 1973 vom Standort Bernburg zu entnehmen. In den Varianten 5 und 6 erfolgte 1972 und 1973 die Ausbringung von je 40 dt/ha BVM in Form von Natrium-Ammonium-Polyacrylsäure.
Die Erträge schwanken in den Jahren 1969–1972 in relativ geringen Grenzen. 1973 wurden in allen Varianten relativ hohe Erträge erzielt. Die Wirkung der Düngungsvarianten ist weder in den einzelnen Jahren noch für die mittleren Erträge der 5 Jahre signifikant.
Das Auftreten der *Fusarium*-Stengelfäule wurde ab 1970 erfaßt. Die Befallswerte sind in der Tab. 2 dargestellt.
Starker Befall trat 1970 auf. 1971 und 1972 war geringe Stengelfäule festzustellen. Der Befall 1973 entspricht etwa dem Mittel der 4 Jahre. 1970 deutet

sich ein etwas geringerer Befall der maximal gedüngten Varianten an, der aber in den folgenden Jahren nicht bestätigt wird. Im 4jährigen Mittel ist diese Tendenz wieder abzulesen, sie ist aber nicht gesichert.

Beulenbrand (*Ustilago maydis*) wurde ab 1971 im gleichen Versuch bonitiert. In der Tab. 3 stehen die ermittelten Befallswerte der Jahre 1971–1973. Alle 3 Jahre zeigen etwa gleichbleibendes Auftreten in allen Varianten. Vorhandene Differenzen sind u.E. nicht auf Düngerwirkung zurückzuführen.

Tabelle 1

Ertragsentwicklung bei Körnermais in Monokultur mit unterschiedlicher Düngung (Bernburg)

Düngung	Erträge in dt/ha 1969	1970	1971	1972	1973	$\bar{x}$	Relativ
optimal	59	65	68	60	76	65	100
maximal	60	71	66	60	74	66	101
optimal*	60	69	65	62	74	66	101
maximal*	62	70	61	59	74	65	100
optimal**	58	59	64	64	76	64	98
maximal**	60	62	66	62	76	65	100
				GD 5% =		2,4	4

optimal = 120 kg/ha N; 120 kg/ha P_2O_5; 180 kg/ha K_2O
maximal = 180 kg/ha N; 180 kg/ha P_2O_5; 240 kg/ha K_2O

* 4jährig Stallmist 250 dt/ha
** jährlich 40 dt/ha BVM = Bodenverbesserungsmittel

Tabelle 2

Monokultur Körnermais (Bernburg)
Auftreten der *Fusarium*-Stengelfäule in %

Düngung	1970	1971	1972	1973	$\bar{x}$
optimal	71	8	10	30	30
maximal	42	12	14	29	24
optimal*	58	19	12	23	28
maximal*	49	14	9	28	25
optimal**	58	12	11	28	27
maximal**	54	12	18	24	27
					GD 5% = 9

* 4jährig Stallmist 250 dt/ha
** jährlich 40 dt/ha BVM

Die Ermittlungen des durch die Fritfliege (*Oscinella frit*) hervorgerufenen Schadens ergaben die in Tab. 4 zusammengestellten Werte.

Tabelle 3

Monokultur Körnermais (Bernburg)
Auftreten von Beulenbrand (*U. maydis*) in %

Düngung	1971	1972	1973	$\bar{x}$
optimal	17	18	14	16
maximal	21	15	15	17
optimal*	16	22	19	19
maximal*	21	23	20	21
optimal**	19	20	15	18
maximal**	22	16	22	20
				GD 5% = 5

* 4jährig Stallmist 250 dt/ha
** jährlich 40 dt/ha BVM

Tabelle 4

Monokultur Körnermais (Bernburg)
Auftreten der Fritfliege (*O. frit*) in %

Düngung	1971	1972	1973	$\bar{x}$
optimal	47	9	18	25
maximal	47	9	19	25
optimal*	41	16	15	24
maximal*	45	14	19	26
optimal**	45	22	28	32
maximal**	47	24	27	33
				GD 5% = 7

* 4jährig Stallmist 250 dt/ha
** jährlich 40 dt/ha BVM

Hoher Befall war 1971 festzustellen, ohne daß sich die Varianten wesentlich unterschieden. 1972 ergaben sich Unterschiede zwischen den Varianten ohne und mit Stallmist. Die 1972 und 1973 mit BVM behandelten Varianten zeigten in beiden Jahren gegenüber den anderen Versuchsgliedern einen höheren Befall, der auch im Mittel der 3 Jahre statistisch gesichert ist. Die Ursache hierfür wird in dem Zusammentreffen zwischen dem durch BVM geförderten raschen Auflaufen der Maispflanzen und dem ersten stärkeren Auftreten der Fritfliege gesehen. Diese Beziehung wird daher nicht in jedem Jahr bestehen.

Weitere tierische Schaderreger konnten in dem Versuch nicht beobachtet werden. Auf Praxisschlägen des Kreises Bernburg traten lokal in den Jahren 1971 bis 1973 beträchtliche Verminderungen der Bestandesdichte durch Drahtwürmer auf. Nach unseren Beobachtungen ist nicht auszuschließen, daß dafür u.a. saatmethodische Ursachen vorliegen.
Die in Bernburg erzielten Versuchsergebnisse werden durch einen Parallelversuch in Herzberg im wesentlichen bestätigt. Die Tab. 5 zeigt die Ertragsentwicklung dieses Versuches über 4 Jahre.

Tabelle 5

Ertragsentwicklung bei Körnermais in Monokultur mit unterschiedlicher Düngung (Herzberg)

Düngung	Erträge in dt/ha 1970	1971	1972	1973	$\bar{x}$	Relativ
optimal	63	28	65	58	54	100
maximal	63	32	50	58	51	95
optimal*	62	41	54	64	55	103
maximal*	57	24	55	59	49	91
				GD 5% =	7,8	14

* 4jährig Stallmist 250 dt/ha

Obgleich die Schwankungen größer als in Bernburg und die Ertragsdifferenzen zwischen optimaler und maximaler Düngung deutlicher sind, zeigt eine Gegenüberstellung der Mittelwerte der Erträge und des Befalls mit *Fusarium*-Stengelfäule (Tab. 6), daß zwischen den Düngungsvarianten weder in Bernburg noch in Herzberg gesicherte Unterschiede auftraten.

Tabelle 6

Körnermais Monokultur
Mittelwerte der Erträge und des Befalls mit *Fusarium*-Stengelfäule

Düngung	Bernburg dt/ha	Relativ	Stengelfäule %	Herzberg dt/ha	Relativ	Stengelfäule %
optimal	65	100	30	54	100	42
maximal	66	101	24	51	95	40
optimal*	66	101	28	55	103	37
maximal*	65	100	25	49	91	39
optimal**	64	98	27			
maximal**	65	100	27			
GD 5% =	2,4	4	GD 5% =	7,8	14	

* 4jährig Stallmist 250 dt/ha
** jährlich 40 dt/ha BVM

Eine Schadwirkung durch *Fusarium*-Stengelfäule konnte in den Versuchen nicht nachgewiesen werden, weil 1. die Ertragsdifferenzen zu gering sind, um den Einfluß des Schaderregers prüfen zu können, 2. ein Vergleich mit einer nichtbefallenen Variante nicht möglich ist und 3. durch die versuchsbedingte Erntemethode auch die Kolben geerntet werden, die bei der gegenwärtigen Erntetechnik in der Praxis – infolge pilzparasitären Halmbruchs – als Ernteverluste auftreten würden. Ebenso konnte die volle Schadwirkung durch Fritfliegen in diesen Versuchen nicht ermittelt werden, da je Pflanzstelle 3 Pflanzen aufwuchsen und beim Vereinzeln meistens nur nicht befallene Pflanzen stehen blieben. Untersuchungen von OSCHMANN (1971 und 1972) ergaben – je nach Befallsgrad – Ertragsdegressionen durch Fritfliegen bis zu 20%.
Der Beulenbrand trat vorwiegend in Form kleiner Gallen am Stengel auf. JOHNSON und CHRISTENSEN (1935) stellten fest, daß der Ertragsverlust durch Brandinfektion abhängig ist von der Anzahl, Größe und Lokalisation der Beulen. Sie verweisen darauf, daß große Gallen im allgemeinen unfruchtbare Pflanzen verursachen. Andere Autoren, wie HALÁSZ (1964), MÜHLE und FRAUENSTEIN (1966) sowie MARTENS und ARNY (1966), berichten, daß N-Gaben sowie Stallmist den Befall fördern, Kalium dagegen befallsmindernd wirkt. Die in unseren Versuchen verabreichten 180–240 kg/ha K_2O könnten den Befall mit Beulenbrand in den ermittelten Grenzen gehalten haben.
Zusammenfassend kann festgestellt werden, daß nach 5- bzw. 4jähriger Monokultur von Körnermais unter den Bedingungen zweier unterschiedlicher Standorte kein Ertragsrückgang nachweisbar ist. Der Befall mit *Fusarium*-Stengelfäule und Fritfliegen schwankt in Abhängigkeit von den Jahren, ohne ein Zunehmen in Richtung der Anbaudauer erkennen zu lassen. Beulenbrand zeigt eine nahezu gleichbleibende Befallsstärke.

2. Fruchtfolgen

In Fruchtfolgen mit unterschiedlichen Körnermaisanteilen wurde die Ertragsstabilität und die Entwicklung der Schaderreger des Körnermaises in Bernburg und Herzberg untersucht.

In der Tab. 7 sind die Varianten, Erträge und Befallswerte des Versuches Bernburg 1973, also des ersten Jahres der 2. Rotation, dargestellt.

Auch in diesem Versuch zeigt der Körnermais nach 5jähriger Monokultur keinen Ertragsrückgang. Die Ertragsdifferenz zwischen der Variante 5 und den Varianten 2 und 6 ist signifikant.

Der Befall mit *Fusarium*-Stengelfäule ist im Vergleich zur Monokultur in der Variante 3 deutlich stärker; die Abweichung ist hier nicht ohne weiteres zu klären. Der geringste Befall aller drei Schaderreger ist in Variante 2 festzustellen. Die übrigen Prüfglieder zeigen keine wesentlichen Unterschiede.

Tabelle 7

Körnermaiserträge und Schaderregerermittlung in Fruchtfolgen mit unterschiedlich hohem Körnermaisanteil (1973 Bernburg)

Fruchtfolge	dt/ha	Relativ	Stengelfäule %	Beulenbrand %	Fritfliege %
100% KM	73	100	28	18	21
25% KM, 25% ZR					
25% SG, 25% Kl	76	103	24	14	10
25% KM, 25% Kl					
25% SG, 25% SW	72	99	42	18	21
50% KM, 25% Kl					
25% SG	73	100	30	20	17
50% KM	70	96	27	17	19
25% SG, 25% SW	76	103	32	20	20
75% KM, 25% ZR					
GD 5% =	5,0	7			

KM = Körnermais, ZR = Zuckerrüben, Kl = Kleegras
SG = Sommergerste, SW = Sommerweizen

Der Versuch in Herzberg kann erst nach der Ernte 1974 vergleichend ausgewertet werden, da auch hier die Anlage des Versuches ein Jahr später als in Bernburg erfolgte.

Die Untersuchungen zur Populationsdynamik und Schadwirkung von getreidepathogenen wandernden Wurzelnematoden in den Körnermais-Fruchtfolgeversuchen wurden vom Institut für Pflanzenschutzforschung Kleinmachnow übernommen. Die sehr gute Wirtseignung von Körnermais für *Pratylenchus neglectus* und *Pr. crenatus* konnte erneut bestätigt werden. In den Fruchtfolgeversuchen der Standorte Bernburg und Herzberg ermittelte Heide in der Variante 2 (50% gute und 50% gegenüber Pratylenchen ungünstige Wirtspflanzen) die geringsten Nematodenpopulationen im Boden. Ein nur einmaliger Anbau eines ungünstigen Wirtes in einer 4jährigen Rotation scheint nicht ausreichend, um die Population niedrig zu halten. Sie steigt beim nächsten Anbau einer guten Wirtspflanze (z.B. Weizen oder Mais) sprunghaft an und ist dann einer Monokultur gleichzusetzen. In der Monokultur Körnermais wurden nach 5jähriger Laufzeit des Versuches in Bernburg Werte von 200 bis 300 Tieren je 100 cm³ Boden festgestellt. In Herzberg konnte ein Einpendeln der Populationshöhe der Gattung *Pratylenchus* bei 400 Nematoden je 100 cm³ Boden beobachtet werden. Schadwirkungen blieben in beiden Versuchen aus. Es ist erforderlich, den Fragen der Pathogenität der Pratylenchen in weiteren Untersuchungen nachzugehen.

Die bisherigen Untersuchungen zeigen, daß Körnermais in seinem Einfluß auf die Vermehrung der genannten *Pratylenchus*-Arten voll als Halmfrucht zu wer-

ten und den Getreidearten Weizen, Gerste und Hafer gegenüber nicht günstiger zu beurteilen ist. Die sanierende Wirkung des Maises in Fruchtfolgen mit hohen Getreideanteilen, insbesondere von Weizen und Gerste, besteht demnach gegenüber Getreidefußkrankheiten und dem Getreidezystenälchen, *Heterodera avenae*, nicht aber gegenüber *Pratylenchus*-Arten.
In der Tab. 8 sind Körnermaiserträge des Jahres 1973 nach unterschiedlichen Vorfrüchten dargestellt. Die Erträge nach Körnermais, Sommerweizen und Kleegras sind dem Fruchtfolgeversuch (Tab. 7) entnommen, während Sommergerste, Zuckerrüben und Winterraps aus einem Mähdrusch-Fruchtfolgeversuch des gleichen Standortes stammen und hier als zusätzliche Information eingefügt wurden.

Tabelle 8

Körnermaiserträge und Befallswerte nach unterschiedlichen Vorfrüchten (Bernburg)

Körnermais nach	dt/ha	Relativ	Stengelfäule %	Beulenbrand %	Fritfliege %
Körnermais	73	100	28	18	21
Sommerweizen	71	97	35	17	20
Kleegras	76	103	24	14	10
Sommergerste	65	89	26	4	34
Zuckerrüben	69	94	24	6	39
Winterraps	71	97	16	5	37

Die Befallswerte für Beulenbrand und Fritfliegen unterscheiden sich zwischen beiden Versuchen auffallend; bei *Fusarium*-Stengelfäule bestehen keine eindeutigen Differenzen. Der Winterraps fällt als Vorfrucht in bezug auf Stengelfäule positiv auf, während nach Sommerweizen die ungünstigsten Werte erreicht wurden. Kleegras führt im Fruchtfolgeversuch mit Körnermais und Winterraps in den Mähdruschfolgen zum höchsten Kornertrag. Einen Vergleich mit den Ergebnissen des Herzberger Versuches zeigt die Tab. 9.
Kleegras bestätigt sich als gute Vorfrucht für Körnermais hinsichtlich des Ertrages. Sommergerste erweist sich sowohl in Herzberg als auch in Bernburg als ungünstigste Vorfrucht.
Zusammenfassend ist der Verlauf des Fruchtfolgeversuches mit unterschiedlichen Körnermaisanteilen folgendermaßen einzuschätzen: Auf dem Standort Bernburg sind die Erträge relativ einheitlich. Zu bemerken ist die Steigerung in den Varianten mit 25% Zuckerrüben. Im Vergleich zu den bei Versuchsbeginn 1969 erhaltenen Erträgen ist keine Degression eingetreten. Die Ergebnisse der Krankheits- und Fritfliegenbonituren sind, abgesehen von den Jahresschwankungen, als relativ ausgeglichen anzusehen. Der Befallsgrad wird als schwach bis mäßig eingeschätzt. Der absolute Einfluß der Schaderreger auf den Ertrag ist nicht nachweisbar, weil es eine völlig unbefallene Variante nicht gibt.

Tabelle 9
Körnermaiserträge und Befallswerte nach unterschiedlichen Vorfrüchten (Herzberg)

Körnermais nach	dt/ha	Relativ	Stengelfäule %	Beulenbrand %
1972				
Körnermais	71	100	12	7
Kartoffeln	68	96	12	7
Sommergerste	58	81	22	10
1973				
Körnermais	56	100	53	0
Kleegras	61	110	71	0

Gleiches gilt auch für die getreidepathogenen wandernden Wurzelnematoden, für die der Körnermais eine bedeutende Wirtspflanze ist.
Stellen wir die vorliegenden Ergebnisse den verstreut in der internationalen Literatur dargelegten Erkenntnissen zu Körnermaismonokultur und Fruchtfolgen mit Körnermais gegenüber, so bestehen z. T. gegensätzliche Ansichten. Zum Beispiel wird die Sojabohne als eine Vorfrucht mit hohem sanitären Wert gegenüber der Stengelfäule vermerkt. Dagegen ergaben andere Versuche keine Unterschiede zwischen Monokultur und Fruchtfolgen mit Körnermais, Weizen und Leguminosen. Auftretende positive Wirkungen der Fruchtfolgen werden eher der Verbesserung der Bodenfertilität und Wüchsigkeit des Maises zugeschrieben als einer Reduzierung bestimmter Schaderreger. Diese Auffassung deckt sich mit unseren Vorstellungen.

Zusammenfassung

Nach 5jähriger Monokultur Körnermais mit unterschiedlicher Volldüngung konnte auf einem Lö 1- und einem D 2-Standort keine Ertragsbeeinflussung festgestellt werden. Die Erträge schwankten in Abhängigkeit von den Jahren, lagen aber in keinem Jahr unter den Werten des 1. Anbaujahres. Das Auftreten der für Körnermais spezifischen Schaderreger wurde durch 5jährige Monokultur nicht beeinflußt. *Fusarium*-Stengelfäule und Fritfliege variierten in Abhängigkeit von der Jahreswitterung, während der Beulenbrand nahezu gleichbleibend war. Die Erträge wurden durch keinen der Schaderreger beeinträchtigt.
In Fruchtfolgeversuchen mit unterschiedlichen Körnermaisanteilen bestätigte sich die Selbstverträglichkeit des Körnermaises in der Variante 1 (100% Körnermais). Fruchtfolgen, die Zuckerrüben und Kleegras enthielten, brachten Ertragssteigerungen gegenüber Monokultur, die aber statistisch nicht zu sichern waren. Ungesichert sind auch die Ertragsdegressionen in Fruchtfolgen mit Sommergerste und Sommerweizen. Im Auftreten der Schaderreger des Körner-

maises deuteten sich Unterschiede – vor allem bei *Fusarium*-Stengelfäule – an, mit denen Ertragsunterschiede aber nicht begründet werden konnten.
Die Untersuchungen zur Populationsdynamik getreidepathogener *Pratylenchus*-Arten ergaben, daß Körnermais in Getreidefruchtfolgen als Wirtspflanze zu werten ist. Ein Einfluß der Verseuchungsstärke auf den Ertrag konnte jedoch noch nicht ermittelt werden.

Резюме

Название работы: Вредные организмы и динамика урожайности в монокультуре кукурузы на зерно и в севооборотах с различным ее удельным весом

Пятилетняя монокультура кукурузы на зерно с неодинаковым внесением полного удобрения на лёссовой ($Lö_1$) и дилювиальной почвах (D_2) не влияла на урожайность кукурузы. Хотя урожаи и колебались в отдельные годы, но ни в одном году они не уступали показателям первого года возделывания. На появление вредных организмов, специфических для кукурузы на зерно, пятилетняя монокультура влияния не оказывала. В то время как пораженность кукурузы фузариозной стеблевой гнилью и шведской мушкой варьировала в зависимости от преобладающих в данном году метеорологических условий, на пораженности кукурузы пузырчатой головней погодные условия почти не сказывались. Урожаи не снижались вредными организмами. В севооборотных опытах с дифференцированным участием кукурузы на зерно подтвердилась самосовместимость кукурузы на зерно в варианте I (100% кукурузы на зерно). Севообороты, содержавшие сахарную свеклу и клеверо-злаковую смесь, давали по сравнению с монокультурой прибавки урожая, однако, без статистической достоверности. Недостоверными являются также дегрессии урожаев в севооборотах с яровым ячменем и яровой пшеницей. Установлены некоторые различия по пораженности кукурузы на зерно возбудителями и болезнями, главным образом фузариозной стеблевой гнилью, но обосновать ими имеющиеся разности в урожаях не удалось. В исследованиях популяционной динамики патогенных для зерновых культур видов *Pratylenchus* было выявлено, что кукурузу на зерно в зерновых севооборотах следует считать растением-хозяином. Влияния степени поражения на урожай пока не установлено.

Summary

Title of the paper: Pests and yield development in monoculture as well as in crop rotations with different grain maize percentages

Grain maize yields were not affected by five years of monoculture with different variants of complete fertilization on a Lö 1 and a D 2 site. The yield varied in dependence on the crop years, but in none of the years they were below the first-year level. The incidence of specific grain maize pests was not influenced by the five-year monoculture. *Fusarium* stalk rot and frit fly infestation varied in dependence on the annual weather conditions, whilst the incidence of boil smut remained almost unchanged. Yields were not affected by any of the pests tested. Crop rotation trials with different grain maize percentages proved the self-compatibility of grain maize in variant 1 (100% grain maize). Crop rotations including sugar beet and clover grass gave yield increase as compared with grain maize monoculture. However, this increase was not significant. The yield decline found in rotations with spring barley and spring wheat was statistically insignificant, too. Certain differences were indicated as to the incidence of grain maize pests – especially with *Fusarium* stalk rot –, which, however, did not account for the yield differences. Investigation of the population dynamics of cereal-pathogenic *Pratylenchus* species has shown that grain maize must be considered a host plant in cereal rotations. The degree of infestation did not influence the level of crop yield.

Literatur

DIMANCEA, ŞT.; BADEA, I.; BUDOI, I.; BERCA, M.: Cercetări privind producţia de porumb în monocultură şi în rotaţia porumb-orz, urmat de porumb pentru siloz, în condiţii de irigare, pe solul aluvial de la I. A. S. Olteniţa. Probleme Agricole 2 (1970), S. 15–22

HALÁSZ, E.: Adatok a tragyázás és a vetésforgó hatásáról a kukorica golyvás és rostosüszög fertozöttségéhes. Növénytermelés 13 (1964), S. 13–20

JOHNSON, I. J.; CHRISTENSEN, J. J.: Relation between number, size and location of smut infectious to reduction in yield of corn. Phytopathology 25 (1935), S. 223–233

MARTENS, J. W.; ARNY, D. C.: The effect of potassium fertilizer on the incidence of smut in a susceptible corn inbred. Plant Dis. Reptr. 50 (1966), S. 12–13

MÜHLE, E.; FRAUENSTEIN, K.: Der Einfluß der Düngung auf das Auftreten des Beulenbrandes an Körnermais. Nachr.-Bl. Dt. Pflanzenschutzdienst Berlin, N. F. 20 (1966), S. 15–18

SANCHEZ-MONGE, E.: Corn manuring under mediterranean conditions. I. N. I. A. Centro de Mejora del Maiz, Madrid. (Sonderdruck ohne bibliographische Angaben)

ULLSTRUPP, A. J.: Diseases of dent corn in the United States. U.S. Dept. of Agr. Circ. 674 (1943)

WILLIAMS, L. E.; SCHMITTHENNER, A. F.: Effect of crop rotation on yields, stalk rot, and root rot of corn. Phytopathology 53 (1963), S. 1412–1414

Anschrift der Verfasser:
ERNST GRAZZECK, Dr. INGEBORG FOCKE, Dr. ALFRED HEIDE
Institut für Getreideforschung Bernburg-Hadmersleben
der Akademie der Landwirtschaftswissenschaften der DDR
4351 Bernburg-Strenzfeld, Mitschurinstraße 22

Tag.-Ber., Akad. Landwirtsch.,Wiss. DDR, Berlin (1975) 135, S. 67–76

Institut für Getreideforschung Bernburg-Hadmersleben
und Lehr- und Versuchsgut Welsleben
der Akademie der Landwirtschaftswissenschaften der DDR

REINER OTTO und JOHANNES WIECZOREK

Technologische Probleme im spezialisierten Druschfruchtbetrieb

Der VIII. Parteitag der Sozialistischen Einheitspartei Deutschlands hat der Landwirtschaft die Aufgabe gestellt, die weitere sozialistische Intensivierung, Spezialisierung und Konzentration der Produktion planmäßig zu entwickeln. Dies sind wesentliche Merkmale industriemäßiger Produktionsmethoden in der Landwirtschaft.

Die Herausbildung großer spezialisierter Produktionseinheiten hat die weitere Ertragssteigerung, Senkung der Kosten und Erhöhung der Arbeitsproduktivität zum Ziel.

Im folgenden soll insbesondere auf einige technologische und arbeitswirtschaftliche Probleme bei spezialisierter Getreide- bzw. Druschfruchtproduktion eingegangen werden, wobei diesen Ausführungen vor allem die im Verlaufe von etwa 6 Jahren gesammelten Erfahrungen und Erkenntnisse des LVG Welsleben zugrunde gelegt werden sollen. Das LVG Welsleben, Kr. Schönebeck, hat sich seit 1967 zu einem Spezialbetrieb für Druschfrüchte entwickelt. Zur Produktionseinheit gehören gegenwärtig 1600 ha Ackerfläche, die nahezu arrondiert ist. Die Feldmark ist in 8 Schlageinheiten zu je 200 ha eingeteilt (Abb. 1).

Das Ackerflächenverhältnis sieht gegenwärtig wie folgt aus:

Getreide	62,5% der AF,
Winterraps	12,5% der AF,
Trockenspeiseerbsen	12,5% der AF,
Luzerne	12,5% der AF.

Der Druschfruchtanteil beträgt somit 87,5% der Ackerfläche. 80–90% der Getreidefläche werden mit Wintergetreide bestellt, wobei allein der Winterweizen 50–60% des Getreides einnimmt. Im Entwicklungszeitraum konnten die Getreideerträge ständig gesteigert werden, so daß das LVG heute eine führende Position in der Getreideproduktion des Kreises einnimmt. Hervorgehoben werden muß, daß dabei mit einem außerordentlich niedrigen AK-Besatz von 1,8 AK/100 ha in der Feldwirtschaft produziert wird.

1. Maschinensystem und Traktorenbestand

Industriemäßige Produktion ist unter anderem dadurch gekennzeichnet, daß vom Produkt und der dazugehörigen Technologie ausgegangen werden muß. Hierfür bietet die Spezialisierung auf Druschfrüchte günstige Voraussetzungen,

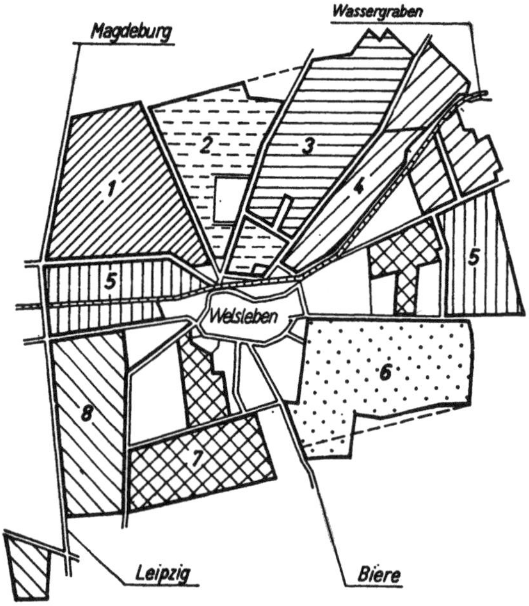

Abb. 1: Gemarkung Welsleben, Kreis Schönebeck

da die Produktion von Druschfrüchten nach einem nahezu einheitlichen Verfahren erfolgt. Als wesentlicher Vorteil erscheint dabei, daß bei starker Konzentration der Mähdruschfruchtproduktion nur ein Maschinensystem benötigt wird, da zwischen den einzelnen Druschfruchtarten hinsichtlich der benötigten Maschinen nur geringe Unterschiede vorhanden sind. Geringfügige Abweichungen vom Grundaufbau des Maschinensystems der Getreideproduktion gibt es bei den Fruchtarten Raps, Ackerbohne und Körnermais vor allem in den Produktionsabschnitten Aussaat, Pflege und Ernte (Tab. 1). Im Beispielsbetrieb wurden diese Unterschiede jedoch noch weiter abgebaut, da einmal kein Körnermais und keine Ackerbohne vorhanden sind und zum anderen der Raps generell nicht gehackt wird. Alle Druschfrüchte werden einheitlich mit einem Reihenabstand von 15,3 cm angebaut. Für die mechanische Pflege wird auch nur ein Walzen- und Eggensystem eingesetzt.
Die Ernte der Mähdruschfrüchte (einschließlich Raps und Erbsen) erfolgt in Welsleben ausschließlich im Mähdrusch. Lediglich auf einem kleinen Teil der Getreidefläche ist seit 1973 das neue Ernteverfahren der Ganzpflanzenernte mit dem selbstfahrenden Feldhäcksler E 280 eingeführt worden.

An Großmaschinen werden in der Produktionseinheit neben dem sowjetischen Traktor K 700 somit nur noch Mähdrescher und Feldhäcksler E 280 benötigt.

Tabelle 1

Unterschiede zwischen den Mähdruschfrüchten im Maschinensystem

	Aussaatprinzipien Einzelkorn-ablage	Drillsaat	Aussaat mit Flugzeug
Getreide		+	○
Raps		+	×
Erbsen		+	
Ackerbohnen	×	+[1]	
Körnermais	+		

[1] aber ungünstig

	mechanische Pflege Walze	Striegel/Egge	Hacke
Getreide			
Winterroggen	○		
Winterweizen	+	+	
Wintergerste	○		
Sommergerste	+	+	
Hafer	+	+	
Raps		○	+
Erbsen		+	
Ackerbohnen		+	
Körnermais		+	○

	Ernteverfahren Mähdrusch	Schwaddrusch	Pflückdrusch	Ganzpflanzenernte
Getreide	+	○		○
Raps	+	○		
Erbsen	+	○		
Ackerbohnen	+			
Körnermais			+	○

\+ vorzugsweise bzw. ausschließlich angewandt
○ unter bestimmten Bedingungen anwendbar bzw. notwendig
× denkbar bzw. Entwicklung notwendig

Durch die Spezialisierung wurden im Zusammenhang mit der Konzentration der Fruchtarten und der Schaffung großer Schlageinheiten somit auch die Voraussetzungen geschaffen, um das vorhandene Maschinensystem optimal zu nutzen.
Infolge des Zusammenfallens der Erntearbeiten von Weizen, Raps und Speiseerbsen wird der Bedarf an Mähdreschern ausschließlich durch diese Fruchtartengruppe bestimmt. Größtes Gewicht muß dabei auf die Ernte der Speiseerbsen gelegt werden, da diese die kritischste Fruchtart sind und in 4···5 Einsatztagen abgeerntet sein müssen. Diese Konzentration mehrerer, zu gleicher Zeit reifender Fruchtarten führt zu einem hohen Bedarf an Mähdreschern. Das hat zur Folge, daß kalkulativ unter den gegebenen Bedingungen in einer Kampagne nicht mehr als 200 ha Druschfrüchte je Mähdrescher abgeerntet werden können. Um jedoch einen überspitzten Bedarf an Mähdreschern, bedingt durch einzelne Fruchtarten, zu vermeiden, haben sich die bestehenden Kooperationsbeziehungen mit den Roggenanbaugebieten innerhalb des Kreises als günstig erwiesen. Wird z.B. ein Teil der Winterweizenfläche von diesen Kooperationspartnern abgeerntet, kann im Betrieb ein Mähdrescher eingespart werden, und die jährliche Kampagneausnutzung der Mähdrescher erhöht sich auf 250 ha Druschfrüchte. Das entspricht etwa 300 ha aufwandsvergleichbarer Fläche bei Getreide. Eine Erhöhung der Kampagneleistung der Mähdrescher über dieses ausgewiesene Maß hinaus erscheint unter diesen Verhältnissen nicht als zweckmäßig, da damit das Ernterisiko erhöht wird und größere Verluste sowie Qualitätsminderungen in Kauf genommen werden müssen.
Für die meisten Traktorenarbeiten können auf Grund der Fruchtartenkonzentration auf großen Flächen überwiegend leistungsstarke Traktoren eingesetzt werden. Außer den Pflanzenschutzarbeiten und dem Strohtransport besteht gegenwärtig kein spezifischer Bedarf an Traktoren der niedrigen Leistungsklassen mehr. Jedoch zeichnet sich auch hier ab, daß für diese Arbeiten bereits in den nächsten Jahren stärkere Traktoren mit Erfolg eingesetzt werden können. Das hat zur Folge, daß für die Produktion von Druschfrüchten nur zwei Traktorentypen der Leistungsklasse 2,0 und 5,0 Mp benötigt werden. Das Vorhandensein solcher leistungsstarker Traktoren erscheint sogar als eine zwingende Notwendigkeit des stark spezialisierten Druschfruchtbetriebes. Sollen nämlich die agrotechnischen Termine der Herbstarbeiten eingehalten werden, müssen alle Traktoren nach der Ernte effektiv für Arbeiten der Bodenbearbeitung, Saatbettbereitung und Bestellung eingesetzt werden können. Im Experimentierbetrieb sind im Herbst 94% des Ackerlandes zu schälen und zu pflügen sowie etwa $^2/_3$ der Ackerfläche neu zu bestellen.
In den vergangenen Jahren war es im Betrieb jedoch nicht immer möglich, alle geforderten agrotechnischen Termine in der Herbstbestellung einzuhalten, wobei es sich vorrangig um das rechtzeitige Ziehen der Saatfurche handelte.
Dies war Veranlassung, im Jahre 1973 auf 200 ha erstmalig das traditionelle Verfahren Schälen–Pflügen umzukehren und im Sommer nach der Strohräumung sofort zu pflügen und dann kurz vor der Weizenbestellung nur eine

flache Bearbeitung mit dem Scheibenschälpflug als Grundbodenbearbeitung vorzunehmen. Dadurch können z.B. für die Bestellung von 100 ha Winterweizen beim Einsatz des K 700 80 Arbeitskräfte- und Traktorenstunden vom Herbst in den Sommer verlagert werden. Für den ZT 300 sind es analog 120 Stunden. Gleichzeitig wird mit dieser Maßnahme ein gut abgesetztes Saatbett erzielt, was als wesentlicher ackerbaulicher Vorteil zu werten ist.

Einschränkend muß hierzu jedoch gesagt werden, daß diese Arbeitsverlagerung nicht zu Lasten der Strohräumung gehen darf und daß dafür nur solche Traktoren in Betracht kommen, die nicht in der Strohbergung eingesetzt werden (z.B. K 700).

Die Anwendung dieses Verfahrens war unter anderem auch mit ausschlaggebend dafür, daß im Experimentierbetrieb 1973 die gesamte Herbstbestellung termingerecht bis Ende Oktober und die Herbstfurche bis Mitte November abgeschlossen werden konnte. Es muß jedoch darauf hingewiesen werden, daß es sich bei diesem Verfahren um erste Erkenntnisse handelt, die jedoch nach unserer Meinung für den Ablauf der Herbstkampagne im spezialisierten Druschfruchtbetrieb auch künftig von Bedeutung sein können.

Durch die Spezialisierung auf wenige Traktorentypen und nur ein Maschinensystem wird auch die Instandhaltung der Technik wesentlich erleichtert und die Ersatzteilhaltung verringert. In Welsleben ist es gelungen, die Bestandshaltung an Instandsetzungsmaterial von 115 M/ha (1967) auf 70 M/ha (1971) und 45 M/ha im Jahre 1973 zu reduzieren. Im gleichen Zeitraum gingen auch die Abschreibungen von 180 M/ha auf 130 M/ha zurück.

2. Arbeitsverteilung

In einem spezialisierten Druschfruchtbetrieb sind Art der Arbeit und Arbeitsmenge der Vegetationsperiode der Druschfrüchte angepaßt bzw. werden durch diese bestimmt. Folglich ist bei einem hohen Spezialisierungsgrad von Getreide bzw. Mähdruschfrüchten im Vergleich zu einer vielseitigen Pflanzenproduktion über das Jahr hinweg mit einer ungünstigeren Verteilung des zeitlichen Arbeitsanfalls und der Auslastung einiger Maschinen zu rechnen (Abb. 2). Ein ausgesprochener Schwerpunkt besteht bei dem geschilderten Anbauverhältnis in der Ernteperiode, der vor allem durch die Strohbergung hervorgerufen wird. Immerhin erfordern allein die Erntearbeiten je nach Art der Strohverwertung 40···70% des Arbeitsbedarfs des gesamten Produktionsverfahrens (Abb. 3). Als Erkenntnis kann hier herausgestellt werden, daß die Bewältigung des Strohproblems die kritischste Phase in der gesamten Produktionseinheit „Druschfrüchte" darstellt, weil hiermit über Erfolg oder Mißerfolg aller nachfolgenden Arbeiten entschieden wird. Da die Arbeitskapazität einer auf Druschfrüchte orientierten Produktionseinheit nicht auf die absolute Arbeitsspitze ausgerichtet werden kann und somit begrenzt ist, sollen an dieser Stelle zwei Wege für die

Lösung des Strohproblems in spezialisierten Druschfrucht-Produktionseinheiten aufgezeigt werden:

- Teilweise Übernahme bzw. auch völlige Zuordnung der Strohbergung zu anderen produktorientierten Kollektiven im Rahmen kooperativer Beziehungen in der Pflanzenproduktion, sofern das gesamte Getreide- und Leguminosenstroh für die Tierproduktion benötigt wird.
- Einsatz von Stroh zur Hebung der Bodenfruchtbarkeit durch verstärkte Anwendung der Strohdüngung. Der Umfang dieses Verfahrens wird dabei durch die nicht für Einstreu- und Futterzwecke benötigte Strohmenge be-

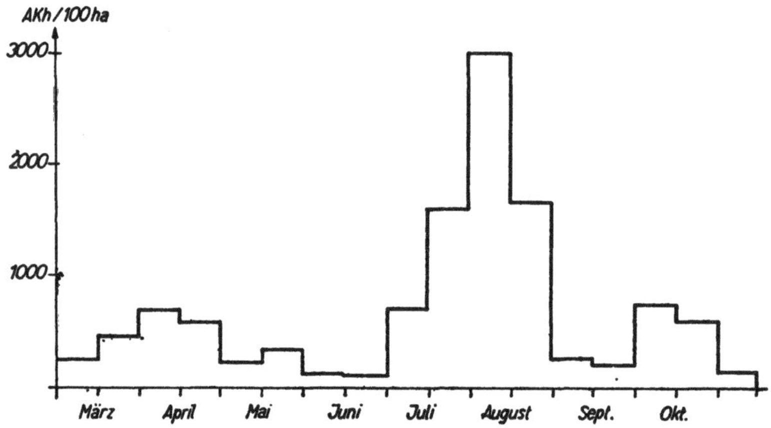

Abb. 2: Arbeitsaufriß für eine Produktionseinheit Druschfrüchte (Lö $_1/_2$) mit überwiegend Strohbergung

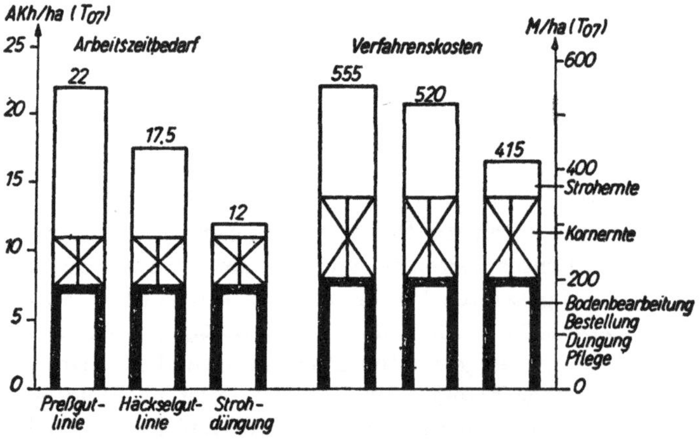

Abb. 3: Gesamtbedarf an Arbeitszeit und Verfahrenskosten bei unterschiedlichen Verfahren der Strohernte im Produktionsverfahren Winterweizen

stimmt. Mit der breiten Einführung industriemäßiger Produktionsmethoden in der Tierproduktion wird speziell in den Betrieben mit hohem Druschfruchtanteil diese Form der Strohverwertung wesentlich an Bedeutung gewinnen.

Auch im LVG Welsleben bereitete das Stroh in der Vergangenheit in allen Jahren große Schwierigkeiten. Die Strohbergung konnte nicht in den normalen Arbeitsablauf eingeordnet werden. Es waren ständig zusätzliche Arbeitskräfte für die Strohbergung erforderlich, die teils aus dem eigenen Betrieb, teils über fremde Hilfe aus dem Ort gewonnen wurden. In dieser Beziehung sind Betriebe mit einem geringeren Druschfruchtanteil und höherem Arbeitskräftebesatz im Vorteil.

Aus diesem Grunde wurde in den letzten Jahren auf etwa 40% der Druschfruchtfläche das Stroh bereits gehäckselt und in den Boden eingearbeitet. Für die Strohverteilung und -zerkleinerung standen jedoch keine geeigneten Mechanisierungsmittel zur Verfügung. Im Jahre 1973 konnte erstmalig der selbstfahrende Feldhäcksler E 280 mit Verteileinrichtung für die Strohdüngung eingesetzt werden. Dadurch war eine wesentliche Qualitätsverbesserung bei der Zerkleinerung und Verteilung des Strohes möglich, obwohl auch hier noch geeignetere Lösungen gefunden werden müssen. Ein bisher noch völlig ungelöstes Problem ist dabei die qualitativ gute Einarbeitung des zerkleinerten und verteilten Strohes in den Boden. Mit den bisher zur Verfügung stehenden Bodenbearbeitungsgeräten mußten deshalb häufig Kompromißlösungen eingegangen werden.

Trotz des hohen Anteils an Strohdüngung ist zur Zeit in Welsleben eine Arbeitsspitze in der Strohernte immer noch nicht zu vermeiden (Abb. 4). Dem Abbau der Stroharbeitsspitze muß daher besondere Aufmerksamkeit geschenkt werden. Dies kann unter den speziellen Bedingungen des LVG Welsleben geschehen durch

- Anwendung neuer Verfahren in der Preßgutlinie (K 453),
- Verringerung des Streustrohbedarfs durch Veränderung der Tierhalteform und Ausdehnung der Strohdüngung auf $\geq 50\%$ der Druschfruchtfläche.

Wird nun bei der Betrachtung des Arbeitsbedarfes allein vom Vegetationsrhythmus der Druschfrüchte ausgegangen, sind auch sogenannte „Arbeitstäler“ im Juni und in den Wintermonaten vorhanden. Jedoch ist dies in einer stark auf Mähdruschfrüchte spezialisierten Pflanzenproduktion mit niedrigem AK-Besatz nur relativ zu sehen, da unter solchen Bedingungen auch eine Reihe anderer Arbeiten durchgeführt werden müssen, die zur Aufrechterhaltung der Druschfruchtproduktion und zur Hebung der Bodenfruchtbarkeit notwendig sind. So werden in Welsleben beispielsweise diese Perioden für Futterproduktion (Luzerne auf 12,5% der AF), Meliorationsarbeiten, insbesondere Wegeinstandhaltung, Stallmistausbringung und Unterstützung der Werkstattkollektive genutzt. Auch bahnen sich in den Wintermonaten Kooperationsbeziehungen zur Industrie an. Somit ist nach den Welslebener Erfahrungen auch in einem Druschfruchtbetrieb eine kontinuierliche Auslastung der Arbeitskräfte möglich (Abb. 4). Unserer Meinung nach wird sich auch die Ganzpflanzenernte technologisch günstig in den Arbeitsablauf einer solchen Druschfruchtproduktion einordnen lassen, da damit das Getreide über einen längeren Zeitraum geerntet werden kann und auch keine gesonderten Mechanisierungsmittel für die Feldproduktion benötigt werden.

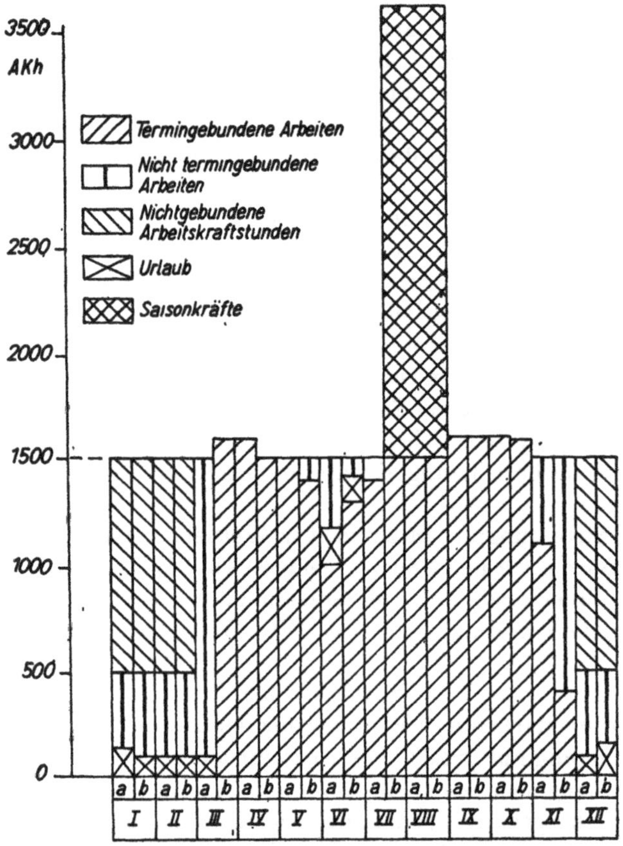

Abb. 4: Arbeitsstundenbedarf für die Produktion von 1400 ha Druschfrüchten und 200 ha Feldfutterpflanzen

4. Verringerung der Arbeitsarten

Mit der Spezialisierung der Produktion war gleichzeitig eine Verringerung der Arbeitsarten verbunden. Der größte Teil der Traktoristen (abhängig von der Qualifikation und dem benutzten Traktorentyp) brauchte nur noch 3–4 Arbeitsarten auf dem Feld zu verrichten. Die eingeleiteten Arbeitsverfahren dauerten im Experimentierbetrieb oft bis zu zwei Monaten (Ernte einschließlich Stroh, Bodenbearbeitung) und brauchten zwischendurch kaum geändert zu werden.

Dieser Vorteil führt auch zur Spezialisierung der Arbeitskräfte und zur Erhöhung der Qualität der geleisteten Arbeit.
Schließlich fanden alle mit der Spezialisierung eingeleiteten Maßnahmen ihren Ausdruck in der Steigerung der Effektivität der lebendigen Arbeit und der Arbeitsproduktivität (Tab. 2).

Tabelle 2

Entwicklung der Arbeitsproduktivität in den Jahren 1967–1971

Maßeinheiten	1967	1968	1969	1970	1971	1975 (Plan)
Arbeitszeitaufwand AKh/ha (Feldarbeiten)	51,0	46,2	24,6	21,0	20,9	18,9
Arbeitszeitaufwand AKh/dt GE	1,3	1,0	0,6	0,5	0,4	0,3
Getreideeinheiten dt/VBE	695	1254	1150	1485	1510	2480
Bruttoumsatz TM/Produktionsarbeiter	25,0	46,7	54,7	58,0	71,0	106,2

Zusammenfassung

Zusammenfassend kann festgestellt werden, daß mit der Konzentration und Spezialisierung einer Produktionseinheit auf Mähdruschfrüchte wesentliche Vorteile in technologischer Hinsicht sichtbar wurden. Diese äußerten sich vor allem in der Vereinfachung des Maschinensystems sowie des Traktorenparkes, der Verringerung der Arbeitsarten und der Steigerung der Arbeitsproduktivität. Gleichzeitig darf jedoch nicht außer acht gelassen werden, daß auch noch wesentliche ungelöste Probleme vorhanden sind, was vor allem die Strohproblematik betrifft. Mit der hier dargelegten erfolgreichen Zwischenbilanz aus dem Druschfruchtexperiment im LVG Welsleben wurde ein wissenschaftlicher Vorlauf geschaffen, den es gilt in den kommenden Jahren weiter auszubauen. Insbesondere kommt es dabei darauf an, die spezifische Problematik dieses Experimentes auch unter den Bedingungen der Kooperation zu erproben und weiterzuentwickeln. Deshalb ist es notwendig, die bereits bestehenden Kooperationsbeziehungen zu erweitern und zu vervollkommnen, um somit auch die gesellschaftliche Entwicklung weiter voranzutreiben.

Резюме

Название работы: Технологические проблемы хозяйства, специализировавшегося на возделывании обмолачиваемых культур

Подытоживая можно отметить, что в условиях концентрации и специализации производственной единицы на возделывании обмолачиваемых культур проявляются значительные преимущества технологического характера. Преимущества сказываются в первую очередь в упрощении системы машин и тракторного парка, в снижении числа видов работ и повышении производительности труда. Одновременно, однако, нельзя упускать из виду, что имеется еще ряд нерешенных важных вопросов, в том числе и проблема соломы.

Изложенными в настоящей работе предварительными положительными результатами севооборотного опыта, проведенного в Учебно-опытном имении Вельслебен, создан научный задел, требующий в будущем дальнейшего развития. Особенно важно, чтобы специфическая проблематика этого эксперимента исследовалась также в условиях кооперации. Поэтому необходимо дальнейшее расширение и усовершенствование кооперационных связей для ускорения также и общественного развития.

Summary

Title of the paper: Technological problems in a specialized farm growing combine-harvested crops (cereals, pulses, oilseeds)

On the whole, the concentration on, and the specialization of a production unit in combine-harvested crops offer essential technological advantages mainly featured by simplified machine systems, fewer kinds of work, and increased labour productivity. It should not be disregarded, however, that there are still important problems pending, particularly with regard to straw handling. The promising preliminary results of the trial on combine-harvested crops conducted by the Welsleben experimental farm provide a backlog of scientific findings to be further extended in the forthcoming years. Emphasis should be laid on the examination and further development of the specific character of this experiment, also under conditions of inter-farm co-operation. Therefore, it is necessary to extend and deepen the already existing inter-farm co-operative relations thus also pushing ahead social development.

Anschrift der Verfasser:
Dr. Reiner Otto
Institut für Getreideforschung Bernburg-Hadmersleben
der Akademie der Landwirtschaftswissenschaften der DDR
4351 Bernburg-Strenzfeld, Mitschurinstraße 22
Dipl.-Landwirt Johannes Wieczorek
Lehr- und Versuchsgut Welsleben
der Akademie der Landwirtschaftswissenschaften der DDR
3306 Welsleben

Tag.-Ber., Akad. Landwirtsch.-Wiss. DDR, Berlin (1975) 135, S. 77–88

Institut für Getreideforschung Bernburg-Hadmersleben
der Akademie der Landwirtschaftswissenschaften der DDR

MARTIN FEISTKORN

Die Auswirkungen der Konzentration und Spezialisierung der Druschfrüchte auf einige ökonomische Kriterien

Durch fortschreitende planmäßige Konzentration, Spezialisierung und Arbeitsteilung wird eine höhere Arbeitsproduktivität und Kostensenkung erreicht, da dieser Prozeß bei gleichzeitiger Intensivierung der Produktion erfolgt. Damit wird auch eine bessere Versorgung der Bevölkerung gewährleistet. In den folgenden Ausführungen soll dargelegt werden, in welchem Maße die Konzentration und Spezialisierung der Produktion von Druschfrüchten zur Erhöhung der Arbeitsproduktivität und zur Senkung der Kosten führt und welche Konsequenzen bei diesem Prozeß für

- die Leitung und Organisation der Produktion von Druschfrüchten,
- die Anforderungen an die materielle Basis und
- die Qualifizierung der Menschen erwachsen.

Die Produktion der Druschfrüchte erfolgt mit einem nahezu einheitlichen Maschinensystem. Damit ist eine wichtige Forderung und Bedingung industriemäßiger Produktion erfüllt. Hinzu kommt, daß die Spezialisierung auf der Basis der Druschfruchtarten weit weniger biologische Probleme hinsichtlich der Fruchtfolgegestaltung und somit zur Erreichung steigender und stabiler Erträge aufwirft als beispielsweise die Spezialisierung auf ausschließlichen Getreideanbau in einer Rotation bzw. einer Produktionseinheit.

Für eine solche extrem ausgerichtete Produktion besteht derzeit und in absehbarer Zeit weder eine volkswirtschaftliche Forderung noch eine technologisch-ökonomische Notwendigkeit.

Im Interesse des Themenkreises können die zweifellos vorhandenen und auch sehr wichtigen Wechselwirkungen zwischen der Konzentration und Spezialisierung der Druschfrüchte und den gleichen Prozessen bei anderen Zweigen der Pflanzenproduktion und auch der Tierproduktion nur andeutungsweise berücksichtigt werden. Diese Einschränkung gilt auch für die vertikale Kooperation, wobei darauf hingewiesen werden soll, daß die Konzentration und Spezialisierung von Druschfrüchten auf dem Gebiet der Lager- und Nahrungsgüterwirtschaft erhebliche Auswirkungen haben kann.

1. Die Entwicklung der Arbeitsproduktivität

Entsprechend den Beschlüssen des VIII. Parteitages der SED muß die Landwirtschaft „mit der Lösung der vor ihr stehenden Aufgaben gleichzeitig die historisch bedingte Rückständigkeit in der Entwicklung der Produktivkräfte gegenüber der Industrie überwinden“ (Autorenkollektiv, 1973, S. 19).

Das Tempo der Steigerung der Arbeitsproduktivität in den vergangenen Jahren reicht nicht aus, um bei abnehmender Zahl der Beschäftigten die Versorgungsaufgaben durch die Landwirtschaft voll zu erfüllen. Die bisherigen Ergebnisse bei der Anwendung industriemäßiger Produktionsmethoden in der Landwirtschaft zeigen, welche großen Möglichkeiten sich aus ihrer Anwendung für die Steigerung der Produktivität der lebendigen Arbeit ergeben. Durch die Schaffung einer leistungsfähigen Industrie in der DDR ist es möglich, die Landwirtschaft zunehmend und in breitem Umfange mit modernen Produktionsmitteln auszustatten. Das zwingt dazu, in der Landwirtschaft solche Bedingungen zu schaffen, unter denen diese modernen Produktionsmittel effektiv eingesetzt und genutzt werden können. Am Beispiel der Entwicklung der Produktion von Druschfrüchten, insbesondere von Getreide, kann diese Notwendigkeit und die Effektivität des Einsatzes der modernen Produktionsmittel überzeugend nachgewiesen werden. In der Tab. 1 kommt dieser Zusammenhang deutlich zum Ausdruck.

Tabelle 1

Entwicklung der Arbeitsproduktivität in der Getreideproduktion

		Durchschnitt aller LPG Typ III der DDR 1966	1970	KAP Querfurt 1970
Arbeitszeitaufwand	AKh/dt	1,9	1,0	0,56
	AKh/ha	50	27	24
Produktivität	dt/AK	1130	2100	3600
Bruttoprodukt	TM/AK	45	86	144

Während die Arbeitsproduktivität je ständig Berufstätigen in der Landwirtschaft von 1962 bis 1973 um 39% stieg (Autorenkollektiv 1973, S. 19), verringerte sich der Arbeitszeitaufwand je dt Getreide von 1966 bis 1970 von 1,9 AKh auf 1,0 AKh im Durchschnitt aller LPG Typ III der DDR (Autorenkollektiv, 1972). Hieraus geht hervor, daß der Einsatz moderner Produktionsmittel zur Druschfruchtproduktion gegenüber dem Durchschnitt der Landwirtschaft bisher eine größere Effektivität hatte. In den Betrieben mit bereits begonnener Konzentration und Spezialisierung und in solchen mit hohen Erträgen, wie in der Kooperativen Abteilung Pflanzenproduktion (KAP) Quer-

furt, ist der Aufwand an lebendiger Arbeit je dt Getreide noch bedeutend geringer als im DDR-Mittel.
Dieser geringe Aufwand an Arbeitszeit spiegelt sich auch in der Produktion je Arbeitskraft in dt Getreide und im Bruttoprodukt in TM wider. Daraus folgt, daß für 1000 Mark Erlöse in der Getreideproduktion die LPG Typ III im DDR-Durchschnitt im Jahre 1970 26 Arbeitskraftstunden (AKh) und die KAP Querfurt 16 AKh benötigten.
In der sozialistischen Industrie wurden 1971 je 1000 M industrieller Warenproduktion 22 Stunden an lebendiger Arbeit aufgewandt. Auch in den anderen LPG, VEG bzw. KAP, die auf dem Wege der industriemäßigen Produktion von Druschfrüchten fortgeschritten sind, ist die gleiche Tendenz wie in Querfurt erkennbar und nachweisbar. Dabei zeigt sich, daß die LPG, VEG und KAP am schnellsten vorankommen, die den Anbau von Druschfrüchten konzentrieren und sich auf wenige Fruchtarten spezialisieren (vgl. Tab. 2).
In der KAP Bernburg-Nord und im LVG Welsleben wird bzw. ist die Konzentration und Spezialisierung auf Druschfrüchte am konsequentesten vorgenommen, wie das der Anteil von Druschfrüchten an der Ackerfläche beweist. Es handelt sich hier um Planzahlen für 1976–1980. Im LVG Welsleben besteht die hohe Spezialisierung bereits seit mehreren Jahren. Diese Konsequenz in der Spezialisierung der Druschfrüchte wird dazu führen, daß mit einem Aufwand von weniger als 0,25 AKh je dt Produkt produziert wird.

2. Die Selbstkosten spezialisierter Druschfruchtproduktion

Untersuchungen zu den Selbstkosten auf drei natürlichen Standorten – Lö 1/2; D 5 N und D 3 S – mit unterschiedlicher Konzentration und Spezialisierung von Druschfrüchten haben ergeben (Ebert, Oldach u.a., 1972), daß zwischen den Stufen 80 und 100% auf dem jeweiligen natürlichen Standort nur unwesentliche Unterschiede vorhanden sind. Dagegen sind die Kosten in den Betrieben, die etwa den Durchschnitt des jeweiligen Standortes darstellen, also bei einem Anteil von 60% Druschfrüchten liegen, um etwa 100–120 M/ha bzw. um 3 bis 5 M/dt höher. Diese höheren Aufwendungen sind hauptsächlich durch die aufwendige Strohbergung bedingt, die in den Betrieben mit durchschnittlichem Mähdruschfruchtanteil erfolgt. Bei spezialisierter Produktion wurde die erforderliche Humusversorgung aus dem Anfall organischer Masse durch Zwischenfruchtanbau und Strohdüngung gesichert. Die dafür entstehenden Kosten sind der Druschfruchtproduktion angelastet. Trotzdem ist diese Art der Humusversorgung kostengünstiger als die über die Stallmistausbringung und dazu erforderliche Strohbergung. Die in der Tendenz abfallenden Kosten je ha von den ertragreicheren Standorten zu den Standorten mit geringerer Ertragsfähigkeit ergeben sich vor allem durch einen geringeren Materialverbrauch je ha (vgl. Tab. 3).

Tabelle 2

Entwicklung des Arbeitszeitaufwandes bei Druschfrüchten bzw. Getreide in LPG, VEG und KAP

LPG, VEG, KAP	Natürliche Standorteinheit	Mittlere Ackerzahl	Produktion in den 60er Jahren	Industriemäßige Produktion Mitte–Ende der 70erJahre	Senkung des AKh-Aufwandes auf %	geplanter Anteil Druschfrüchte an AF %
Bernburg-Nord	Lö 1, 2; Al 3	79	1,24	0,23*	19	71
LVG Welsleben (Krs. Schönebeck)	Lö 1, 2	87	1,21	0,24*	20	88**
Osternienburg (Krs. Köthen)	Al 3, D 2–5	44	1,80	0,49	27	64
Nessetal (Krs. Gotha)	Lö 1, 2; V 1–3	68	1,52	0,44	29	56

* Druschfrüchte insgesamt
** bereits erreicht

Da die Selbstkosten je Hektar jedoch wesentlich langsamer zurückgehen, als der Ertrag abfällt, sind die Kosten je Produkteneinheit auf dem Lö-Standort in den vergleichbaren Spezialisierungsstufen um 8···11 M/dt geringer als auf dem D 3-Standort. Die Differenz zwischen Lö- und D 5-Standort beträgt 2···4 M/dt, da auf dem D 5-Standort der Ertrag weniger stark abfällt als auf dem D 3-Standort.

Tabelle 3

Selbstkosten der Getreideproduktion in M/ha und je dt und verschiedenen Anteilen von Druschfrüchten an der Ackerfläche in %

Druschfrüchte % AF	Selbstkosten	Standort Lö 1/2	D 5 N	D 3 S
80	je ha	1110	1051	1047
	je dt	22,03	24,67	30,79
100	je ha	1128	1047	1067
	je dt	22,74	24,75	31,76
60	je ha	1220	1240	1150
	je dt	25,36	29,25	36,28

Tabelle 4

Kostensätze der Getreide- und Druschfruchtproduktion insgesamt nach Standorten und verschiedenen Anteilen von Druschfrüchten an der Ackerfläche in %

Druschfrüchte % AF	Standort Lö 1/2 a*	b	D 5 N a	b	D 3 S a	b
80	58	54	67	53	79	75
100	60	55	66	60	80	76
60	68	65	81	70	95	95

* = a Getreide insgesamt b = Druschfrüchte insgesamt

Mit der Ermittlung des Kostensatzes für Getreide und Druschfrüchte werden Auswirkungen der Spezialisierung auf die Selbstkosten und die erzielten Erlöse herausgearbeitet. Zwischen den einzelnen Getreide- und Druschfruchtarten sind im Kostensatz erhebliche Unterschiede vorhanden, die in verschiedenen Selbstkosten, vorwiegend aber in den erzielten Erlösen begründet sind. Durch die bestehenden Preisrelationen, die letztlich den volkswirtschaftlichen Bedarf widerspiegeln, werden von den Getreidearten Braugerste und Hafer am stärksten begünstigt, während der Roggen durch seine niedrigen Erträge den höchsten Kostensatz aufweist. Speiseerbsen haben vor Raps infolge der hohen Erlöse bei sicheren Erträgen den günstigsten Kostensatz aller Druschfrüchte. Die Eingliederung dieser Fruchtarten in getreidebetonende Fruchtfolgen führt neben

der Auflockerung und positiven Auswirkung auf den Ertrag zur Verbesserung des Ergebnisses der Druschfruchtproduktion, wie das aus dem Vergleich der Kostensätze für Getreide und Druschfrüchte insgesamt abgeleitet werden kann (Tab. 4).
Der günstigste Kostensatz wird auf dem Lö-Standort mit 80% Druschfrüchten erreicht, während der schlechteste auf dem D 3-Standort mit geringer Spezialisierung zu verzeichnen ist.
Aus den Kostensätzen kann abgeleitet werden, daß eine spezialisierte Druschfruchtproduktion auf allen untersuchten Standorten möglich ist. Hierbei spielt die Zuordnung von Nichtgetreidearten und deren Erträge sowie Ertragssicherheit eine wesentliche Rolle.
Die zusätzlichen Aufwendungen für Bodenbearbeitung und Chemikalien zur Abwendung bzw. Verringerung von konzentrationsbedingten Ertragsminderungen haben zur Folge, daß der für den Lö-Standort mit „sehr gut" zu bezeichnende Kostensatz von „unter 50" nicht erreicht wird.

3. Der Einfluß von Konzentration und Spezialisierung auf die Nutzung der Grundmittel und den Aufwand an Grundfonds

Am Beispiel verschiedener Anteile von Druschfrüchten an der Ackerfläche des Lö-Standortes konnte der in Tab. 5 nachgewiesene Grundfondsaufwand ermittelt werden.
Auf den Grundfondsaufwand hat die Strohbergung gegenüber der Strohdüngung einen nachhaltig erhöhenden Einfluß. Je Hektar Druschfruchtfläche werden für die Strohbergung 500–650 Mark mehr Grundfonds benötigt. Die Spezialisierung auf 100% Druschfrüchte führt im Produktionsverfahren mit Strohbergung zu einer Einsparung von etwa 200···250 M/ha Grundfonds, da die Auslastung der Maschinen und Geräte durch entsprechende Gestaltung des Anbauverhältnisses kontinuierlicher als bei 60 und 80% Druschfrüchten erfolgen kann. Das trifft auch für die Variante mit Strohdüngung zu, denn hier werden auch bei 100% Druschfrüchten noch 100 M/ha Grundfonds weniger benötigt gegenüber den Anteilen mit 80% und 60% Druschfrüchten.
Neben dem laufenden Aufwand für die Produktion hat auch der Vorschuß an gesellschaftlicher Arbeit in Form der Grundmittel einen erheblichen Einfluß auf die Druschfruchtproduktion. Das kommt sowohl in den absoluten Zahlen in Mark/ha (Tab. 5) als auch in der Grundfondsquote und der Grundfondsrentabilität auf dem Lö-Standort zum Ausdruck (Tab. 6).
Die Gegenüberstellung und der Vergleich dieser Zahlen zeigt, daß die Forderungen bezüglich einer „sehr guten" Grundmittelauslastung bei spezialisierter Produktion zu erreichen sind, wenn die Strohbergung nicht der Druschfruchtproduktion angelastet bzw. das Stroh über die Strohdüngung verwertet wird.
Zum Vergleich sollen noch einige Ergebnisse aus Praxisbetrieben dargestellt werden (Tab. 7).

Tabelle 5
Grundfondsaufwand (Maschinen und Geräte) für Druschfrüchte mit Strohbergung und -düngung für die Fruchtarten insgesamt in M/ha auf dem Lö-Standort

Druschfrüchte % AF		Strohbergung	Strohdüngung
80	a*	1316	697
	b	1425	1229
100	a = b	1130	597
60	a	1378	688
	b	1400	1193

* a = Druschfrüchte insgesamt b = Fruchtarten insgesamt

Tabelle 6

Grundfondsquoten und Grundfondsrentabilität für Druschfrüchte mit Strohbergung und -düngung bei verschiedenen Anteilen von Druschfrüchten an der Ackerfläche in %

Druschfrüchte	Grundfondsquote		Grundfondsrentabilität	
% AF	a*	b	a	b
80	150	260	71	126
100	170	290	82	140
60	130	–	51	–
Maßstab	„sehr gut“ >200		>80	

* a = mit Strohbergung b = mit Strohdüngung

Tabelle 7

Entwicklung der Grundfondsquote und der Grundfondsrentabilität bei Druschfrüchten bzw. Getreide in LPG, VEG und KAP

LPG, VEG, KAP	Grundfondsquote		Grundfondsrentabilität	
	1971	1975	1971	1975
Querfurt	190	210	77	95
Bernburg-Nord	–	216	–	89
Welsleben*	110	184	28	70
Nessetal	143	190	48	78
Osternienburg	95	141	14	33

* gesamte Pflanzenproduktion

Für den Lö-Standort wird bei der Bewertung „sehr gut" eine Grundfondsquote über 200 und eine Grundfondsrentabilität über 80 gefordert. Die für diesen Standort typischen KAP Querfurt, Bernburg-Nord, Nessetal und das LVG Welsleben erreichen und übertreffen diese Werte. Im LVG Welsleben wurde der 12% der Ackerfläche einnehmende Luzerneanbau in die Auswertung mit einbezogen, deshalb sind die Kennzahlen etwas benachteiligt. Die KAP Nessetal bewirtschaftet teilweise ertragsschwächere Verwitterungsböden. Das findet seinen Niederschlag in diesen Kennziffern. In der KAP Osternienburg, die im Durchschnitt eine Ackerzahl von 44 aufweist, ist das Ertragsniveau der Getreideproduktion etwa 10 dt/ha unter dem der anderen hier genannten Betriebe. Deshalb ist ein unmittelbarer Vergleich nicht möglich. Am Beispiel Osternienburg soll aber nachgewiesen und demonstriert werden, daß auch auf ertragsschwächeren Böden erfolgreich und mit guten Ergebnissen eine spezialisierte Druschfruchtproduktion durch Konsequenz und Beharrlichkeit erreicht werden kann.

4. Konsequenzen der Spezialisierung und Konzentration zur Produktion von Druschfrüchten

Die Leitung und Organisation der spezialisierten Druschfruchtproduktion wird nach den bisherigen Erfahrungen durch den Wegfall des Warenhauscharakters überschaubarer und einfacher. Es erfolgt eine Einschränkung der Probleme. Alle am Produktionsprozeß beteiligten Menschen, sowohl in der vorbereitenden als auch in der ausführenden Phase, können in kurzer Zeit den Produktionsprozeß beherrschen lernen und auch ständig die neuen Erkenntnisse unmittelbar in die Produktion übertragen.

Ein ernstes Problem, das die Kollektivbildung und die ganzjährige Auslastung der Arbeitskräfte beeinträchtigt, stellt der stark ausgeprägte Saisoncharakter, die Diskontinuität des Produktionsprozesses von Druschfrüchten dar. In einer Modellrechnung, die für den Lö-Standort bei verschiedenen Anteilen von Druschfrüchten und den Varianten mit Strohbergung und Strohdüngung vorgenommen wurde, konnte für 1000 ha Ackerfläche der in Tab. 8 dargestellte Arbeitskraftbedarf und ihre Auslastung mit termingebundenen Arbeiten ermittelt werden.

Durch die Kombination von 80% Druschfrüchten und 20% Zuckerrüben ist eine bessere Auslastung der Arbeitskräfte (AK) gegeben, wobei der AK-Bedarf durch die Zuckerrübenproduktion bestimmt wird.

Beim 100%igen Druschfruchtanbau ist die Strohbergung die den Arbeitskraftbedarf bestimmende Arbeitsspitze. Wird auf die Strohbergung verzichtet bzw. diese in Kooperation mit oder durch Arbeitskräfte anderer Produktionskollektive bewältigt, dann steigt die Auslastung der zur Druschfruchtproduktion eingesetzten Arbeitskräfte um nahezu 30% an (von 467 auf 589 Stunden).

Der entscheidende Nachteil der Konzentration und Spezialisierung der Druschfruchtproduktion – die nicht ausreichende Auslastung der Arbeits-

kräfte mit termingebundenen Arbeiten – kann durch die Kombination mit Futterkulturen, aber auch mit Hackfrüchten weitgehend gehoben werden. In der KAP Osternienburg erweist sich die Kombination von Druschfrüchten und Futterkulturen in einer Produktionsbrigade sowohl aus biologischer,

Tabelle 8

Arbeitskraftbedarf für 1000 ha AF und deren Auslastung mit termingebundenen Arbeiten im Jahr (berechnet nach der Spitzenkampagne) bei 80% und 100% Druschfrüchten

Druschfrüchte % AF		Arbeitskräfte	AKh/AK
80	mit Strohbergung	18	892
	mit Strohdüngung	18	719
100	mit Strohbergung	25	467
	mit Strohdüngung	14	589

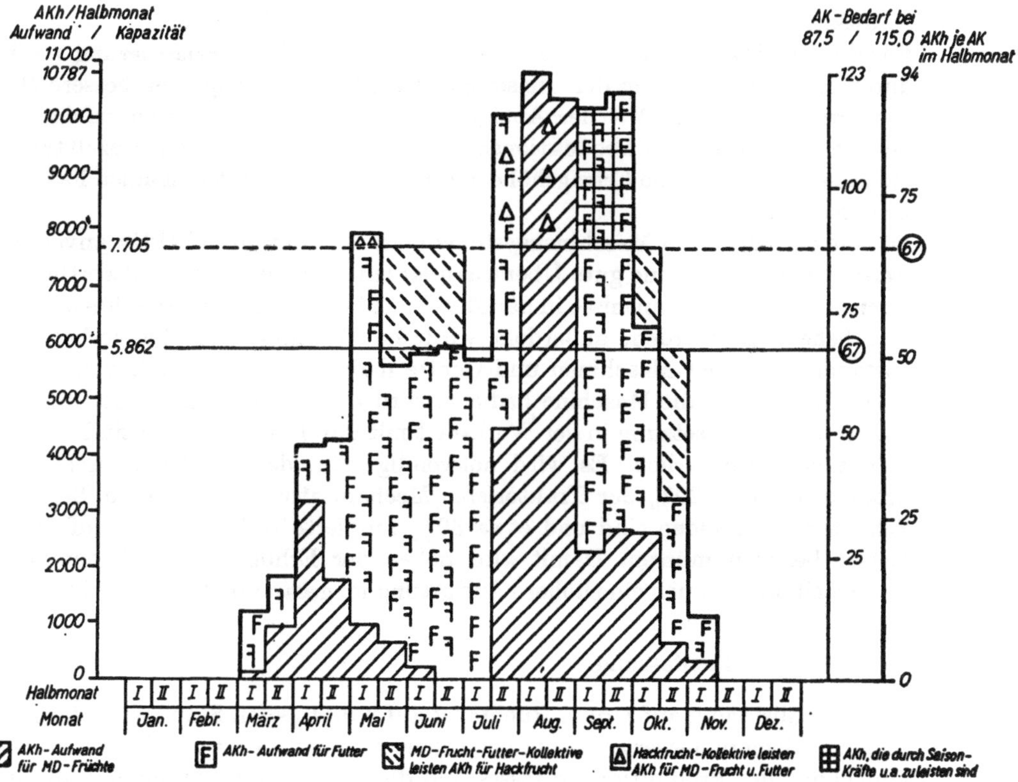

Arbeitszeitaufriß termingebundener Arbeiten für die Produktion von Mähdruschfrüchten und Futter in der KAP Osternienburg (ohne Arbeiten des ACZ)

arbeitswirtschaftlicher und betriebsorganisatorischer Sicht als auch im Interesse einer hohen Fondseffektivität als zweckmäßig und vorteilhaft.
Es wird während der gesamten Vegetationsperiode eine relativ gleichmäßige und hohe Auslastung der erforderlichen Arbeitskräfte von Ende April/Anfang Mai bis Ende Oktober/Anfang November erreicht.
Die Arbeitskräfte sind während des gesamten Produktionsjahres zu etwa 70% mit termingebundenen Arbeiten der Mähdruschfrucht- und Futterproduktion ausgelastet. Eine Teilung der Arbeitsaufgaben nach der Mähdruschfruchtproduktion einerseits und Futterproduktion andererseits würde für beide Kollektive zu einer überwiegend von Arbeitsspitzen und -tälern gekennzeichneten Produktion führen, wie das in der Abbildung zu erkennen ist.
Die Kollektive für Mähdruschfruchtproduktion könnten je Arbeitskraft etwa 450 Stunden direkt für das Produkt leisten. Das entspräche einer Auslastung von 23% mit termingebundenen Arbeiten, während bei der Kombination eine Auslastung zu 70% erfolgt. Die Auslastung der Traktoren mit termingebundenen Arbeiten würde von 1700···1900 Stunden auf etwa 800 Stunden zurückgehen.
Ein höherer Fondsaufwand, unrationeller Arbeitskräfteeinsatz sowie höhere Selbstkosten wären die Folgen einer derartigen Spezialisierung.
Für die Qualifikation der Menschen bei fortschreitender Spezialisierung werden durch die Einschränkung der Vielseitigkeit im Produktionsprozeß bessere Möglichkeiten geschaffen. Mit der Aneignung von Spezialkenntnissen erfolgt eine bessere Ausnutzung der Produktionsmittel, da die im Produktionsprozeß tätigen Menschen besser die die Ertragshöhe und Produktivität bestimmenden Faktoren beherrschen.
Da nur ein oder zwei Maschinensysteme dem Produktionskollektiv anvertraut werden, wird damit eine gute Überschaubarkeit und bessere Verantwortlichkeit erreicht. Spezielle Kenntnisse in der Maschinenbedienung können schnell erlernt und beherrscht werden, außerdem wird die Wartung und die vorbeugende Instandsetzung der Maschinen und Geräte dadurch verbessert. Derjenige, der in der Kampagne die Maschine bedient, wird im folgenden Arbeitstal die vorbeugende Instandsetzung in der Werkstatt mit durchführen. Dazu sind spezielle Kenntnisse erforderlich. Es wird notwendig sein, daß in der Druschfruchtproduktion etwa 20% der Traktoristen/Mechanisatoren im zweiten Beruf als Schlosser auszubilden sind und etwa 30% fundierte Teilkenntnisse auf diesem Gebiet besitzen müssen. Damit wird neben der Erhöhung der Disponibilität der Arbeitskräfte auch eine höhere Auslastung im gesamten Jahr erreicht.

Zusammenfassung

Die Spezialisierung auf Druschfrüchte ist auf nahezu allen Standorten der DDR möglich. Bemerkenswert sind die betriebswirtschaftlichen Vorteile, wie die Vereinfachung des Produktionsprozesses und die spezialisierte Arbeit mit all ihren Vorteilen. Die Druschfruchtproduktion erfolgt mit geringem Aufwand an lebendiger Arbeit und hoher Arbeitsproduktivität. Hohe Erträge sichern eine über-

durchschnittlich kostengünstige Produktion. – Die Spezialisierung ganzer Betriebe oder Gebiete ist langfristig vorzubereiten, um freiwerdende Arbeitskräfte z.B. durch den Bau von großen Beregnungsanlagen, Trockenwerken, Anlagen der industriemäßigen Tierproduktion u.a. im Territorium zu beschäftigen. Da die Druschfrüchte biologisch bedingt ertragsschwächere Fruchtarten sind, werden trotz vielfältiger Intensivierungsmaßnahmen nur mittlere GE-Erträge je Hektar erzielt. – Der hohen Produktivität der lebendigen Arbeit steht eine suboptimale Ausnutzung der Ertragsfähigkeit des Bodens gegenüber. Vorrangige Bedingungen zur Entscheidung für die spezialisierte Druschfruchtproduktion sollten sein:
1. Volkswirtschaftliche Erfordernisse; 2. die vorhandenen natürlichen und ökonomischen Produktionsbedingungen, insbesondere ein sehr geringer objektiv bedingter AK-Besatz, der zur Produktion mit geringen Arbeitsanforderungen zwingt; 3. vorhandene spezialisierte Produktionszweige, wie konzentrierter Futter- und Gemüseanbau unter Beregnung, arbeitsintensiver Obstbau, Saatgutproduktion von Spezialkulturen, also solche Zweige, die ihrerseits die Konzentration der Druschfrüchte eines bestimmten Territoriums erfordern.

Резюме

Название работы: Концентрация и специализация на производстве обмолачиваемых культур и их влияние на некоторые экономические критерии

Почти во всех почвенно-климатических условиях ГДР возможна специализация на производстве обмолачиваемых культур. Интерес представляют также производственно-экономические преимущества, как упрощение производственного процесса и специализированная работа со всеми положительными ее сторонами. Производство обмолачиваемых культур осуществляется с незначительной затратой живого труда при высокой производительности труда. Высокие урожаи обеспечивают высокую эффективность производства.
Специализация целых хозяйств или районов требует очень своевременного проведения подготовительных работ, чтобы освобождающуюся рабочую силу обеспечить местной работой на строительстве крупных дождевальных установок, сушилок, комплексов промышленного животноводства и т.п. Так как обмолачиваемые культуры по биологическим причинам менее урожайны, то несмотря на многообразные меры по интенсификации достигаются лишь средние сборы зерновых единиц с гектара.
Высокой производительности живого труда противостоит неоптимальное использование плодородия почвы. Специализацию на производстве обмолачиваемых культур обусловливают главным образом: 1. требования народного хозяйства, 2. наличие естественных и экономических условий производства, в частности объективного дефицита рабочей силы, принуждающего производить продукцию с низкой затратой труда, 3. наличие специализированных отраслей производства, как например концентрированное кормопроизводство

и овощеводство в условиях орошения дождеванием, трудоемкое плодоводство, семеноводство специальных культур, т.е. таких отраслей, которые в свою очередь требуют концентрации обмолачиваемых культур на определенной территории.

Summary

Title of the paper: Effects of concentration on, and specialization in combine-harvested crops on some economic criteria.

Almost any site of the GDR allows the specialized growing of combine-harvested crops. Advantages in farm management such as a simplified production process and specialized labour are evident. The production of cereals, pulses and oilseeds requires a low expenditure of living labour and brings about a higher labour productivity. High yields ensure production at minimum cost. – The spezialization of entire farms or, even regions must be prepared on a long-term basis to employ available labour in the establishment of large sprinkler irrigation schemes, dehydrating plants, units of factory-like livestock production and other projects. For biological reasons, these crops are lower in yields. Therefore, the per hectare yields of grain equivalents attainable are of medium level only, despite many-sided intensification measures. – The high productivity of living labour contrasts with the sub-optimal utilization of the soil's yielding potential. Preferential criteria for deciding on the specialized growing of combine-harvested crops should be: 1. Requirements of the national economy; 2. the given natural and economic conditions of production, especially objectively conditioned small number of labour per unit area calling for labour-extensive production; 3. existence of specialized branches of production such as concentrated forage and vegetable growing under sprinkling, labour-intensive fruit growing, seed growing of special crops, i. e. branches that require the combine-harvested crops to be grown on a certain territory.

Literatur

Ebert, D.; Oldach, K.-O.; u.a.: Studie zur Entwicklung einer spezialisierten Produktionseinheit für Mähdruschfrüchte. 1972, unveröffentlicht

Autorenkollektiv: Die Produktion von Getreide. Bildungsprogramm der Kooperationsakademie der Landwirtschaft und Nahrungsgüterwirtschaft. Lehrbrief 2, 1972

Autorenkollektiv: Die weitere sozialistische Intensivierung und der gesetzmäßige Übergang zu industriemäßigen Produktionsmethoden auf dem Wege der Kooperation. Bildungsprogramm der Kooperationsakademie der Landwirtschaft und Nahrungsgüterwirtschaft. Lehrbrief 1, 1973

Anschrift des Verfassers:
Dr. Martin Feistkorn
Institut für Getreideforschung Bernburg-Hadmersleben
der Akademie der Landwirtschaftswissenschaften der DDR
4351 Bernburg-Strenzfeld, Mitschurinstraße 22

Tag.-Ber., Akad. Landwirtsch.-Wiss. DDR, Berlin (1975) 135, S. 89-98

Institut für Pflanzenzüchtung Gülzow-Güstrow
der Akademie der Landwirtschaftswissenschaften der DDR

Hans Joachim Michel

Zur betriebswirtschaftlichen Einordnung der Rapsproduktion

Winterraps gehört in der Pflanzenproduktion der DDR zu den Fruchtarten mit steigendem Anbauumfang. Insbesondere durch die wachsende Bedeutung des Rapses als Industrierohstoff und eine Veränderung der Fettsäurezusammensetzung durch züchterische Maßnahmen wird auch bei zunehmenden Hektarerträgen der Flächenbedarf des Winterrapses weiter ansteigen. Die zweckmäßige Gestaltung des Umfanges der Rapsproduktion und mehr noch die Auswahl geeigneter Vorfrüchte stellt bereits heute eines der entscheidenden Probleme der Rapsproduktion in den sozialistischen Landwirtschaftsbetrieben dar und verlangt bei der künftigen Anbauentwicklung des Winterrapses eine noch größere Berücksichtigung.
Im vorliegenden Beitrag wird über die Aussagen von Großzahlanalysen zum erreichten Stand sowie über die Ergebnisse von mathematischen Optimierungen zum Umfang der Rapsproduktion in den Betrieben und zur Einordnung in die Fruchtfolge berichtet.

1. Analyse

Die Analysen wurden in den Bezirken Rostock, Schwerin und Neubrandenburg durchgeführt. Der Untersuchung liegt der Stand der Jahre 1971/72 zugrunde. In die Analyse zum Anbauumfang von Winterraps in den Betrieben wurden alle LPG vom Typ III, alle VEG einschließlich der Lehr- und Versuchsgüter und alle Kooperationen der Pflanzenproduktion des Untersuchungsgebietes einbezogen. Die Gesamtzahl der untersuchten Betriebe beträgt 1370. Die Analyse zur Einordnung von Winterraps in die Fruchtfolge erfolgte durch unmittelbare Erhebungen in Betrieben. 1971 wurden 33,1% und 1972 25,2% der Rapsanbaufläche des Untersuchungsgebietes in die Analyse einbezogen.
Für die Analyse stand somit ein umfangreiches Untersuchungsmaterial zur Verfügung, so daß die Gewinnung eines umfassenden Überblickes zum Umfang der Rapsproduktion sowie ausreichend repräsentativer Aussagen zur Fruchtfolgestellung und den Erträgen nach verschiedenen Vorfrüchten möglich war.

Die Analyse zeigt, daß bei einem mittleren Rapsanteil von 5 bis 6% der Ackerfläche (AF) eine große Differenzierung zwischen den Betrieben besteht. Ausdruck dieser Differenzierung sind der unterschiedliche Anteil der rapserzeugenden Betriebe an der Gesamtheit der Untersuchungsbetriebe (Tab. 1), der unterschiedliche Rapsanteil an der Ackerfläche (Tab. 1) sowie die Differenzierung dieses Anteils zwischen den Betrieben (Tab. 2). Das Ackerflächenverhältnis von Betrieben mit extrem hohem Winterrapsanteil wird in Tab. 3 dargestellt.
Die Darstellung des Ackerflächenverhältnisses von Betrieben mit extrem hohem Rapsanbau zeigt, daß in der Praxis teilweise ein Anbauumfang von Wirts-

Tabelle 1

Anzahl der Rapserzeugerbetriebe an der Gesamtheit der Untersuchungsbetriebe sowie der Winterrapsanbau in % der AF auf den einzelnen Standorten

Natürliche Standorteinheit	Anteil der Rapserzeugerbetriebe in %	Winterrapsanbau in % der AF $\bar{x}$	$\bar{x}$ R
D 1	–	–	–
D 2	19,1	1,1	4,4
D 3	55,8	3,0	5,4
D 4	77,8	5,5	7,1
D 5	85,8	7,2	8,3
D 6	88,2	8,6	9,7
Al 1	26,3	1,4	4,7
Betriebe insgesamt	66,1		

$\bar{x}$ = Mittel der Untersuchungsbetriebe
$\bar{x}$ R = Mittel der rapsanbauenden Untersuchungsbetriebe

Tabelle 2

Anteil von Betrieben mit unterschiedlichem Ackerflächenanteil von Winterraps an der Gesamtheit der Untersuchungsbetriebe jedes Standortes (in %)

Winterraps-Anteil in % der AF	Natürliche Standorteinheit D 1	D 2	D 3	D 4	D 5	D 6	Al 1	Betriebe insgesamt
kein Anbau	100,0	80,9	44,2	22,2	14,2	11,8	73,7	33,9
<5,0%	0,0	11,8	28,6	17,9	11,1	8,8	10,5	15,5
5,0– 9,9%	0,0	6,6	25,1	49,6	52,1	44,1	15,8	38,8
10,0–14,9%	0,0	0,7	2,0	8,9	18,9	29,4	0,0	10,1
>14,9%	0,0	0,0	0,0	1,4	3,6	5,9	0,0	1,8
Betriebe insgesamt	100,0	100,0	100,0	100,0	100,0	100,0	100,0	100,0

Tabelle 3

Ackerflächenverhältnis von Betrieben mit hohem Winterrapsanbau (Anbau in % der AF)

Fruchtart	Betrieb 1	2	3	4
Getreide	44,8	49,6	56,5	65,2
Winterraps	25,5	21,7	23,3	20,5
Hackfrüchte	10,5	8,3	4,7	12,8
davon *Beta*- und Kohlrüben	8,2	3,0	1,0	7,6
Feldfutter	19,1	20,4	15,6	1,5

pflanzen des Rübennematoden vorhanden ist, der die von KÖNNECKE (1967) angegebene Grenze von 25% der AF überschreitet. In der Entwicklung deutet sich jedoch jetzt zwar einerseits eine verstärkte Konzentration der Rapsproduktion, gleichzeitig aber auch die Tendenz eines Rückganges von extremen Spezialisierungen an.

Zur Einordnung von Winterraps in die Fruchtfolge werden als Ergebnis aus der Analyse in Tab. 4 der Anteil der einzelnen Vorfrüchte an der untersuchten Rapsanbaufläche und die nach diesen Vorfrüchten erzielten Erträge dargestellt.

Tabelle 4

Rapsanbau und Rapserträge nach verschiedenen Vorfrüchten

Vorfrucht	Anteil der Vorfrüchte in % der erfaßten Rapsfläche	$\bar{x}$ Ertrag dt/ha
Klee, Kleegras, Luzerne	24,0	24,6
Raps	8,7	20,7
Wickgras, Gras	6,8	24,1
Grünhafer, Futtergemenge	5,0	24,8
Frühkartoffeln	1,6	25,6
Erbsen	1,1	23,8
Weidenumbruch	0,7	19,4
Blattfrüchte insgesamt	47,9	–
Sommergerste	23,1	22,3
Wintergerste	20,8	21,9
Winterroggen	4,3	22,2
Hafer	2,1	19,4
Winterweizen	1,8	21,6
Getreide insgesamt	52,1	–

2. Optimierung

In zwei linearen Optimierungen nach einem Modell mit Blockkettenstruktur wurde untersucht, wie unter Berücksichtigung des perspektivischen Standes von 1975 auf Standorten im Norden der DDR Anbauumfang und Fruchtfolgestellung von Winterraps zweckmäßig gestaltet werden kann. Beide Optimierungen haben gleichzeitig die zweckmäßige Gestaltung des Gesamtanbaues auf dem Ackerland zum Ziel.
In der ersten Optimierung war die Aufgabe gestellt, den zweckmäßigen Anbauumfang von Winterraps auf 11 unterschiedlichen Standorten zu bestimmen. Diese Standorte sind in sich jedoch so ausgeglichen, daß einheitliche Fruchtfolgen eingerichtet werden können.

Tabelle 5

Charakterisierung der Standorte in Optimierung 1

Standort	Ackerzahl	unberegnet	beregnet	steinig bzw. hängig	Rapsertrag dt/ha
I	<22	+			kein Anbau
II	22–27	+			kein Anbau
III	28–33	+			26,–
IV	>33	+			30,–
V	22–27	+		+	kein Anbau
VI	28–33	+		+	26,–
VII	>33	+		+	30,–
VIII	<22		+		kein Anbau
IX	22–27		+		kein Anbau
X	28–33		+		32,–
XI	>33		+		35,–

Als Zielfunktion dieser Optimierung wurde die maximale materielle Bruttoproduktion der Feldwirtschaft für die Gesamtheit der Standorte formuliert. In 10 Varianten ist der Einfluß einer unterschiedlichen Struktur der Pflanzenproduktion und eines unterschiedlichen Beregnungsflächenanteils auf den Rapsanbau untersucht worden. Der Umfang der Bruttoproduktion von Raps blieb in allen Varianten unverändert, während andere Bedingungen variiert wurden.
Die zweite Optimierung hatte die Aufgabe, den zweckmäßigen Anbauumfang und die zweckmäßige Vorfruchtwahl von Winterraps auf fünf unterschiedlichen Standorten zu bestimmen. Diese Standorte weisen jedoch in sich keine ganz einheitlichen Bodenbedingungen auf.
Zur Gewinnung von Aussagen über die zweckmäßige Vorfruchtwahl von Winterraps wurde eine von BADEWITZ und SCHMIDT (1970) erarbeitete Methode in die Optimierung einbezogen. Hierzu war es notwendig, auf jedem zum Rapsanbau

geeigneten Standort die möglichen Vorfrüchte und die unterschiedlichen Erträge nach diesen Vorfrüchten zu bestimmen. Außerdem mußte die Ertragsminderung bei Klee und Kleegras, die durch vorzeitigen Umbruch bei Nachbau von Winterraps entsteht und etwa ein Drittel des Grünmasseertrages beträgt, berücksichtigt werden. Die in diesem Zusammenhang in das Modell der Optimierung eingegangenen Daten gehen aus Tab. 7 hervor.

Tabelle 6

Charakterisierung der Standorte in Optimierung 2

Standort	Standorteinheit	Anteil der rapsfähigen Fläche %	Rapsertrag dt/ha*
I	D 1	–	–
II	D 2	20	25,– bis 28,–
III	D 3	35	26,– bis 29,1
IV	D 4/5	70	30,– bis 33,6
V	D 6	100	31,– bis 34,7

* in Abhängigkeit von der Vorfrucht

Tabelle 7

Erträge von Winterraps in Abhängigkeit von Standort und Vorfrucht sowie Ertragsminderung von Klee bei Nachbau von Winterraps (dt/ha)

Vorfrucht	Standort D 2	D 3	D 4/5	D 6
Wintergerste	25,–	26,–	30,–	31,–
Sommergerste	25,–	26,–	30,–	31,–
Erbsen	–	28,1	32,4	33,5
Klee	28,–	29,1	33,6	34,7
Ertragsminderung von Klee bei Nachbau von Winterraps	90,–	100,–	130,–	150,–

Die zweite Optimierung wurde nicht mit Varianten, dagegen mit drei Zielfunktionen durchgeführt. Mit den unterschiedlichen Zielfunktionen wurde auf eine maximale materielle Bruttoproduktion, auf maximale Erlöse und auf maximalen Gewinn orientiert.

Die wichtigsten, den Winterrapsanbau betreffenden Bedingungen, die im Modell beider Optimierungen verankert wurden, sind der volkswirtschaftliche Bedarf an Winterraps und die notwendigen Anbaubegrenzungen. Als Obergrenze des Rapsanbaues wurden 33% der AF angegeben, wenn kein weiterer Anbau von

Wirtspflanzen des Rübennematoden erfolgt. Sind neben Raps auch andere Wirtspflanzen im Anbau, liegt die gemeinsame Obergrenze der Wirtspflanzen des Rübennematoden einschließlich Winterraps bei 25% der AF.

Bevor die Ergebnisse der Optimierung dargestellt werden, erscheinen folgende Bemerkungen notwendig:

1. In den Optimierungen wurde besonders berücksichtigt, daß die Rapsproduktion Bestandteil der gesamten Pflanzenproduktion ist und ihre optimale betriebswirtschaftliche Einordnung nur im Rahmen einer optimalen Gestaltung der Pflanzenproduktion in ihrer Gesamtheit erfolgen kann. So erklärt sich, daß in den Lösungsvorschlägen der Optimierungen für Raps nicht immer die günstigsten Möglichkeiten hinsichtlich Standort- und Vorfruchtwahl genutzt werden.

2. Im Zusammenhang mit der Verallgemeinerungsfähigkeit der Ergebnisse sei darauf hingewiesen, daß alle Ergebnisse der Optimierungen keine absoluten Optimallösungen darstellen können, sondern nur Optimallösungen im Zusammenhang mit den durch die Zielfunktionen gesetzten Zielstellungen und dem erfaßten System von Bedingungen. Wenn damit auf die Begrenztheit dieser Aussagen hingewiesen wird, so soll zugleich zum Ausdruck gebracht werden, daß über die Ergebnisse der Optimierungen quantitative Aussagen möglich waren, die auf anderem Wege nicht gewonnen werden können. Dabei sind zweifellos einige Aussagen nicht als allgemeingültig anzusehen, da sie auf die Spezifik des vorliegenden Bedingungssystems zurückzuführen sind. Andere Tendenzen, die sich in den Lösungen der Optimierung andeuten, können dagegen als allgemeine Erkenntnisse gelten.

Die Ergebnisse der Optimierung 1 (Tab. 8) lassen unabhängig von den Varianten erkennen, daß der Rapsanbau den größten Umfang dort einnehmen sollte, wo ein Anbau von Hackfrüchten nicht möglich bzw. erschwert ist. Auf Standorten ohne erschwerten Hackfruchtbau werden wesentlich geringere Anbauanteile

Tabelle 8

Anbau von Winterraps in % der AF auf verschiedenen Standorten (Fruchtfolgen) aus den Lösungen einer Optimierung nach 10 Varianten

Standort	Variante 1	2	3	4	5	6	7	8	9	10
AZ 28–33	–	–	11,5	–	8,3	13,1	–	–	11,2	5,1
AZ >33	11,6	9,8	1,5	13,5	1,6	–	13,1	13,1	–	8,2
AZ 28–33, steinig, hängig	20,–	33,3	33,3	20,–	33,3	33,3	20,–	20,–	26,7	20,–
AZ >33 „	33,3	33,3	33,3	11,1	10,0	–	33,3	33,1	–	–
AZ 28–33, beregnet	–	–	–	–	–	–	–	–	–	–
AZ >33 „	–	–	–	–	–	–	–	–	–	–

vorgeschlagen. Vor allem sind es die Standorte mit besserem Boden, die für den Rapsanbau vorgesehen werden, jedoch wird auch der Standort mit ungünstigeren Bodenverhältnissen teilweise stark durch Rapsanbau genutzt. Dies ist immer dann der Fall, wenn der unberegnete Standort mit besserem Boden stärker für den Futterbau herangezogen werden muß.
Die Optimierungslösungen sehen keinen Rapsanbau in Beregnungsfruchtfolgen vor, obwohl Mehrerträge durch Beregnung im Modell unterstellt wurden, die als sehr hoch einzuschätzen sind. Dieses Ergebnis ist so zu erklären, daß es im Interesse einer hohen Gesamtproduktion der Feldwirtschaft richtiger ist, in bestimmtem Umfang Getreide in die Beregnungsfruchtfolgen einzubeziehen, als durch überhöhten Getreideanbau auf nicht beregneten Flächen Ertragseinbußen zu verursachen.
In allen Lösungen der Optimierung 2 (Tab. 9) wird für Standort D 4/5 ein sehr einheitlicher Rapsanteil von 9 bis 9,3% der AF vorgeschlagen. Obwohl auf D 6 höhere Rapserträge erzielt werden, ist ein geringerer Rapsanbau vorgesehen, da hier ein höherer Feldfutterbau als zweckmäßiger ausgewiesen wurde.

Tabelle 9

Anbau von Winterraps in % der AF auf verschiedenen Standorten (Betriebe) aus den Lösungen einer Optimierung nach 3 Zielfunktionen

Standort- einheit	Zielfunktion 1	 2	 3
D 2	1,7	5,0	2,1
D 3	–	–	–
D 4/5	9,0	9,3	9,2
D 6	6,2	–	4,6

Ungewöhnlich erscheint, daß auf Standorteinheit D 3 kein Rapsanbau vorgesehen ist, dagegen auf D 2. Diese Aussage muß im Zusammenhang mit dem Bedingungssystem der Optimierung gesehen werden. Diese Bedingungen gestatten auf Standorteinheit D 3 noch einen begrenzten Anbau von Zuckerrüben und Speiseerbsen, während diese Fruchtarten auf Standorteinheit D 2 nicht mehr anbauwürdig sind. Da auf einem bestimmten Flächenanteil von Standorteinheit D 2 jedoch noch Raps anbauwürdig ist, wird er von Zuckerrüben und Erbsen aus Standorteinheit D 3 verdrängt und nimmt auf Standort D 2 geringe Anbauanteile ein.
Die Ergebnisse der Optimierung zur Vorfruchtwahl (Tab. 10) bei Raps sind sehr eindeutig und sagen aus, daß trotz höherer Hektarerträge nach Blattfrüchten ausschließlich Getreidevorfrüchte vorgeschlagen werden. Klee scheidet in der Optimierungslösung als Vorfrucht aus, weil eine hohe Ertragsminderung bei

Tabelle 10

Anteil der einzelnen Vorfrüchte an der Anbaufläche von Winterraps auf den verschiedenen Untersuchungsstandorten in der Optimierungslösung nach 3 Zielfunktionen (in %)

Vorfrucht	*Zielfunktion 1*				*Zielfunktion 2*				*Zielfunktion 3*			
	D 2	D 3	D 4/5	D 6	D 2	D 3	D 4/5	D 6	D 2	D 3	D 4/5	D6
Wintergerste	100,0	–	87,5	100,0	100,0	–	72,1	–	100,0	–	11,2	–
Sommergerste	–	–	12,5	–	–	–	27,9	–	–	–	88,8	100,0
Erbsen	–	–	–	–	–	–	–	–	–	–	–	–
Klee	–	–	–	–	–	–	–	–	–	–	–	–
insgesamt	100,0	–	100,0	100,0	100,0	–	100,0	–	100,0	–	100,0	100,0

Klee durch Verzicht auf die ganzjährige Nutzung im Modell berücksichtigt wurde. Erbsen wurden nicht als Vorfrucht für Raps vorgesehen, weil sich ein Anbau von Wintergreteide nach Erbsen im Interesse eines optimalen Gesamtergebnisses der Pflanzenproduktion als noch zweckmäßiger erwies.

Zusammenfassung

Durch Großzahlanalysen in sozialistischen Landwirtschaftsbetrieben im Norden der DDR ist der Umfang der Rapsproduktion in Abhängigkeit von Standort sowie die Einordnung des Rapses in die Fruchtfolge untersucht worden. Außerdem wurden zur Frage des zweckmäßigen Umfanges und der zweckmäßigen Vorfruchtwahl von Raps unter Verwendung perspektivischer Parameter mathematische Optimierungen vorgenommen. Ein hoher Anbauumfang von Winterraps erscheint besonders auf Standorten mit erschwertem Hackfruchtanbau zweckmäßig. Die in der Analyse sichtbar gewordene Tendenz einer stärkeren Verwendung von Getreidevorfrüchten wird durch die Ergebnisse der Optimierung eindeutig als richtig bestätigt.

Резюме

Название работы: Производственно-экономические аспекты включения рапса в севооборот

Путем анализа обширного цифрового материала социалистических сельскохозяйственных предприятий на севере ГДР автор изучал вопрос объема производства рапса в зависимости от почвенно-климатических условий и включения рапса в севооборот. Кроме того, он использовал перспективные параметры и определил математическим путем оптимальный объем производства рапса и целесообразную предшествующую культуру. Широкомасштабное возделывание озимого рапса представляется целесообразным особенно на таких местах, где трудно возделывать пропашные культуры. Результаты оптимизации однозначно подтверждают правильность выявленной анализом тенденции к усиленному использованию зерновых культур в качестве предшественников.

Summary

Title of the paper: The incorporation of rape production into farm management

The extent of rape production in dependence on the site as well as the incorporation of rape into crop rotation have been studied on the basis of large-scale surveys carried out in socialist agricultural enterprises in the north of the GDR. Furthermore, mathematical optimization based on long-term target figures was performed to determine the advisable extent of rape production and to select suitable preceding crops. Extensive winter rape growing seems especially advisable on sites unfavourable for root crop cultivation. The analysis reveals a tendency towards the stronger use of cereals as preceding crop which is clearly confirmed by the optimization results.

Anschrift des Verfassers:
Dr. HANS JOACHIM MICHEL
Institut für Pflanzenzüchtung Gülzow-Güstrow
der Akademie der Landwirtschaftswissenschaften der DDR
2601 Gülzow, Kreis Güstrow

Tag.-Ber., Akad. Landwirtsch.-Wiss. DDR, Berlin (1975) 135, S. 99–101

Institut für Agrarökonomik
beim Ministerium für Land-, Forst- und Nahrungsgüterwirtschaft

HENRIETTE SCHUBERT

Perspektivische Erweiterung der Getreideproduktion

Den im Mittelpunkt der Vortragsreihe stehenden aktuellen Fragen der Getreideproduktion sollen einige Bemerkungen folgen, die hervorheben, welchen Beitrag die Getreideproduktion für die Erfüllung der langfristigen volkswirtschaftlichen Aufgaben der Landwirtschaft zu leisten hat.

Um den wachsenden Bedarf der Bevölkerung an Nahrungsmitteln zu sichern, muß langfristig ein stabiles Wachstum der Pflanzenproduktion erfolgen, das jährlich einen durchschnittlichen Zuwachs von 0,8 bis 1 Getreideeinheit je ha landwirtschaftlicher Nutzfläche erreicht. Neben der starken Erhöhung der Obst- und Gemüseproduktion ist vorrangig die notwendige Futterbasis für den wachsenden Umfang der Tierproduktion zu sichern. Dabei sind die neuen Anforderungen zu beachten, die sich aus dem Übergang zu industriemäßigen Produktionsmethoden in der Tierproduktion ergeben und die, die sich aus der Verknappung hochwertiger Futtermittel auf dem Weltmarkt herleiten lassen.

Die Notwendigkeit, die Struktur der Pflanzenproduktion dem sich entwickelnden Bedarf der Bevölkerung anzupassen, besteht nicht erst seit heute. Aber in den letzten zehn Jahren beschränkten sich die daraus resultierenden Veränderungen neben der Ertragssteigerung auf einen sehr langsamen Rückgang der Hauptfutterfläche und eine ebenfalls geringe Ausdehnung des Getreideanbaus. Die vor uns liegenden Jahre bis 1990 werden dadurch gekennzeichnet sein, daß eine steigende Erzeugung von Tierprodukten vor allem durch die Leistungssteigerung je Tier erreicht wird und ein immer größer werdender Anteil unserer Tierbestände in industriemäßigen Anlagen mit hoher Bestandkonzentration gehalten wird, in denen die Anpassung des Produktionsverfahrens an das Tier so weit vollzogen ist, daß mit der gleichzeitigen Vervollkommnung des Futterregimes und dem verstärkten Wirksamwerden züchterischer Maßnahmen eine hohe Leistungssteigerung erreicht werden muß.

Daraus leiten sich konkrete Anforderungen an die in der Pflanzenproduktion zu erzeugenden Futtermittel ab, die man kurz wie folgt charakterisieren kann:
- Erhöhung des Anteils an Konzentratfutter in den Rationen,
- Erhöhung des Eiweißanteils,

- sinkender Anteil an Grobfutter in den Rationen bei gleichzeitiger Erhöhung der Qualität des Grobfutters,
- wachsender Einsatz von Teilfertigfuttermitteln in der industriemäßigen Rinderproduktion und von Mischfutter bei Schweinen.

Konkret heißt das, daß der Bedarf an Konzentratfutter bis 1990 etwa um $^1/_3$ steigt und der Bedarf an hochwertigen Eiweißfuttermitteln sich verdoppelt, während bei Grobfutter nur eine Erhöhung um 10% erforderlich ist.

Dieser sehr starke Anstieg des Bedarfs an Konzentratfutter und Eiweiß läßt sich am besten absichern, wenn in der Pflanzenproduktion bei konsequenter Weiterführung der Intensivierung die Struktur der Produktion verstärkt auf den Anbau von Getreide, Körnerhülsenfrüchten und Zuckerrüben ausgerichtet wird. Das erfordert jedoch, eine Reihe von Fragen zu klären, die mit der Ausdehnung dieser Fruchtart zusammenhängen.

So liegen gegenwärtig nicht genügend Kenntnisse darüber vor, welche Bedeutung künftig Fruchtfolgebegrenzungen zuzuschreiben ist und wie den mit steigendem Getreideanbau anstehenden phytosanitären Problemen im Boden zu begegnen ist. In Zukunft werden bei einem durchschnittlichen Getreideanbau von 63–66% der Ackerfläche Fruchtfolgen auf nicht beregneten Flächen mit mehr als 75% Getreide genau so notwendig werden wie auch Fruchtfolgen mit einem hohen Anteil an Futterkulturen und Hackfrüchten bei Beregnung.

Große Bedeutung bei der weiteren Intensivierung der Landwirtschaft hat die Erhaltung und Steigerung der Bodenfruchtbarkeit. An Stelle des immer geringer werdenden Stallmistanfalls muß die Strohdüngung zur Humusversorgung der Böden herangezogen werden. Ihre bisherige Qualität und die mangelhafte Räumung der abgeernteten Flächen von Ernterückständen führen aber noch häufig zu Ertragsausfällen bei den Folgefrüchten.

Die Getreideforschung muß deshalb bei der Weiterentwicklung des Produktionsverfahrens davon ausgehen, daß die Ernte mit dem Mähdrusch noch nicht abgeschlossen ist, sondern die exakte Räumung der Flächen von Ernterückständen als Voraussetzung für hohe Erträge der Folgefrüchte ein Bestandteil des Verfahrens der Getreideproduktion sein muß. Höherer Getreideflächenanteil erfordert, daß diese Arbeiten mit größerer Schlagkraft als bisher erledigt werden.

Die Erfüllung der volkswirtschaftlichen Aufgaben der Landwirtschaft ist nur durch weitere Intensivierung möglich. Die Erweiterung der Getreideproduktion und die Meisterung der damit im Zusammenhang stehenden Probleme ist dabei eine vorrangige Aufgabe.

Zusammenfassung

Der Bedarf der Bevölkerung an Nahrungsmitteln ist durch ein stabiles Wachstum der Pflanzenproduktion zu sichern. Dabei sind besonders die Anforderungen der Tierproduktion nach Konzentratfutter, die sich aus dem Übergang zur industriemäßigen Produktion ergeben, zu erfüllen. Bei konsequenter Weiterführung der Intensivierung muß die Pflanzenproduktion verstärkt auf den Anbau von Getreide, Körnerhülsenfrüchten und Zuckerrüben ausgerichtet werden. Phytosanitäre Probleme, die Erhaltung der Bodenfruchtbarkeit und die Sicherung einer hohen Schlagkraft bei der Räumung der Felder sind Fragen, die in diesem Zusammenhang geklärt werden müssen.

Резюме

Название работы: Расширение зернового производства в перспективе

Потребность населения в пищевых продуктах обеспечивается непрерывным ростом производства растениеводческой продукции. В условиях перехода к промышленным методам производства особое внимание уделяют удовлетворению потребности животных в концентрированных кормах. При последовательном продолжении курса на интенсификацию растениеводства требуется усиленное возделывание зерновых и зернобобовых культур, а также сахарной свеклы. В этой связи на передний план выдвигаются решение фитосанитарных вопросов, сохранение плодородия почвы и использования больших мощностей при уборке урожая с полей.

Summary

Title of the paper: Prospective extension of grain production

The food requirement of our people must be covered by way of a stable growth of crop production. One of the main tasks consists in meeting the growing demand of the livestock production sector for concentrate feeds resulting from the transition to factory-like production methods. In the frame of the consistent continuation of intensification, crop production must be increasingly geared to the cultivation of cereals, legumes for grain, and sugar beet. In this connection it is necessary to solve the phytosanitary problems, to maintain soil fertility and to guarantee a high effectiveness on clearing the fields.

Anschrift der Verfasserin:
Dipl.-Landwirt Henriette Schubert
Institut für Ökonomik der Land-und Nahrungsgüterwirtschaft
-Institutsteil Neetzow- beim Ministerium für
Land-, Forst- und Nahrungsgüterwirtschaft
2141 Neetzow, Kreis Anklam

Themenkreis Maßnahmen der Intensivierung der Druschfruchtproduktion zur Steigerung der Aufkommensenergie und eiweißreicher Futterstoffe

Tag.-Ber., Akad. Landwirtsch.-Wiss. DDR, Berlin (1975) 135, S. 105–119

Zentralstelle für Sortenwesen der DDR

GÜNTER BEESE, MARGIT KRAUSE und GUDRUN MERZDORF

Die Leistungsfähigkeit der Getreidearten in Abhängigkeit vom Standort

Der Anbau der ertragreichsten Getreidearten auf den unterschiedlichen Standorten in der DDR ist ein wichtiger Faktor zur Steigerung der Getreideproduktion. Von Bedeutung ist dabei auch, daß eine Veränderung der Artenstruktur im Gegensatz zu anderen ertragssteigernden Maßnahmen keine wesentlichen Mehrkosten verursacht.

Besonders im Hinblick auf den Konzentrationsprozeß in der Getreideproduktion ist es eine grundsätzliche Voraussetzung, ausreichende Kenntnisse über die Ertragsfähigkeit der Getreidearten unter den gegebenen Standortbedingungen zu besitzen.

Erst nach Erarbeitung dieser Grundlagen kann im Zusammenhang mit phytosanitären, betriebswirtschaftlichen sowie volkswirtschaftlichen Gesichtspunkten eine effektive spezialisierte Mähdruschfruchtproduktion für den sozialistischen Landwirtschaftsbetrieb festgelegt werden.

Wie mehrere Autoren überprüft haben, unter anderen RÜTHER (1966), KOSS und SZENGEL (1966) und MENTZ (1971), geben die Angaben der statistischen Jahrbücher nicht die wahren Ertragsleistungen der Getreidearten unter gleichen Anbaubedingungen wieder. Auch die Analysen eines sehr umfangreichen Materials aus dem Archiv für Feldversuchswesen der Jahre 1954–1962 durch KOSS und SZENGEL (1966) ergaben die Schlußfolgerung, daß für Ertragsvergleiche nur Ergebnisse gleicher Orte mit gleichen Anbaubedingungen geeignet sind. Daher konzentrierten sich die Autoren auf langjährige Versuchsserien einzelner Orte, die jedoch keinen ausreichenden Überblick über die Ertragsverhältnisse für das Gesamtgebiet der DDR zulassen.

Seit den Arbeiten von KOSS und SZENGEL sind zwar für einzelne Getreidearten bzw. Gebiete weitere Untersuchungen durchgeführt worden, umfassende Auswertungen für die gesamte DDR liegen aus den letzten Jahren aber nicht vor.

Weiterhin gilt es zu berücksichtigen, daß die Ertragsrelation zwischen den Getreidearten keine konstante Größe ist, sondern sich mit der Verbesserung der Bodenfruchtbarkeit und dem Einsatz neuer Sorten ändert.

Das Versuchsnetz der Zentralstelle für Sortenwesen bietet für einen Artenvergleich relativ günstige Voraussetzungen, da von vielen Versuchsorten aus allen Anbaugebieten der DDR langjährige Versuchsergebnisse unter gleichen Anbaubedingungen vorliegen.
Die volkswirtschaftliche Bedeutung eines exakten Artenvergleiches veranlaßte uns daher, das vorliegende Material mit dieser Zielstellung auszuwerten. Hiermit werden die ersten Ergebnisse der bisherigen Analysen mitgeteilt sowie Schlußfolgerungen für den standortgerechten Getreideanbau in der DDR abgeleitet. Schwerpunktmäßig kann hier nur auf neuere Erkenntnisse bzw. Tendenzen eingegangen werden.
Die Erfassung des Datenmaterials und die Auswertemethodik erfolgte nach folgenden Gesichtspunkten: Die Untersuchung bezieht sich auf die Jahre 1963 bis 1973, wobei besonders der Zeitraum der letzten 5 Jahre für Schlußfolgerungen von Bedeutung ist. Die Versuchsorte wurden entsprechend dem Saatgutkatalog für landwirtschaftliche Sorten in 10 Anbaugebiete eingruppiert. Die Zusammenfassung erfolgt unter Berücksichtigung von vergleichbaren klimatischen und bodenmäßigen Bedingungen. Die angegebenen Relativerträge beziehen sich auf den „Standard“ Winterroggen bzw. Winterweizen. Zwischen dem Standard Winterweizen bzw. Winterroggen und den einzelnen Getreidearten besteht jeweils ein direkter Vergleich. Die übrigen Getreidearten sind untereinander meist nur indirekt vergleichbar, da es sich nicht in jedem Falle um die gleichen Versuchsorte handelt.
Für die Ertragsanalyse wurde das Mittel der jeweils zugelassenen Sorten verwendet. Werden für die Auswertung nur die Sorten herangezogen, die im Anbaugebiet die höchsten Erträge bringen, ergeben sich keine anderen Ertragsrelationen.

Anbaugebiet 1

Im Anbaugebiet 1 sind die leichtesten Böden der DDR mit Ackerzahlen unter 22 zusammengefaßt. Auf diesen Böden ist der Winterroggen die einzig anbauwürdige Getreideart. Von den anderen Arten liegen nur vereinzelt Ergebnisse vor, aus denen abgeleitet werden kann, daß bei ausreichender Wasserversorgung nur der Hafer als weitere Getreideart für den Anbau in Frage kommt. Diese Schlußfolgerungen stimmen mit Specht (1966) überein. Tab. 1 verdeutlicht, daß vor 1970 den sehr leichten Böden zu wenig Beachtung im Versuchswesen geschenkt wurde und dadurch auch keine ausreichenden Ergebnisse über die Ertragsfähigkeit dieser Böden vorliegen. In den letzten drei Jahren wurden beachtlich hohe Roggenerträge erzielt, die insbesondere auf die Verbesserung der Bodenfruchtbarkeit und eine höhere N-Düngung zurückzuführen sind. Die Streuung der Erträge zum Mittelwert liegt im Anbaugebiet 1 von allen Anbaugebieten am höchsten.

Tabelle 1

Getreideartenvergleich – Anbaugebiet 1
(Standorteinheit D1 mit Ackerzahlen unter 22 in allen Klimagebieten der DDR)

Jahr	Kornertrag bei 86% Trockenmasse Anzahl der Versuche	Winterroggen dt/ha
1963	2	26,3
1964	2	20,0
1965	2	22,8
1966	1	19,9
1967	2	17,5
1968	1	24,2
1969	2	14,5
1970	3	19,4
1971	4	33,1
1972	5	31,6
1973	5	30,4
Mittel 1963–1973		23,6
s% Jahre		29,7

Anbaugebiet 2

Im Anbaugebiet 2 sind die Versuchsorte mit Standorteinheiten D 2 und D 3 im Ostseeküsten- und mecklenburgisch-brandenburgischen Übergangsklima zusammengefaßt. Auf Grund nicht ausreichender Versuchsorte können die Ertragsvergleiche erst ab 1968 ausgewertet werden. Auf diesen Böden sind der Winterroggen und die Wintergerste die ertragreichsten Getreidearten, wobei der Winterroggen die größte Ertragssicherheit besitzt. Unter günstigen Anbaubedingungen, wie gute Vorfrucht und optimale Nährstoffversorgung, ist die Wintergerste auf den D 3-Standorten in der Lage, höhere Erträge als der Winterroggen zu erzielen.

Nach Winterroggen und Wintergerste hat der Hafer die besten Durchschnittserträge. Er weist aber auch ziemlich hohe Ertragsschwankungen auf. Besonders in feuchten Jahren bringt der Hafer höhere Erträge als Winterroggen und Wintergerste.

Mit dem Einsatz neuer Sorten sind bei Sommergerste die Erträge deutlich angestiegen und zeigen eine zunehmende Stabilität. Die Sommerfuttergerste ist auf diesen Böden zu einem beachtenswerten Konkurrenten gegenüber Winterroggen und Wintergerste geworden. Die neue Futtergerstenzüchtung 'Hadmersleben 8286/66' ist besonders geeignet, den Gemengeanbau auf diesen Böden völlig zu ersetzen.

Der Winterweizen hat mit relativ 86 die geringsten Durchschnittserträge. Auf den besseren Böden dieser Standortgruppe und bei optimalen Anbaubedingungen sowie richtiger Sortenwahl kann der Winterweizen in günstigen Jahren

Tabelle 2

Getreideartenvergleich – Anbaugebiet 2
(Standorteinheiten D 2 und D 3 mit Ackerzahlen von 23 bis 33 im Ostseeküsten- und mecklenburgisch-brandenburgischen Übergangsklima)

Jahr	Kornertrag bei 86% Trockenmasse Winter-roggen dt/ha	Winter-weizen n	relativ	Winter-gerste n	relativ	Sommer-gerste* n	relativ	Hafer n	relativ
1968	43,9	2	77	1	86	1	86	1	88
1969	36,8	3	93	2	87	3	101	3	115
1970	35,8	5	80	2	107	4	79	3	60
1971	44,5	2	84	2	119	4	107	4	102
1972	44,3	2	100	2	101	3	108	4	110
1973	36,5	2	78	2	103	2	95	3	104
Mittel 1968–1973	40,3		86		100		96		97
s % Jahre	10,7		16,7		13,7		19,2		23,4

* Ergebnisse der Futtergerstenprüfung

hohe Erträge erzielen. Insgesamt ist aber einzuschätzen, daß auch bei Optimierung aller Anbaufaktoren der Winterweizen auf Böden mit Ackerzahlen unter 30 z.Z. nicht die Ertragsleistung und Ertragssicherheit der Wintergerste und des Winterroggens erreicht. Erst bei Bereitstellung von Sorten mit geringen Ansprüchen sowie einer weiteren Verbesserung der Bodenfruchtbarkeit kann der Winterweizen auf diesen Grenzstandorten größere Anbaubedeutung erlangen.
Für Sommerweizen fehlen in diesem Anbaugebiet ausreichende Ertragsvergleiche. Hier sei auf die Untersuchungen von Köster (1971) hingewiesen.

Anbaugebiet 3

Im Anbaugebiet 3 sind die Versuchsorte mit Standorteinheit D 2 und D 3 im Binnenlandklima zusammengefaßt. Im wesentlichen ergeben sich hier ähnliche Tendenzen wie in den Standorteinheiten D 2 und D 3 der Nordbezirke.
Die Wintergerste erweist sich auch hier neben dem Winterroggen als am leistungsstärksten, jedoch sind ihre Ertragsschwankungen größer als im Anbaugebiet 2. Ungünstige Jahre für Wintergerste waren 1968 und 1970.
In den Jahren 1971–1973 brachte die Sommerfuttergerste die höchsten Erträge verbunden mit einer guten Ertragsstabilität. Mit dem Anbau der neuen Intensivsorten, die auch auf Übergangslagen stabile Erträge gewährleisten, besitzt die Sommergerste zunehmende Anbaubedeutung. Von Vorteil sind dabei auch die guten Mähdruscheigenschaften der neuen Sorten.

Der Winterweizen erreicht auch hier im Mittel nur Relativerträge von 93 bzw. 84. Für eine Anbauausdehnung des Winterweizens gelten hier die gleichen Voraussetzungen wie für Anbaugebiet 2 dargelegt.
Auf den mittleren diluvialen Böden im Binnenland zeigt der Hafer deutlich geringere Erträge als Winterroggen, Wintergerste und Sommergerste. Der Abstand des Hafers zu den genannten Getreidearten ist hier größer als im Anbaugebiet 2, was auf die ungünstigeren Wasserverhältnisse zurückzuführen ist.
Die geringe Anbaubedeutung des Sommerweizens wird durch die relative Leistung von 78 unterstrichen.

Anbaugebiet 4

Im Anbaugebiet 4 sind die Versuchsorte mit Standorteinheit D 4–D 6 im Ostseeküsten- und mecklenburgisch-brandenburgischen Übergangsklima zusammengefaßt.
In diesem Anbaugebiet haben die Getreideerträge die größte Ertragsstabilität, wie das an Hand des Variationskoeffizienten ausgewiesen wird. Ab Standort D 4 zeigt der Winterweizen auf den diluvialen Böden seine sichere Ertragsüberlegenheit gegenüber allen Getreidearten. Mit Ausnahme des Jahres 1972, wo in diesem Gebiet vor der Ernte abnorme Witterungsverhältnisse herrschten, wird der Winterweizen in keinem Jahr von einer anderen Getreideart übertroffen. Einen wesentlichen Beitrag zu diesen hohen stabilen Weizenerträgen haben die sowjetischen Intensivsorten geleistet.
Als nächstleistungsfähige Getreideart zeichnet sich deutlich die Wintergerste ab, obwohl die Erträge mit 8% beträchtlich unter dem Winterweizen liegen.
An dritter Stelle folgt in der Leistungsfähigkeit der Winterroggen. Seine Mehrerträge gegenüber Sommergetreide sind in den Versuchen deutlich; es ist aber einzuschätzen, daß in der Praxis auf Grund der ungenügenden Standfestigkeit die Ertragsrelation für den Winterroggen ungünstiger ist.
Die Sommergerste wird auf den besseren Böden als Braugerste nur mit durchschnittlich 20–40 kg N/ha gedüngt. Die wenigen Futtergerstenversuche lassen erkennen, daß mit höherer N-Düngung die Sommergerste in der Rangfolge als Futtergetreideart höher einzustufen ist. Die Hafererträge liegen auf den guten D-Standorten der Nordbezirke durchschnittlich um 20% unter dem Weizen und 10% unter der Wintergerste.

Anbaugebiet 5

Im Anbaugebiet 5 sind die Versuchsorte mit Standorteinheit D 4–D 6 im Binnenlandklima zusammengefaßt.
Im Mittel der Jahre brachte auch in diesem Anbaugebiet der Winterweizen die höchsten Erträge, obwohl der Abstand hier zu den anderen Getreidearten

Tabelle 3

Getreideartenvergleich – Anbaugebiet 3
(Standorteinheiten D 2 und D 3 mit Ackerzahlen von 23 bis 33 im Binnenlandklima)

Jahr	Kornertrag bei 86% Trockenmasse Winter-roggen dt/ha	Winter-weizen n	relativ	Winter-gerste n	relativ	Sommer-gerste* n	relativ	Hafer n	relativ	Sommer-weizen n	relativ
1963	23,7	3	122	4	87	1	95	4	99	2	104
1964	31,4	3	89	4	119	1	117	5	88	2	62
1965	38,6	3	101	4	120	1	90	4	110	1	69
1966	39,4	4	91	5	102	3	74	5	85	3	83
1967	38,4	3	103	4	118	2	87	4	89	2	74
1968	44,4	3	75	4	85	2	70	5	77	2	66
1969	38,4	3	97	4	99	3	91	5	101	2	83
1970	38,1	4	62	4	74	5	85	5	78	2	62
1971	42,7	4	98	5	98	5	108	5	118	2	99
1972	47,5	3	90	3	111	3	113	5	100	2	90
1973	40,6	3	80	3	101	4	109	5	77	2	76
Mittel											
1963–1973	38,5		93		101		94		92		78
s % Jahre	16,1		16,2		32,5		20,7		19,6		18,2
Mittel											
1968–73	42,0		84		95		96		91		79
s % Jahre	6,9		20,4		21,0		20,7		15,9		19,6

* Ergebnisse der Futtergerstenprüfung

geringer ist als im Anbaugebiet 4. Eine annähernd gleiche Leistungsfähigkeit wie der Winterweizen besitzt die Wintergerste, obwohl ihre Ertragsschwankungen recht hoch sind.

Auf den D-Standorten im Binnenland ist deutlich zu erkennen, daß in Jahren mit günstiger Witterung für Getreide der Winterweizen hohe Überlegenheit gegenüber Wintergerste und Winterroggen zeigt, während in ungünstigen Jahren Wintergerste und Winterroggen sich als ertragsstärker erweisen.

Ähnlich wie auf den D 2- und D 3-Standorten ist bei Sommergerste eine positive Ertragsentwicklung in den letzten Jahren festzustellen. Trotz wesentlich niedrigerer N-Düngung wurden 1971–73 ähnlich hohe Erträge wie bei Winterweizen und Wintergerste erzielt. Beim Anbau als Futtergerste ist eine weitere Verbesserung der Ertragsrelation zu erwarten.

Die Hafererträge schwanken in dieser relativ trockenen Anbauzone in Abhängigkeit von Aussaatzeit und Niederschlägen recht stark.

Weit hinter allen Getreidearten zurück liegt der Sommerweizen.

Tabelle 4

Getreideartenvergleich – Anbaugebiet 4
(Standorteinheiten D 4 bis D 6 mit Ackerzahlen über 33 im Ostseeküstenklima und mecklenburgisch-brandenburgischen Übergangsklima)

Jahr	Kornertrag bei 86% Trockenmasse Winterweizen	Wintergerste		Winterroggen		Sommergerste*		Sommerweizen		Hafer	
	dt/ha	n	relativ	n	relativ	n	relativ	n	relativ	n	relativ
1963	43,3	4	93	4	94	3	88	3	83	3	94
1964	51,8	6	85	4	82	3	74	3	70	3	67
1965	48,9	5	95	4	94	6	76	5	90	5	90
1966	48,4	6	89	4	82	6	61	6	83	5	81
1967	55,0	7	90	4	82	5	63	5	75	5	64
1968	52,0	7	80	4	90	6	66	5	79	5	84
1969	49,2	5	91	5	74	7	96	7	77	5	93
1970	49,4	5	92	4	91	6	60	5	68	3	52
1971	54,7	3	91	3	91	3	71	4	81	2	78
1972	39,1	4	110	2	105	4	133	3	91	3	123
1973	58,9	4	95	2	89	3	84	3	81	3	74
Mittel											
1963–1973	50,1		92		88		79		79		81
s % Jahre	10,2		8,7		9,0		17,8		10,9		15,0

* Ergebnisse der Braugerstenprüfung

Anbaugebiet 6

Im Anbaugebiet 6 sind die Versuchsorte mit Standorteinheit Lö 1 und Lö 2 zusammengefaßt.

Winterweizen und Wintergerste sind auf den guten Lößböden am leistungsfähigsten. Sommergetreide und Winterroggen lagen durschnittlich 10–15% darunter.

Wie bei Koss und Szengel (1966) herausgearbeitet, bestätigt sich auch in unseren Untersuchungen, daß der Winterroggen auf den Lößböden bessere Erträge bringt, als allgemein eingeschätzt wird. Diese Feststellung bestätigt sich auch in den weiteren Anbaugebieten mit Lößböden. Unter Praxisbedingungen können diese Erträge auf Grund der geringen Standfestigkeit aber nicht realisiert werden. Mit dem Einsatz von Wachstumsregulatoren wie CKB 1108 ergeben sich für den Winterroggenanbau auf guten Böden auch aus phytosanitärer Sicht neue Aspekte. CKB 1108 zeigte in den Versuchen 1972 und 1973 sehr positive Ergebnisse sowohl in der Verbesserung der Standfestigkeit als auch der Erträge.

Tabelle 5

Getreideartenvergleich – Anbaugebiet 5
(Standorteinheiten D 4 bis D 6, mit Ackerzahlen über 33 im Binnenlandklima)

Jahr	Kornertrag bei 86% Trockenmasse Winterweizen dt/ha	Wintergerste n	relativ	Winterroggen n	relativ	Sommergerste* n	relativ	Sommerweizen n	relativ	Hafer n	relativ
1963	33,6	4	85	3	97	4	106	3	86	3	96
1964	36,8	3	94	2	77	3	90	3	74	4	75
1965	38,8	4	113	3	101	4	77	4	82	5	104
1966	33,8	4	114	3	122	4	84	4	99	4	103
1967	38,9	6	112	2	90	3	90	3	71	3	87
1968	44,4	6	94	3	96	4	88	4	73	4	104
1969	44,4	5	78	5	77	4	84	3	74	6	103
1970	48,6	4	78	3	114	3	89	2	53	4	71
1971	40,0	–	–	2	121	2	110	2	74	3	135
1972	51,6	2	91	2	72	1	103	1	102	2	86
1973	45,1	2	137	3	101	2	98	1	83	2	81
Mittel 1963–1973	41,6		(99)		91		91		79		94
s % Jahre	14,0		21,5		15,0		20,4		23,6		20,0

* Ergebnisse der Braugerstenprüfung

Die Erträge der Braugerste liegen bei 85% zum Standard Winterweizen. Im Mittel von 6 Versuchen mit Futtergerste in den Jahren 1971–1973 stieg die Leistung auf 97% zum Winterweizen an.
Sehr stabile Erträge auf Lö 1 und Lö 2 bringt der Hafer. Sie liegen aber mit Ausnahme des schlechten Weizenjahres 1971 immer beträchtlich unter dem Winterweizen.

Anbaugebiet 7

Im Anbaugebiet 7 sind die Versuchsorte mit Standorteinheit Lö 3 bis Lö 5 sowie V 1 und V 2 im Binnenlandklima zusammengefaßt.
Der Winterweizen zeigt auch auf diesen Böden die höchsten Erträge und eine gute Ertragsstabilität. Annähernd gleich hohe Erträge bringt die Wintergerste. In diesem Anbaugebiet sowie in den Anbaugebieten 4 und 6 hat die Wintergerste relativ geringe Ertragsschwankungen. Auf den übrigen Standorten befriedigt die Ertragssicherheit noch nicht.

Tabelle 6

Getreideartenvergleich – Anbaugebiet 6
(Standorteinheiten Lö 1 und Lö 2 mit Ackerzahlen über 70 im Binnenlandklima)

Jahr	Kornertrag bei 86% Trockenmasse Winter-weizen	Winter-gerste		Winter-roggen		Sommer-gerste*		Sommer-weizen		Hafer	
	dt/ha	n	relativ	n	relativ	n	relativ	n	relativ	n	relativ
1963	44,8	5	91	4	91	5	96	4	92	4	97
1964	45,9	3	101	4	90	5	90	3	77	3	82
1965	46,0	3	102	2	96	4	81	3	88	3	84
1966	42,5	2	106	1	92	2	82	3	104	2	96
1967	56,4	4	84	2	66	5	74	3	94	3	70
1968	53,4	4	91	2	96	5	81	3	91	3	96
1969	49,9	4	109	2	97	5	88	4	81	3	93
1970	45,9	2	102	–	–	2	79	2	79	2	97
1971	37,8	2	106	–	–	2	80	1	90	1	118
1972	61,2	3	98	–	–	4	87	2	88	2	78
1973	49,6	3	115	–	–	5	101	3	89	3	91
Mittel											
1963–1973	48,5		100		(89)		85		88		90
s % Jahre	13,4		13,6		9,7		18,1		19,4		8,3

* Ergebnisse der Braugerstenprüfung

Für Winterroggen trifft dieselbe Einschätzung zu, wie sie für das Anbaugebiet 6 abgeleitet wurde. Der Relativertrag von 98 unterstreicht die gute Ertragsfähigkeit des Winterroggens. Die positive Tendenz der Sommergerste in den letzten Jahren kommt auch in diesem Anbaugebiet zum Ausdruck.
Die Erträge bei Hafer sind in Abhängigkeit von der Witterung und dem Aussaattermin unterschiedlich. Nur in einzelnen Jahren erreichen bzw. übertreffen sie den Winterweizen.

Anbaugebiet 8

Im Anbaugebiet 8 sind die Versuchsorte mit Standorteinheit Lö 4–Lö 6 im Berg- und Hügellandklima zusammengefaßt.
Hier überragt der Winterweizen wie im Anbaugebiet 4 alle anderen Getreidearten beträchtlich. Auch in der Ertragssicherheit zeigt er die besten Werte.
Mit etwa 10% geringeren Durchschnittserträgen folgen Wintergerste und Winterroggen. Dabei sind die Ertragsschwankungen bei Winterroggen relativ gering und bei Wintergerste recht hoch. Der Anbau der ertragsstarken Winter-

Tabelle 7

Getreideartenvergleich – Anbaugebiet 7
(Standorteinheiten Lö 3 bis Lö 5 mit Ackerzahlen über 45 sowie V 1 und V 2 mit Ackerzahlen über 35 im Binnenlandklima)

Jahr	Kornertrag bei 86% Trockenmasse Winterweizen	Wintergerste		Winterroggen		Sommergerste*		Sommerweizen		Hafer	
	dt/ha	n	relativ	n	relativ	n	relativ	n	relativ	n	relativ
1963	46,3	4	97	3	89	3	94	6	94	5	103
1964	45,9	6	89	3	107	3	86	6	77	5	87
1965	44,9	7	96	3	85	5	90	6	101	4	96
1966	39,2	6	105	3	95	4	98	5	99	5	100
1967	50,6	7	88	4	90	4	88	6	86	7	80
1968	55,7	5	90	2	96	3	92	6	76	6	77
1969	50,1	4	98	1	92	6	96	5	88	5	83
1970	54,1	2	106	1	108	2	80	–	–	2	56
1971	46,0	2	92	1	96	1	101	1	89	2	105
1972	46,8	3	121	1	119	3	118	1	91	2	105
1973	60,5	3	86	–	–	3	96	2	95	2	95
Mittel 1963–1973	49,1		98		(98)		94		(89)		89
s % Jahre	12,0		12,2		16,4		13,4		14,1		14,3

* Ergebnisse der Braugerstenprüfung

gerste ist in höheren Lagen auf Grund stärkerer Auswinterungsgefahr noch mit größerem Risiko belastet. Das gute Abschneiden der Wintergerste in einzelnen Jahren ist in erster Linie auf günstige Winterwitterung zurückzuführen. Winterfestere Züchtungen befinden sich zur Zeit in der Sortenprüfung und werden in den nächsten Jahren zur Stabilität des Wintergerstenanbaues beitragen.
Für Sommergerste gelten die Ausführungen, die für Anbaugebiet 6 und 7 dargelegt wurden.
Hafer bringt in diesem relativ niederschlagsreichen Gebiet annähernd so gute Erträge wie Wintergerste und Winterroggen. Gegenüber unbespelzten Getreidearten muß beim Hafer bei Verwendung als Futtergetreide aber der hohe Spelzengehalt von etwa 25–30% berücksichtigt werden. Bei dieser Betrachtung ergeben sich im Sommerfuttergetreideanbau neue Relationen.

Anbaugebiet 9

Im Anbaugebiet 9 sind die Versuchsorte mit Standorteinheit V 3–V 5 im Berg- und Hügellandklima zusammengefaßt. Auf diesen mittleren Verwitterungsböden mit Ackerzahlen von 30 bis 45 ist der Winterweizen im langjährigen

Tabelle 8

Getreideartenvergleich – Anbaugebiet 8
(Standorteinheiten Lö 4 bis Lö 6 mit Ackerzahlen von 45–70 im Berg- und Hügellandklima)

Jahr	Kornertrag bei 86% Trockenmasse Winterweizen	Wintergerste		Winterroggen		Sommergerste*		Sommer weizen		Hafer	
	dt/ha	n	relativ	n	relativ	n	relativ	n	relativ	n	relativ
1963	51,6	2	57	1	84	2	78	3	81	2	86
1964	49,2	2	95	2	89	2	88	2	74	2	72
1965	43,7	3	85	2	95	2	74	3	95	3	87
1966	42,1	3	104	2	90	3	94	3	84	2	106
1967	46,9	2	94	2	104	3	90	3	85	2	101
1968	53,0	4	77	2	78	4	78	3	78	2	83
1969	45,6	4	97	1	83	4	90	4	91	3	84
1970	52,3	4	77	1	88	4	67	3	62	4	64
1971	51,6	4	93	–	–	4	78	4	95	4	95
1972	57,9	4	96	1	79	4	90	3	89	4	82
1973	49,5	3	109	1	111	4	107	4	109	2	97
Mittel											
1963–1973	49,4		89		(90)		85		86		87
s % Jahre	9,3		17,2		11,9		13,9		17,6		13,1

* Ergebnisse der Braugerstenprüfung

Mittel allen anderen Getreidearten um nahezu 10% überlegen. Dabei zeigt er auch eine gute Ertragssicherheit.

Die Wintergerste weist die größten Ertragsschwankungen auf, die hauptsächlich auf die ungenügende Winterfestigkeit zurückzuführen sind. Die Ergebnisse der Jahre 1972 und 1973 unterstreichen ihre hohe Leistungsfähigkeit auf diesen mittleren Böden. Winterfestere Sorten können in diesen Lagen die Durchschnittserträge sowie die Ertragssicherheit der Wintergerste wesentlich verbessern. Weiterhin ist es dadurch möglich, die Leistungen des Winterweizens zu übertreffen.

Die Erträge von Winterroggen fallen stärker ab als in anderen Anbaugebieten und liegen noch unter denen von Sommergetreide.

Sommergerste, Hafer und Sommerweizen bringen annähernd gleiche Erträge. In den Braugerstenprüfungen ist die Sommergerste jedoch auch hier benachteiligt und läßt bei höherer N-Düngung Mehrerträge erwarten.
Mit zunehmender Höhenlage gewinnt der Sommerweizen an Bedeutung.

Tabelle 9

Getreideartenvergleich – Anbaugebiet 9
(Standorteinheiten V 3 bis V 5 mit Ackerzahlen von 30 bis 45 im Berg- und Hügellandklima)

Jahr	Kornertrag bei 86% Trockenmasse Winterweizen dt/ha	Wintergerste n	relativ	Winterroggen n	relativ	Sommergerste* n	relativ	Sommerweizen n	relativ	Hafer n	relativ
1963	39,1	2	96	1	95	2	93	2	122	2	106
1964	38,8	2	95	2	97	2	110	2	84	2	112
1965	42,7	2	72	2	76	2	84	2	88	4	106
1966	41,1	2	95	2	81	3	92	1	92	3	92
1967	48,7	2	78	2	77	1	80	1	97	3	82
1968	49,5	–	–	2	77	2	76	1	106	2	106
1969	46,4	3	103	2	106	3	104	3	106	3	96
1970	47,2	1	64	2	104	4	87	4	74	4	63
1971	55,3	4	72	3	77	4	84	4	101	4	92
1972	55,3	4	115	3	74	3	93	3	77	3	73
1973	52,5	3	110	2	73	3	103	4	80	4	89
Mittel 1963–1973	46,7		(90)		85		91		93		92
s % Jahre	13,4		26,2		17,7		17,9		20,2		18,6

* Ergebnisse der Braugerstenprüfung

Anbaugebiet 10

Im Anbaugebiet 10 sind die Versuchsorte mit Standorteinheit V 3–V 9 im Mittelgebirgsklima, also die ausgesprochenen Höhenlagen, zusammengefaßt.
Im langjährigen Mittel liegt auch in diesen Grenzlagen der Winterweizen an der Spitze, dicht gefolgt von den Sommergetreidearten Sommerfuttergerste, Sommerweizen und Hafer.
Für Wintergerste gilt die gleiche Einschätzung wie im Anbaugebiet 9 dargelegt.
Die niedrigen Winterroggenerträge dürften auf die stärkere Beanspruchung der Standfestigkeit zurückzuführen sein.
Beachtlich sind auch hier die Sommerfuttergerstenerträge, die in den letzten 5 Jahren leicht über dem Winterweizen lagen.
Der Sommerweizen bringt in diesem Anbaugebiet nahezu die gleichen Erträge wie der Winterweizen. Daraus läßt sich ableiten, daß Sommerweizen gegenüber einer verspäteten Winterweizenaussaat in diesen Lagen ein empfehlenswerter Ersatz ist.

Tabelle 10

Getreideartenvergleich – Anbaugebiet 10
(Standorteinheiten V 3 bis V 9 mit Ackerzahlen von 30 bis 45 im Mittelgebirgsklima – Höhenlagen über 450 m NN)

Jahr	Kornertrag bei 86% Trockenmasse Winterweizen dt/ha	Wintergerste n	relativ	Winterroggen n	relativ	Sommergerste* n	relativ	Sommerweizen n	relativ	Hafer n	relativ
1963	44,4	3	83	3	86	1	83	–		1	92
1964	40,5	3	93	3	107	2	99	–	–	3	94
1965	49,9	2	72	1	73	3	86	–	–	3	88
1966	35,3	4	103	3	98	4	106	1	107	4	111
1967	39,6	5	84	3	102	4	101	2	99	3	109
1968	45,0	6	96	4	89	6	100	1	108	4	115
1969	48,4	4	87	4	93	4	101	1	81	5	92
1970	32,5	1	66	3	86	2	104	1	107	3	93
1971	58,1	4	73	3	62	3	90	1	78	3	87
1972	49,3	4	118	2	103	3	105	1	108	2	105
1973	40,9	4	120	4	99	3	109	1	106	3	96
Mittel 1963–1973	44,0		90		90		98		(98)		98
s % Jahre	16,4		24,1		13,6		15,9		18,7		13,3

* Ergebnisse der Futtergerstenprüfung

Zusammenfassung

Mit der Zusammenstellung langjähriger Sortenversuchsergebnisse wird die Leistungsfähigkeit der Getreidearten unter gleichen Anbaubedingungen für die wichtigsten Standorte der DDR analysiert. Auf den extrem leichten, grundwasserfernen Böden mit Ackerzahlen unter 20 ist der Winterroggen die einzige anbauwürdige Getreideart. Auf Böden mit den Standorteinheiten D 2 und D 3 bringen Winterroggen und Wintergerste die höchsten Erträge. Bei guten Anbaubedingungen ist die Wintergerste dem Winterroggen überlegen. Winterweizen erreicht bzw. übertrifft auf diesen Böden nur bei optimalen Anbauverhältnissen und in günstigen Jahren Wintergerste und Winterroggen. Auf den besseren diluvialen Böden mit Ackerzahlen über 30 sowie auf allen Lö- und V-Standorten ist der Winterweizen die leistungsfähigste Getreideart. Nach dem Winterweizen besitzt die Wintergerste das höchste Ertragspotential. Besonders in höheren Lagen bestehen jedoch noch größere Ertragsschwankungen. Die hohe Leistungsfähigkeit der neuen Sommergerstenzüchtungen verändert die Ertragsrelation zwischen den Getreidearten. Besonders in den Übergangslagen der D- und V-Standorte erweist sich die Sommerfuttergerste gegenüber dem Wintergetreide als gleichwertig bzw. leicht überlegen. Der Winterroggen kann auch auf den besseren Böden größere Anbaubedeutung erlangen, wenn sich die positiven Versuchsergebnisse mit dem Wachstumsregulator CKB 1108 in der Praxis bestätigen.

Резюме

Название работы: Урожайность зерновых культур в зависимости от почвенно-климатических условий

Сопоставляя результаты многолетних сортовых опытов, авторы дают анализ урожайности зерновых культур в одинаковых условиях возделывания на основных почвах ГДР. На предельно легких, суходольных почвах с баллом бонитировки земли ниже 20, единственной достойной возделывания культурой является озимая рожь. На дилювиальных почвах Д2 и Д3 озимая рожь и озимый ячмень дают самые высокие урожаи. В хороших условиях возделывания озимый ячмень превосходит озимую рожь. На этих почвах озимая пшеница достигает показателей озимого ячменя и озимой ржи или даже превышает их только в оптимальных условиях возделывания и в благоприятные по метеорологическим условиям годы. На лучших дилювиальных почвах с баллом бонитировки выше 30, а также на всех лёссовых и элювиальных почвах озимая пшеница является наиболее урожайной зерновой культурой. После озимой пшеницы наивысшим потенциалом урожайности обладает озимый ячмень. Но особенно в возвышенных местоположениях его урожайность еще значительно колеблется. Высокая продуктивность новых сортов ярового ячменя изменяет соотношение различных видов зерновых культур по урожайности. В особенности в переходных местоположениях дилювиальных и элювиальных почв, яровой кормовой ячмень равноценен по урожайности озимым зерновым культурам или же проявляет некоторое превосходство. На лучших почвах возделывание озимой ржи может иметь более важное значение, если на практике подтвердятся положительные результаты опытов с регулятором роста СКВ 1108.

Summary

Title of the paper: The efficiency of cereal species in dependence on the site

The results of long-term variety trials are compiled to analyze the efficiency of cereal species under equal cropping conditions for the major sites of the German Democratic Republic. On extremely light soils with deep ground-water table and soil quality indexes below 20, winter rye is the only cereal worthy of cultivation. On D 2 and D 3 soils, the highest yields are obtained from winter rye and winter barley. Under favourable cropping conditions winter barley is superior to winter rye. Winter wheat reaches or even exceeds winter barley and winter rye on these soils only in case of optimal cropping conditions and in good years. On the better diluvial soils with soil quality indexes above 30 as well as on all Lö and V sites, winter wheat is the most efficient grain crop. As to its yield potential, winter barley is surpassed only by winter wheat. However, considerable yield variations still exist especially in the upper altitudes. The yield relation between the cereal species is being shifted due to the high efficiency of the new spring barley breeds. Above all in the transitional locations of the D and V sites, spring-sown barley for forage proves equal or even slightly superior to the winter cereals. Winter rye can gain in importance also on the better soils, if the positive experimental results obtained with the growth regulator CKB 1108 will be proved in commercial application.

Literatur

Koss, U.; Szengel, G.: Ertragsvergleiche bei Getreidearten. Tag.-Ber., Dt. Akad. Landwirtsch.-Wiss. Berlin (1966) 79, S. 19–37

Köster, D.: Untersuchungen zu Flächen- und Ertragsrelationen zwischen Winter- und Sommerweizen in den Nordbezirken. Getreidewirtsch. 10 (1971), S. 253–255

Mentz, C.-D.: Erträge und Ertragsvergleiche von Getreide. Kiel, Univ., Diss. 1971

Rüther, H.: Die Bedeutung von Ertragsvergleichen landwirtschaftlicher Kulturen. Tag.-Ber., Dt. Akad. Landwirtsch.-Wiss. Berlin (1966) 79, S. 5–18

Specht, G.: Standort- und Fruchtartenvergleiche bei Winterroggen, Hafer und Körnermais mit verschiedenen Stickstoffdüngungsstufen auf leichten Böden. Tag.-Ber., Dt. Akad. Landwirtsch.-Wiss. Berlin (1966) 79, S. 39–48

Anschrift der Verfasser:
Dipl.-Landwirt Günter Beese, Margit Krause,
Dipl.-Agraringenieur Gudrun Merzdorf
Zentralstelle für Sortenwesen der DDR
8255 Nossen, Waldheimer Straße 219

Tag.-Ber., Akad. Landwirtsch.-Wiss. DDR, Berlin (1975) 135, S. 121–126

Zentralstelle für Sortenwesen der DDR

Wolfgang Kaufhold

Der Leistungsstand der Körnerleguminosen Ackerbohne und Weiße Lupine im Vergleich zu Getreide

Die weitere Intensivierung der tierischen Produktion bei gleichzeitigem Anwachsen der Viehbestände erfordert eine kontinuierliche Bereitstellung von hochwertigen Eiweißfuttermitteln, die verstärkt über die eigene landwirtschaftliche Produktion abzusichern ist.
Neben der Erhöhung der Rohproteinleistung bei Getreide durch züchterische Arbeiten und anbautechnische Maßnahmen kommt dem Anbau der großkörnigen Leguminosen eine beachtliche Bedeutung zu. Der Gehalt an Rohprotein sowie der Eiweißertrag der Getreidearten im Vergleich zu den Leistungen der großkörnigen Leguminosen lassen erkennen, daß die Ackerbohne auf Grund ihres Ertragspotentials und der Qualitätseigenschaften eine Sonderstellung einnimmt, die durch komplexe Maßnahmen in der Züchtungsarbeit, unter besonderer Beachtung der Resistenzeigenschaften, in den nächsten Jahren noch weiter verbessert werden kann.
Während das Getreide mit einem durchschnittlichen Rohproteingehalt von 11–15% eine Eiweißleistung von 4,5–7,0 dt/ha erreicht, liegt bei den großkörnigen Leguminosen der Rohproteingehalt um das 2–3fache höher als beim Getreide, so daß die Ackerbohne im Eiweißertrag mit 8–9 dt/ha die höchsten Leistungen bringt. Außerdem versprechen die hohen Rohproteingehalte der Lupine, insbesondere der Weißen Süßlupine (*Lupinus albus*) sowie auf den leichten D-Standorten die Gelbe Süßlupine (*Lupinus luteus*) hohe Eiweißleistungen.

Ein weit größerer Wert liegt in dem günstigen Aminosäurespektrum. Der Lysingehalt der Ackerbohne ist etwa 5mal so hoch wie beim Getreide, und die Verdaulichkeit des Rohproteins und der NFE erreicht Werte von 85 bis 92%.

Aus den vorliegenden Versuchen der Zentralstelle für Sortenwesen soll über erste Ergebnisse zum Leistungsstand der großkörnigen Leguminosen – insbesondere der Ackerbohne und Weißen Lupine – berichtet werden.

Der Leistungsvergleich der Ackerbohne mit den Getreidearten zeigt im Rohproteinertrag eine Überlegenheit der Ackerbohne. Von den Getreidearten bringen die sowjetischen Winterweizensorten die höchsten Rohproteinleistungen,

während von der Wintergerste und vom Hafer die geringsten Erträge erreicht wurden. Unzureichend sind auch die Leistungen der Futtererbsen.
Die Erträge von Wintergerste, Winterweizen und Ackerbohnen weisen in den einzelnen Anbaugebieten beachtliche Differenzen auf. Im Kornertrag ist die Wintergerste um 45–60% und der Winterweizen um 55–75% der Ackerbohne überlegen. Die Erträge zeigen jedoch in den Anbaugebieten nur geringfügige Unterschiede. Auf den D 4- bis D 5- sowie auf den Ackerbohnen-Standorten Lö 1 und Lö 2 waren die Leistungsdifferenzen zwischen Ackerbohne und Wintergerste bzw. Winterweizen am geringsten. Dagegen waren die Erträge des Getreides auf den mittleren Löß- und Verwitterungsböden im Vergleich zu den Leistungen der Ackerbohne sehr hoch.

Tabelle 1

Rohproteinleistung von Ackerbohne, Wintergerste und Winterweizen auf verschiedenen Standorten (Mittel 1965 bis 1973)

Standort	n	Ackerbohne dt/ha	Ackerbohne rel	Wintergerste dt/ha	Wintergerste rel	Winterweizen dt/ha	Winterweizen rel
D 4–D 5 (AZ >34)	8	7,9	100	4,2	53	5,5	70
Lö 1–Lö 2 (AZ >70)	20	9,1	100	5,2	57	5,8	64
Lö 3–6 V 1–V 2 (AZ 45–75)	26	8,7	100	5,2	60	6,5	75

Im Rohproteinertrag ist die Ackerbohne um 47–40% der Wintergerste und um 36–25% dem Winterweizen überlegen. Auf den Lößböden erreichten die beiden Getreidearten gegenüber der Ackerbohne die relativ geringsten Erträge.
Neben dem absoluten Ertragsniveau ist aber die Ertragsstabilität von entscheidender Bedeutung. Die relativen Abweichungen vom Durchschnittsertrag lassen erkennen, daß zwischen den Anbaugebieten Unterschiede vorhanden sind. Während auf den D 4- bis D 5-Standorten die relativ sicheren Getreideerträge erreicht wurden, waren in den Übergangslagen mit Löß- und mittleren Verwitterungsböden die Ertragsschwankungen beim Getreide größer.
Die Ackerbohnen zeigten auf den Diluvialböden (D 4–D 5) der Nordbezirke große Abweichungen vom Durchschnittsertrag. Auch auf den Ackerbohnenstandorten mit Ackerwertzahlen über 70 waren die Ertragsschwankungen mit 26 noch relativ hoch.
In den Übergangslagen mit günstigerer Niederschlagsverteilung konnten die sichersten Leistungen nachgewiesen werden, obwohl die Getreideerträge in diesem Gebiet wesentlich größere Schwankungen aufwiesen als auf den D-Standorten.

In den von der Zentralstelle für Sortenwesen durchgeführten Versuchen mit verschiedenen Ackerbohnensorten konnte im Durchschnitt von neun Jahren ein Kornertrag von 32,1 dt/ha mit 8,6 dt/ha Rohprotein erreicht werden. Die höchsten Leistungen wurden auf den tiefgründigen Lößböden (Lö 1–Lö 2) erzielt. Auf den lehmigen Sandböden (D 4–D 5) der Nordbezirke konnten 29,6 dt/ha und auf den Lößlehmböden sowie Keuper- und Muschelkalkverwitterungsböden der südlichen Bezirke der DDR 32,6 dt/ha Ackerbohnenerträge nachgewiesen werden.

Tabelle 2

Relative Abweichungen vom Durchschnittsertrag auf verschiedenen Standorten der DDR (Mittel 1965 bis 1973)

Anbaugebiet	Anzahl der Untersuchungen	Ackerbohne	Wintergerste	Winterweizen
D 4–D 5 (AZ >34)	8	39,5	9,0	9,0
Lö 1–Lö 2 (AZ >70)	20	25,6	12,3	16,7
Lö 3–6, V 1–V 2 (AZ 45–75)	26	22,2	14,7	15,0

Durch die bessere Niederschlagsversorgung wurden in den Randgebieten (N. St. E. Lö 3–6, V 1–2) die sichersten und stabilsten Erträge erreicht.
Auf den D-Standorten mit Ackerwertzahlen über 45 waren die relativen Abweichungen vom Durchschnittsertrag am höchsten, während die Lößböden der Bezirke Magdeburg, Halle und Erfurt eine Mittelstellung einnehmen. Starke Ertragsdepressionen sind jedoch auf diesen Standorten bei extrem trockenen Witterungsbedingungen zu erwarten.
Im Mittel von neun Jahren waren sowohl im Samen- als auch Rohproteinertrag nur geringe Unterschiede zwischen den beiden zugelassenen Sorten 'Fribo' und 'Erfordia' zu verzeichnen. Die Schwankungen zwischen den einzelnen Jahren betrugen dagegen bis zu 100%. In den Trockenjahren 1969 und 1970 lagen die Erträge mit 20 dt/ha sehr niedrig. Dagegen konnten 1966, 1972 und 1973 Durchschnittserträge von 32 bis 38 dt/ha nachgewiesen werden, wobei die Spitzenerträge zwischen 55 und 59 dt/ha lagen. Diese Ergebnisse lassen erkennen, daß die Ackerbohne sehr leistungsfähig ist und das Ertragsniveau von den Witterungsbedingungen sowie phytopathologischen Erscheinungen stark beeinflußt wird.
In den Jahren 1971–1973 wurden neben den Ackerbohnensorten verschiedene Lupinensorten (*Lupinus albus*) geprüft, und zwar die sowjetischen Sorten 'Kievskij mutant' und 'Kievskij skorospelyj'. Beide sind leistungsfähige Neu-

Tabelle 3

Erträge der Ackerbohne in verschiedenen Anbaugebieten der DDR (Mittel 1965 bis 1973)

Anbaugebiet	Anzahl der der Untersuchungen	Samen dt/ha	rel.	Relative Abweichungen v. x̄-Ertrag	Rohprotein dt/ha	rel.
D 4–D 5 (AZ >34)	8	29,6	100	39,5	7,9	100
Lö 1–Lö 2 (AZ >70)	20	34,0	115	25,6	9,1	115
Lö 3–6 V 1–V 2 (AZ 45–75)	26	32,6	110	22,2	8,7	110

züchtungen mit einem Rohproteingehalt über 32%. Sie besitzen bei mittelfrüher Reife eine gute Standfestigkeit. Die Hülsen sitzen relativ hoch am Stengel und weisen eine gute Platzfestigkeit auf. Die Samenerträge zeigten Spitzenleistungen bis zu 43 dt/ha, jedoch traten zwischen den einzelnen Jahren hohe Schwankungen auf. Im dreijährigen Mittel wurde ein Kornertrag von 22 dt/ha mit einer Rohproteinleistung von 6,2 dt/ha erreicht. Die Sorte 'Kievskij skorospelyj' erwies sich als die leistungsfähigste Züchtung. Sie war sowohl im Korn- als auch Rohproteinertrag der Sorte 'Kievskij mutant' um 8% überlegen.

Der Vergleich der Leistungen zwischen Ackerbohnen und Lupinen am gleichen Standort läßt erkennen, daß im vierjährigen Mittel die Lupine zu 72% die Erträge der Ackerbohne erreichte. Während 1970 und 1971 die Lupine annähernd 80% der Leistungen der Ackerbohne brachte, waren 1973 im Mittel von sechs Versuchen im Ertragsniveau keine Unterschiede zu verzeichnen.

Tabelle 4

Vergleich der Leistungen von Ackerbohne (AB = 100) und Weißer Lupine (*Lupinus albus*)

Jahr	n	Samenertrag dt/ha Ackerbohne	Samenertrag dt/ha Lupine	Samenertrag dt/ha Lupine rel. (AB = 100)	Rohprotein % i. Trockenmasse Ackerbohne	Rohprotein % i. Trockenmasse Lupine	Rohprotein dt/ha Ackerbohne	Rohprotein dt/ha Lupine	Rohprotein dt/ha Lupine rel. (AB = 100)
1970	5	20,2	14,8	73	30,9	32,6	7,17	3,84	54
1971	5	26,4	22,3	84	31,7	33,5	6,89	6,64	96
1972	3	37,8	17,3	46	30,0	29,8	9,90	4,60	46
1973	6	27,2	26,5	97	30,3	32,9	6,84	7,54	110
Mittel		27,9	20,2	72	30,7	32,2	7,70	5,66	74

Die Schaffung eiweißreicher Futterstoffe ist für unsere sozialistische Landwirtschaft eine vordringliche Aufgabe, die über eine Erweiterung der Anbaufläche bei Ackerbohnen und Weißer Süßlupine sowie anderen großkörnigen Leguminosen erreicht werden kann. Während bei der Weißen Lupine leistungsfähige sowjetische Züchtungen und Erfahrungen genutzt werden können, kommt es bei der Ackerbohne darauf an, durch verbesserte agrotechnische Maßnahmen sowie Krankheits- und Schädlingsbekämpfungsverfahren relativ stabile Erträge zu erzielen. Darüber hinaus kann durch die Schaffung resistenter Züchtungen ein wesentlicher Beitrag zur Erhöhung und Stabilisierung des Ertragsniveaus geleistet werden.

Zusammenfassung

Aus den vorliegenden mehrjährigen Versuchen der Zentralstelle für Sortenwesen der DDR wurde ein erster Überblick zum Leistungsstand der Ackerbohne (*Vicia faba*) und der Weißen Süßlupine (*Lupinus albus*) im Vergleich zu Wintergerste und Winterweizen gegeben. Im Kornertrag zeigten erwartungsgemäß die beiden Getreidearten höhere Leistungen als die Ackerbohne, während in der Rohproteinleistung eine deutliche Überlegenheit der Ackerbohne nachgewiesen werden konnte. So erreichten im Mittel der Versuche die Ackerbohne 8,6 dt/ha und die beiden Getreidearten 5,4 dt/ha Rohprotein. Die relativen Abweichungen vom Durchschnittsertrag lassen sowohl zwischen der Ackerbohne und dem Getreide als auch zwischen den Anbaugebieten Unterschiede erkennen. Die Weiße Süßlupine erwies sich als leistungsfähige Leguminose, die insbesondere auf den D 4- bis D 5-Standorten bessere Eiweißerträge als die Ackerbohne brachte. Zur Schaffung eiweißreicher Futterstoffe kommt der Ackerbohne und Weißen Lupine eine große Bedeutung zu. Bei der Lupine stehen ertragreiche Sorten aus der UdSSR zur Verfügung. Im Ackerbohnenanbau kommt es darauf an, durch verbesserte agrotechnische Maßnahmen sowie Krankheits- und Schädlingsbekämpfungsverfahren und durch die Schaffung resistenter Züchtungen stabile Erträge zu erreichen.

Резюме

Название работы: Урожайность зернобобовых культур — бобов обыкновенных и люпина белого

На основе результатов многолетних опытов, проведенных Центральным управлением сортового дела ГДР, автор обсуждает и сравнивает урожайность бобов обыкновенных (Vicia faba) и люпина белого (Lupinus albus) с озимым ячменем и с озимой пшеницей. Как ожидалось, обе зерновые культуры превышали бобы обыкновенные по сбору зерна, но чётко уступали им по сбору сырого протеина. Так например в среднем опытов сбор сырого протеина у бобов обыкновенных равнялся 8,6 ц/га, а у обеих зерновых культур —

5,4 ц/га. Относительные отклонения от средней урожайности проявляют некоторые различия как между бобами обыкновенными и зерновыми культурами, так и между районами возделывания. Белый сладкий люпин оказался урожайной бобовой культурой, превышавшей бобы обыкновенные по сборам белка, в частности на дилювиальных почвах Д 4 и Д 5. В производстве белковых кормов бобы обыкновенные и белый люпин имеют большое значение. ГДР располагает урожайными сортами люпина из СССР. У бобов обыкновенных необходимо добиться устойчивых урожаев путем улучшения методов агротехники, борьбы с вредителями и болезнями и создания устойчивых сортов.

Summary

Title of the paper: The present performance of legumes for grain (field bean and white lupin)

On the basis of long-term trials performed by the GDR Variety Registration Centre a preliminary survey is given of the present performance of field bean (*Vicia faba*) and white lupin (*Lupinus albus*) as compared with winter barley and winter wheat. As was to be expected, the two cereal species produced higher grain yields than field bean did. However, field bean was clearly superior as to its crude protein yield. On an average of the trials, crude protein yields were 8.6 dt/ha with field bean and 5.4 dt/ha with the two cereals. The relative variations from the average yield indicate certain differences both between field bean and the cereals and between the various cropping areas. White lupin proved to be an efficient leguminous crop producing higher protein yields than field bean, especially so on the D 4 and D 5 sites. Field bean and white lupin are important crops for the production of high-protein feeding stuffs. High-yielding lupin varieties are available from the Soviet Union. Stable field bean yields must be reached through improvements in cropping techniques and in methods for disease and pest control as well as through the provision of resistant breeds.

Anschrift des Verfassers:
Dr. Wolfgang Kaufhold
Zentralstelle für Sortenwesen der DDR, Bezirksgruppe Erfurt
5631 Kalteneber

Tag.-Ber., Akad. Landwirtsch.-Wiss. DDR, Berlin (1975) 135, S. 127–136

Institut für Getreidewirtschaft – Bereich Magdeburg

HANS-GEORG ZIMMERMANN

Der Rohproteingehalt bei Getreide im Zusammenhang mit einigen anbautechnischen und ökologischen Faktoren

Das Getreide spielt in der Tierfütterung seit jeher eine besondere Rolle als Energieträger. In zunehmendem Maße gewinnt daneben sein Rohproteingehalt an Bedeutung. Dabei geht es nach neueren Ergebnissen, insbesondere von POPPE, HACKL, WIESEMÜLLER, HENNIG, GRUHN und ARNOLD, nicht schlechthin um eine Steigerung des Rohproteinertrages von der Flächeneinheit, die auch bei geringerem Rohproteingehalt durch Erhöhung des Kornertrages erreicht werden kann, sondern um die echte Anhebung des Rohproteingehaltes. Bei zunächst unveränderter Proteinfraktionszusammensetzung wird die Beeinflussung bis in Bereiche vordringen, wo der resorbierbare Anteil der meist im Getreideeiweiß limitierenden Aminosäure Lysin dem Ansatzvermögen wachsender Nutztiere verschiedener Altersstufen weitgehend angepaßt ist. Der Weg zur Steigerung des Rohproteingehaltes des Getreides bei unveränderter Proteinfraktionszusammensetzung mittels anbautechnischer Maßnahmen – insbesondere im Zusammenhang mit der Gestaltung der Stickstoffdüngung – ist auf der Basis von Ergebnissen feldversuchsmäßiger Untersuchungen in den Grundzügen bereits relativ gut bekannt. Er scheint bei breiter Übertragung dieser Ergebnisse in das Produktionsverfahren industriemäßiger Praxis zum gegenwärtigen Zeitpunkt schneller zur Anpassung der Getreidequalitäten an die Erfordernisse der Tierernährung zu führen, als dies durch Veränderung der Proteinfraktionsanteile auf züchterischem Wege später sicherlich rationeller möglich sein wird. Inwieweit und mit welcher Stabilität sich die Anwendung der wissenschaftlichen Erkenntnisse zum Problemkreis der Erhöhung des Rohproteingehaltes im Getreidekorn in den Ergebnissen des praktischen Getreidebaues unter den Bedingungen industriemäßiger Produktionsmethoden widerspiegelt, wird seitens des Institutes für Getreidewirtschaft ab 1973 am Beispiel einer kooperativen Abteilung Pflanzenproduktion (KAP) nachgegangen. Diese Untersuchungen dienen auch dem Zweck, Grundlagen für die Bewertung und die Lenkung der Anteile des Warenstromes mit hohem Rohproteingehalt vom Feld über die Lagerung bis zur Verarbeitung zu schaffen.

Die KAP, in der wir 1973 mit den entsprechenden Untersuchungen unter Einbeziehung ihres gesamten Winterweizen-, Wintergersten- und Sommergersten-

anbaus begannen, bewirtschaftet 6427 ha LN, davon 5912 ha als Ackerland auf der Natürlichen Standorteinheit Lö 3 bei durchschnittlicher Ackerzahl von 72. Die mittlere Höhenlage ist 180 m über NN, und das langjährige Niederschlagsmittel liegt bei 550 mm/Jahr. Vom Ackerland wurden 1973 2770 ha = 47,2% für den Getreidebau genutzt, davon nahmen die drei in die Untersuchungen einbezogenen Getreidearten 2588 ha, d.h. rund 93% der Getreidefläche ein. An den auf 46 Schlägen angebauten 1686 ha Winterweizen waren die Sorten 'Mironovskaja 808' mit 42%, 'Kavkaz' mit 23% und 'Fakir' mit 32% beteiligt. 518 ha Wintergerste verteilten sich auf 18 Schläge. Diese wurden zu 76% mit der Sorte 'Vogelsanger Gold' bestellt. 91% der auf 5 Schlägen angebauten (203 ha) Sommergerste bestritt die Sorte 'Elgina'. 1973 litt der Getreidebau in dieser KAP nicht unter der sonst weite Gebiete beeinflussenden Juni-Juli-Trockenheit.
Unsere Untersuchungen wurden 1973 an etablierten Getreideschlägen der KAP durchgeführt. Für alle Schläge lag die schlagbezogene EDV-Düngungsempfehlung auch für die Stickstoffgabe vor. Die 1973 praktizierte N-Düngung wich davon insbesondere beim Winterweizen und der Wintergerste teilweise erheblich ab, ohne daß immer eine Beziehung zum „Aktuellen Rat zur Düngung" des gleichen Jahres erkennbar war.

Tabelle 1

Vergleich des Mittels der schlagbezogenen EDV-Stickstoffdüngungsempfehlungen 1973 mit der Ist-N-Düngung des Getreides einer KAP (kg/ha)

Art	Gesamt				1. Gabe				2. Gabe			
	EDV	n	Ist	n	EDV	n	Ist	n	EDV	n	Ist	n
Winterweizen	115	46	73	46	71	46	68	46	43	46	31	8
Wintergerste	95	18	88	18	63	18	54	18	44	13	38	16
Sommergerste	36	5	38	5	36	5	38	5	–	–	–	–

Die praktizierte Stickstoffdüngung des Winterweizens war 1973 in dieser KAP demnach vornehmlich dadurch gekennzeichnet, daß bei überwiegendem Vorkommen der Vorfrüchte Kartoffeln und Zuckerrüben die seitens der EDV-Empfehlung vorgesehene zweite N-Gabe meist nicht verabreicht wurde, so daß bei annähernd EDV-gerechter Gabe zu Vegetationsbeginn im Mittel 42 kg/ha weniger N aufgewendet worden sind. Trotzdem trat sehr verbreitet Lager auf. Die 2. N-Gabe wurde überwiegend bei der Sorte 'Fakir' appliziert. Bei der Wintergerste wurde zwar ebenfalls die empfohlene N-Menge durch die Gesamtgabe nicht ganz erreicht, da die Stickstoffgabe zu Vegetationsbeginn gegenüber

der EDV-Empfehlung im Mittel um fast 10 kg/ha niedriger lag, es wurde jedoch über die EDV-Abgaben hinausgehend von der Möglichkeit Gebrauch gemacht, weitere Stickstoffgaben zu verabreichen.
Die Stickstoffdüngung der Sommergerste bewegte sich durchweg im Rahmen der EDV-Empfehlungen.
Bei insgesamt sehr guten Getreidekornerträgen der KAP wurde die Rohproteingehaltsbestimmung bei den genannten Getreidearten, dem Untersuchungszweck angepaßt, an unterschiedlichem Kornmaterial durchgeführt. Während sie bei der Sommergerste und dem gesamten Winterweizen außer 'Mironovskaja 808' an besatzfreien Erntemustern gemäß TGL 22292 erfolgte, wurden beim 'Mironovskaja 808' und bei der Wintergerste nach dem zur Anwendung empfohlenen Standard TGL 27427 aus einer Feldbemusterung stammende besatzfreie Kornproben verwendet. Hinsichtlich dieser 'Mironovskaja 808'-Proben ist zu bemerken, daß sich dieser Weizen nach den gemäß TGL 6006 ermittelten Kornfeuchtigkeitswerten, die ganz selten 17% überschritten, bei der Feldbemusterung auch bereits in der Vollreife befand.
Da bei der Wintergerste andere Erprobungsfragen im Vordergrund der 1973 durchgeführten Rohproteinbemusterung standen und sich bei der Sommergerste keine Besonderheiten ergaben, beschränkt sich die weitere Darlegung der Ergebnisse auf den Winterweizen. Besonders durch die Untersuchungen von Kratzsch und Beese (1973), Zabel und Beese (1973) sowie Ebert (1973) ist die unterschiedliche Einstufung der Vertreter des derzeit zugelassenen Winterweizensortimentes hinsichtlich ihres mittleren Rohproteinbildungsvermögens recht gut bekannt. Die Überlegenheit der sowjetischen Intensivsorte 'Kavkaz' gegenüber 'Mironovskaja 808' und noch mehr gegenüber der Sorte 'Fakir' spiegelt sich auch in den Ergebnissen des Weizenanbaues der 1973 untersuchten KAP wider (Tab. 2). Der gegenüber 'Fakir' um 1,9% höhere mittlere Rohproteingehalt des 'Kavkaz' ist sehr hoch signifikant ($GD_{\alpha 0,1\%} = 1,54\%$), wobei zu diesem Vergleich nur die Werte von Proben der Schläge oder Schlagteile mit

Tabelle 2

Mittlerer Kornrohproteingehalt der Winterweizensorten einer KAP bei annähernd gleicher N-Düngung (60–70 kg N/ha, ohne 2. N-Gabe)

Sorte	n	Rohprotein in %	s %
Mironovskaja 808	30	13,8	7,57
Mironovskaja jubil.	1	15,7	–
Kavkaz	15	15,5	4,13
Fakir	7	13,6	9,26
Saladin	3	12,7	–

annähernd gleicher Stickstoffdüngung, d.h. von 60–70 kg/ha in einer Gabe zu Vegetationsbeginn, herangezogen wurden. Dieses Prinzip gilt auch für die Darstellung weiterer Ergebnisse. Wie aus den Variationskoeffizienten für den Rohproteingehalt hervorgeht, war die Sorte 'Kavkaz' in der Eiweißbildung auch am stabilsten.

Während im praktischen Winterweizenanbau der 1973 untersuchten KAP bezüglich des Rohproteingehaltes im Erntegut die Sorte von großem Einfluß war, konnte das für die Vorfrüchte Kartoffeln und Zuckerrüben nur in wesentlich geringerem Maße ermittelt werden, was am Beispiel von 'Mironovskaja 808', der nur vereinzelt nach anderen Vorfrüchten stand, dargestellt wird (Tab. 3).

Tabelle 3

Mittlerer Kornrohproteingehalt von 'Mironovskaja 808' nach den Vorfrüchten Kartoffeln und Zuckerrüben in einer KAP bei annähernd gleicher N-Düngung (60–75 kg N/ha, ohne 2. N-Gabe)

Vorfrucht	Rohprotein in %	
Kartoffeln	14,2	
Zuckerrüben	13,6	$GD_{\alpha 5\%} = 1{,}40\%$

Tabelle 4

Mittlerer Kornrohproteingehalt von 'Fakir' in einer KAP mit und ohne 2. N-Gabe

N-Düngung	Rohprotein in %	
mit 2. N-Gabe	14,4	
ohne 2. NGabe	13,6	$GD_{\alpha 5\%} = 1{,}45\%$

Im Durchschnitt war der Einfluß der Vorfrüchte auf den Rohproteingehalt von 'Mironovskaja 808' recht gering, wobei das um 0,6% höhere Mittel nach Kartoffeln ohne Signifikanz blieb.

Nur bei 'Fakir' wurde in der KAP im Jahre 1973 bei einer Reihe von Schlägen eine zweite Stickstoffgabe verabreicht. Sie erbrachte in der Gegenüberstellung mit Schlägen ohne Zweitgabe bei ansonsten vergleichbaren Bedingungen einen höheren mittleren Rohproteingehalt. Die Differenz von 0,8% war ohne Signifikanz (Tab. 4).

In der 1968 gebildeten KAP wird das Ackerland in mehreren Fruchtfolgen bewirtschaftet, die mit großen Buchstaben gekennzeichnet sind. Die Fruchtfolgen entsprechen etwa den Territorien der vorher getrennt wirtschaftenden LPG und VEG. Daß Standorteinflüsse auf die Rohproteinbildung im Getreide wirken, hat erst neuerdings wiederum KOBOLD (1973) nicht ausgeschlossen. FISCHBECK und REINER (1969) äußerten außerdem bezüglich des Weizens die Vermutung, daß auch langjährige Bewirtschaftungseinflüsse des Ackerlandes in territorial relativ engem Raum auf die Rohproteinbildung wirken können. Um solche Einflüsse muß es sich offenbar bei unseren Feststellungen handeln, wonach in einzelnen Fruchtfolgen der untersuchten KAP beim Weizen 1973 im Mittel sehr deutlich geringere Rohproteingehaltswerte gefunden wurden (Tab. 5).

Tabelle 5

Mittlerer Kornrohproteingehalt des Winterweizens auf verschiedenen Standorten einer KAP bei annähernd gleicher N-Düngung (60–75 kg/ha, ohne 2. Gabe)

Sorte	Rohproteingehalt in % O-, B- u. N-Schläge	Übrige Schläge	$GD_{\alpha 0,1\%}$
Mironovskaja 808	12,8	14,3	0,48%
Alle Sorten	13,2	14,6	0,35%

Bei dem Vergleich des mittleren Kornrohproteingehaltes nur einer Sorte, nämlich 'Mironovskaja 808', von einer bestimmten Gruppe von Schlägen (O-, B- und N-Schläge) mit dem Mittel aller übrigen Schläge ergab sich für 1973 eine sehr hoch signifikante Differenz von 1,5%, die trotz der Verschiedenheit der Probengewinnung auch bei Einbeziehung aller Sorten in den Vergleich in Erscheinung trat, womit in dieser deutlichen Art und Weise nicht gerechnet worden war. Hierin ist sicherlich der Hinweis enthalten, solchen Ursachen der Unterschiedlichkeit des Rohproteingehaltes im Weizenkorn zukünftig mehr Beachtung zu schenken.

Da aus dem Vorjahr – durch eine andere Institution untersucht – bereits eine Reihe von Rohproteingehaltswerten des Korns der Winterweizensorte 'Mironovskaja 808' aus der gleichen KAP vorlag, ergab die Gegenüberstellung des Mittels dieser Werte des Jahres 1972 (16,1%) – unter Berücksichtigung des zum Standorteinfluß Dargelegten bei annähernd gleicher Stickstoffdüngung – mit dem Mittel von 1973 (14,7%), daß 1972 offensichtlich günstigere Bedingungen für die Rohproteinbildung vorhanden waren.

Als Ergänzung zu diesen begonnenen Untersuchungen über die Rohproteinbildung im Getreidekorn in einer KAP auf Standort Lö 3 erscheint uns noch die Beobachtung bemerkenswert, wonach eine Beeinflussung der Kornproteinbildung beim Winterweizen vermutlich dem unterschiedlichen Auftreten einer pilzlichen Krankheit zuzuschreiben ist.

Während sich in Feldversuchen leicht erreichen läßt, das gesamte Sortiment einer Getreideart unter relativ gleichartigen Bedingungen gegenüberzustellen, gelingt es unter den Bedingungen industriemäßiger Praxis relativ selten, diesen Forderungen zu entsprechen. 1973 boten sich diese Voraussetzungen auf 2 Lö 1-Standorten. Hier konnten, wenn auch ohne Wiederholung, Ernteflächen von 4,96 bis 5,32 ha respektive 1,96 bis 2,76 ha mit Winterweizen angebaut werden und dabei wesentliche Forderungen nach relativer Einheitlichkeit der Bedingungen eingehalten werden, da alle Sorten jeweils auf einem Schlag aufwuchsen, und zwar unter den in Tab. 6 dargestellten Produktionsbedingungen.
Beide Flächen wurden gleichermaßen von starker Trockenheit vornehmlich im Juni/Juli beeinflußt. Für diese Betriebsgroßvergleiche war die zugelassene Sorte 'Pluto' gegen die sehr aussichtsreiche sowjetische Intensivsorte 'Mironovskaja jubilejnaja' ausgetauscht worden. Diese Sorte wie auch 'Mironovskaja 808' und 'Fakir' erhielten die erforderlichen 3–4 l/ha „bercema-CCC".

Tabelle 6

Produktionsbedingungen der Winterweizen-Sortenvergleiche 1973

	Standort 1	Standort 2
Natürliche Standorteinheit	Lö 1	Lö 1
AZ	92	84
Vor-Vorfrucht	Körnermais + Hafer*	Zuckerrüben
Vorfrucht	$^3/_4$ Kartoffeln + $^1/_4$ Grünmais*	Sommergerste
N-Düngung, gesamt	129 kg/ha	160 kg/ha
davon 1. Gabe	92 kg/ha	100 kg/ha
davon 2. Gabe (Feekes 8)	37 kg/ha	60 kg/ha

* bei allen Sorten gleich

Tabelle 7

Rohproteingehalt der besatzfreien Korntrockenmasse im Winterweizen-Sortenvergleich auf 2 Lö 1-Standorten, 1973

Sorte	Rohproteingehalt in %		
	Standort 1	Standort 2	Durchschnitt
Kavkaz	13,4	14,9	14,2
Avrora	13,9	14,8	14,3
Mironovskaja 808	14,4	15,2	14,8
Mironovskaja jubilejnaja	14,5	15,0	14,7
Fakir	13,9	17,3	15,6
Saladin	13,5	13,7	13,6
Winnetou	15,4	16,4	15,9
Durchschnitt	14,3	15,3	

Wie die Gegenüberstellung der an Erntemustern ermittelten Werte für den Rohproteingehalt ergibt (Tab. 7), hat auf dem Standort 2 die höhere Gesamt- und Zweitstickstoffgabe einen sowohl bei den einzelnen Sorten als auch im Mittel höheren Rohproteingehalt bewirkt. Auf diesem Standort lagen auch die Kornerträge beträchtlich niedriger.

Wie der Tab. 7 zu entnehmen ist, konnte auf keinem der beiden Lö 1-Standorte, aber auch nicht im Durchschnitt beider Werte der sonst im allgemeinen gegenüber 'Mironovskaja 808' noch bessere Rohproteingehalt von 'Kavkaz', den wir auch in der KAP auf Lö 3-Standort vollauf bestätigt fanden, 1973 ermittelt werden. Das Gleiche gilt für 'Avrora'. Der im allgemeinen niedrigere Rohproteingehalt im Korn von 'Saladin' und 'Fakir' wird durchgehend nur bei 'Saladin' bestätigt, während 'Fakir' ein standortlich abweichendes Verhalten zeigte und 'Winnetou' die erwarteten Werte brachte.

Für das in diesem Falle hinsichtlich des Rohproteingehaltes vom Normalen abweichende Verhalten, vornehmlich der Sorten 'Kavkaz' und 'Avrora', ist vermutlich die auch in Verbindung mit der Stickstoffdüngung zu sehende, sehr spezifische Reaktion der einzelnen Sorten auf den standortlich unterschiedlichen Befallsdruck mit Mehltau (Tab. 8) verantwortlich zu machen.

Tabelle 8

Mehltaubefall zur Blüte in Winterweizensortenvergleichen (1973) auf 2 Lö 1-Standorten (Noten: 9–1)

	Mehltaubefall Standort 1	Standort 2	$\bar{x}$
Kavkaz	5	2	3,5
Avrora	3	2	2,5
Mironovskaja 808	8	6	7,0
Mironovskaja jubilejnaja	7	5	6,0
Fakir	9	9	9,0
Saladin	6	6	6,0
Winnetou	8	7	7,5
Durchschnitt	6,7	5,3	

Störungen der Kornrohproteinbildung beim Weizen durch pilzliche Krankheiten werden von SEIBERTH und FISCHBECK (1969) nicht ausgeschlossen, und auf den Zusammenhang des Mehltaubefalles mit der Stickstoffdüngung wird auch von FOCKE (1973) neuerlich verwiesen.

'Kavkaz' und 'Avrora' waren standortlich zwar verschieden stark, aber im Sortiment doch deutlich am meisten (und frühesten) vom Mehltau beeinflußt worden, so daß sich daraus eine zwanglose Erklärung für die vom normalen

abweichenden Rohproteingehaltswerte finden läßt, zumal andererseits die bisher gegenüber Mehltau resistenteste Sorte 'Fakir', welche diese positive Eigenschaft auch im vorliegenden Falle bewies, die sehr gute Versorgung mit Stickstoff auf dem Standort 2 zur Bildung des höchsten Rohproteingehaltes nutzen konnte. Sie blieb dadurch mit der rund 30 kg/ha niedrigeren Stickstoffdüngung auf dem Standort 1 im Rahmen des normalen Rohproteingehaltes und erreichte im Durchschnitt den zweithöchsten Wert.
Zusammengefaßt bestätigen unsere erst einjährigen, unter industriemäßigen Bedingungen begonnenen Untersuchungen in der Tendenz im wesentlichen die aus Feldversuchen bekannten Einflüsse bestimmter Faktoren auf die Rohproteinbildung von Getreide. In ihnen ist aber auch der Hinweis enthalten, Beeinflussungen anderer Art, wie zum Beispiel den Unterschieden in der langjährigen Bewirtschaftungsweise des Ackerlandes und dem Einwirken pilzlicher Krankheiten, zukünftig mehr Beachtung zu schenken.

Zusammenfassung

Der Proteingehalt des Getreides gewinnt für die Tierfütterung zunehmend an Bedeutung. Über seine Beeinflußbarkeit – insbesondere im Zusammenhang mit der Gestaltung der N-Düngung – liegen grundlegende Erkenntnisse aus Feldversuchen vor, deren Anwendbarkeit im praktischen Getreidebau das Ziel der vorliegenden Untersuchungen war. In einer kooperativen Abteilung Pflanzenproduktion (KAP) des Standortes Lö 3 wurden die Erkenntnisse der Forschung zu dieser Problematik, auf das Produktionsverfahren industriemäßiger Getreideproduktion übertragen, mit den Getreidearten Wintergerste, Winterweizen und Sommergerste erprobt. Ergänzt durch entsprechende Ermittlungen an zwei weiteren Lö 1-Standorten bestätigen die einjährigen Untersuchungen im wesentlichen in der Tendenz die aus Feldversuchen bekannten Einflüsse, die bestimmte Faktoren (Düngung, Sorte, Vorfrucht u.a.) auf den Proteingehalt von Getreide ausüben. Den Untersuchungen ist weiter zu entnehmen, daß Beeinflussungen anderer Art, wie z.B. den Unterschieden in der langjährigen Bewirtschaftungsweise des Ackerlandes und dem Einwirken pilzlicher Krankheiten, zukünftig mehr Beachtung zu schenken ist.

Резюме

Название работы: Содержание протеина в зерновых культурах в зависимости от агротехнических и экологических факторов

В кормлении животных содержание протеина в зерновых культурах приобретает всё больше значения. О возможности воздействовать на него, в частности азотным удобрением, имеются важные сведения из полевых опытов. Применяемость этих данных в зерновом производстве рассматривается в предлагаемой работе. Межкооперативное отделение растениеводства применяло и изучало на лёссовой почве (Lö 3) достижения науки по данному вопросу при производстве озимого ячменя, озимой пшеницы и ярового ячменя промышленными методами. Результаты однолетних испытаний, дополненные результатами исследований в двух других местах лёссовых почв (Lö 1) в основном подтверждают известное уже из полевых опытов влияние определенных факторов (удобрение, сорт, предшествующая культура и т.п.) на содержание протеина в зерновых культурах. Из результатов исследований кроме того вытекает необходимость уделять в будущем больше внимания влияниям другого порядка, как например различиям по способу долголетнего хозяйственного использования пашни и воздействию грибных заболеваний.

Summary

Title of the paper: The grain protein content as affected by cropping technology and ecological factors

The grain protein content is becoming more and more important for animal feeding. Field experiments have provided fundamental findings regarding the possibility of influencing the grain protein content, especially in connection with the organization of nitrogen fertilization. The author investigated the applicability of these findings to commercial grain growing. In an inter-farm co-operative division for crop production (KAP) on a Lö 3 site, the results of research work on these problems were applied to the technology for factory-like grain production and tested with winter barley, winter wheat and spring barley. Supplemented by respective studies on another two Lö 1 sites, the one-year investigations in the main confirmed the trend in which certain factors (fertilization, variety, preceding crop etc.) would influence the grain protein content as known from the field experiments. Furthermore it becomes obvious that in the future more attention should be paid to other factors, such as differences in long-term field husbandry and the effect of fungal diseases.

Literatur

Ebert, D.: Der „Miro“ hat neue Geschwister. Bauernecho, 7. 11. 1973

Fischbeck, G.; Reiner, L.: Standortdifferenzierungen im Proteingehalt des deutschen Weizens. Z. Acker- u. Pflanzenbau 129 (1969), S. 224–246

Focke, I.: Einige Getreidekrankheiten in der DDR unter dem Aspekt des Anbaues von neuen Intensivweizensorten. Getreidewirtsch. (1973) 8, S. 175–177

Kobold, F.: Untersuchungen zum Getreideanbau in unterschiedlichen Höhenlagen (I). Getreidewirtsch. (1973) 9, S. 197–198

KRATZSCH, G.; BEESE, G.: Neue Getreidesorten und ihre Anbautechnik. Getreidewirtsch. (1973) 5/6, S. 118–120

SEIBERTH, W.; FISCHBECK, G.: Untersuchungen über die Möglichkeit einer frühzeitigen Voraussage des Korneiweißgehaltes des Weizens. Z. Acker- u. Pflanzenbau 129 (1969), S. 325–330

ZABEL, S.; BEESE, G.: Gebrauchswerteigenschaften der in der DDR zugelassenen Winterweizensorten. Getreidewirtsch. (1973) 8, S. 183–188

Anschrift des Verfassers:

Dr. habil. HANS-GEORG ZIMMERMANN
Institut für Getreidewirtschaft – Bereich Magdeburg –
33 Schönebeck, Burgwall

Tag.-Ber., Akad. Landwirtsch.-Wiss. DDR, Berlin (1975) 135, S. 137–143

Forschungszentrum für Tierproduktion Dummerstorf-Rostock
— Bereich Tierernährung —
der Akademie der Landwirtschaftswissenschaften der DDR

HANS-DIETRICH BOCK, WALTER KRACHT und JOACHIM WÜNSCHE

Zur Bedeutung der Futtergetreidearten als Eiweiß- und Energieträger in der Mastschweinefütterung

Die bedeutenden ernährungsphysiologischen und nährstoffökonomischen Potenzen, die sich aus der Züchtung protein- und lysinreicher Futtergetreidearten und -sorten ergeben, wurden auf einigen der vorangegangenen Vortragstagungen des Instituts für Getreideforschung Bernburg-Hadmersleben in Auswertung umfangreicher Untersuchungen dargestellt (BOCK u.a., 1970, 1972, 1973).
Von KRACHT (1970) und von KRAMP (1970) in sozialistischen Landwirtschaftsbetrieben der Bezirke Magdeburg und Rostock geleitete Schweinemastversuche, bei denen Getreide und Getreidenachprodukte als fast ausschließliche Protein- und Energieträger der Rationen eingesetzt wurden, zeigen die günstigen Möglichkeiten, die bereits die gegenwärtig in der DDR zur Verfügung stehenden Getreidearten zur Einsparung schwer beschaffbarer Eiweißfuttermittel, wie Fischmehl und Sojaextraktionsschrot, bieten (s. Tab. 1).
Besonders in der Endmast der Schweine besteht danach die Chance, mit ausschließlich aus Getreidearten zusammengesetzten Rationen unter praktischen Fütterungsbedingungen zu befriedigenden Leistungen zu gelangen.
Aus dem Forschungskollektiv POPPE konnte HACKL (1971) in umfangreichen Untersuchungen an Mastschweinen im Lebendmasseabschnitt von 50···115 kg nachweisen, daß mit bedarfsgerecht durch L-Lysin ergänzten Wintergerste- und Winterweizenrationen – unter Zusatz einer Mineral- und Wirkstoffmischung entsprechend den staatlichen Rezepturen – gute Mast- und Schlachtleistungen zu erzielen sind (s. Tab. 2).
Der außerordentlich breit angelegte Praxistest von HENNIG und seinen Mitarbeitern (1973) in 13 LPG und VEG an insgesamt 26275 Mastschweinen, 245 Zuchtsauen und 96 Ferkeln erbrachte wohl den überzeugendsten Nachweis, daß mit L-Lysin ergänzten Wintergerste- und Winterweizenrationen in der Ferkelaufzucht ab 13 kg Lebendmasse in der Schweinefleischproduktion (Mast) sowie in der Reproduktion (Zuchtsauenfütterung) gute Leistungen erreichbar sind.
Neben handelspolitischen und außenhandelsökonomischen Vorteilen, die ein fast ausschließlicher Einsatz von Futtergetreide in Futterrationen für Mastschweine bietet, müssen auch die bedeutenden lagerwirtschaftlichen Rationali-

sierungsmaßnahmen bedacht werden, die ein steigender Anteil von proteinreichen Getreidearten nach sich zieht. Bei einigen Leistungskategorien der Schweineproduktion wird es damit möglich, dem Tierproduktionsbetrieb außer dem Futtergetreide nur noch eine in einem Mischfutterwerk hergestellte Mineral- und Wirkstoffmischung zu liefern.

Tabelle 1

Ergebnisse praktischer Schweinemastversuche mit Getreide und Getreideprodukten als alleinigen Protein- und Energieträgern der Rationen (Kracht, 1970; Kramp, 1970)

Rationskomponenten	Rationszusammensetzung (Angaben in g/kg)	
Weizen	–	200
Gerste	387,5	435
Mais	387,5	–
Roggen	–	100
Weizenfuttermehl	150	–
Weizenkleie	–	140
Trockengrüngut	50	–
Zuckerrübenschnitzel	–	100
Mineral- und Wirkstoffmischung	25	25
Leistungen		
Lebendmasseabschnitt in kg	35–110	47–111
$\bar{x}$ tägliche Zunahme in g	572	581
Futteraufwand in kg/kg Zuwachs	4,3	4,5

Tabelle 2

In Versuchen an Schweinen (50–110 kg Lebendmasse) erzielte mittlere Mast- und Schlachtleistungen nach Verfütterung lysin-, wirk- und mineralstoffergänzter Wintergerste- und Winterweizenrationen (Hackl, 1971)

	Wintergerste-rationen	Winterweizen-rationen
Mittlere Aufnahme an kEFs	1,76	1,85
Mittlere tägliche Zunahme in g	747	792
Mittlerer Aufwand an kEFs/kg Zunahme	2,34	2,35
Anteil an wertvollen Fleischteilen in % der Hälftenmasse	47,7	44,9
Anteil der Fettauflage in % der Hälftenmasse	21,7	24,5
Durchschnittliche Speckstärke in cm	3,7	4,4
Koteletttfläche in cm²	32,8	30,7

Derartige Fütterungsregimes in der Schweinefleischproduktion ziehen Konsequenzen in Hinsicht auf die zu planende Mischfutterorganisation der DDR nach sich.
Länger zurückliegende ausländische Grundlagenuntersuchungen an Schweinen ließen erkennen, daß eine zeitlich getrennte Verabfolgung von Eiweißträgern und proteinärmeren Rationsbestandteilen (vor allem Getreide) unter bestimmten Bedingungen möglich ist.
In Praxisversuchen an Mastschweinen wurden nach dem Prinzip einer diskontinuierlichen Verabreichung der proteinreichen Konzentrate zwischen den Getreide- und Proteinkonzentrat-Mahlzeiten unterschiedliche, sich bis zu 72 Stunden ausdehnende Zeitintervalle getestet. Dabei wurden die proteinreichen Konzentrate (bestehend aus Eiweißfuttermitteln, Mineral- und Vitaminmischungen mit bzw. ohne Getreide) in zeitlichen Abständen von ein, zwei oder drei Tagen (Varianten 1, 2 und 3) eingesetzt. Die zwischenzeitlichen Mahlzeiten bestanden ausschließlich aus Futtergetreide.
Die Erprobung dieses Verfahrens der diskontinuierlichen Zuteilung proteinreicher Konzentrate erfolgte in 16 Schweinemastversuchen mit über 3000 Tieren unter Praxisbedingungen im VEG Schwaneberg, in der LPG „Alte Salze", Schönebeck, und in der LPG „Karl Marx", Jütrichau (Kr. Zerbst) sowie in zwei kombinierten Mast- und N-Bilanzversuchen an 48 Schweinen im Bereich Tierernährung des Forschungszentrums.
Die jeweiligen Mastperioden erstreckten sich von 30–110 kg Lebendmasse in den genannten 3 Varianten des diskontinuierlichen Einsatzes proteinreicher Konzentrate im Vergleich zur Verabfolgung von Schweinemastfutter nach der staatlichen Rezeptur (Kontrollgruppe).

Die Ergebnisse der umfangreichen Versuche, in denen Wintergerste als Getreideart eingesetzt wurde, sind in zusammengefaßter Darstellung in Tab. 3 wiedergegeben.

Bei Anwendung der Fütterungsvarianten 1 und 2 ließen sich in keinem der 11 Versuche signifikante Unterschiede in den mittleren täglichen Zunahmen und im Futteraufwand je kg Zuwachs zwischen den Tieren der Versuchs- und Kontrollgruppen feststellen. Dabei ist zu betonen, daß die täglichen Zunahmen der Tiere aller Gruppen bei Anwendung dieser beiden Fütterungsvarianten ausnahmslos sehr hoch lagen ($\geqq$700 g). Auch im Futteraufwand waren die Ergebnisse aller Versuchs- und Kontrollgruppen sehr gut ($\leqq$4 kg/kg Zumast).

Bei Anwendung der Fütterungsvariante 3 lagen die Zunahmen nur in drei von insgesamt 11 Versuchen signifikant niedriger als die der Tiere der Kontrollgruppen. Hier betrugen die niedrigsten mittleren täglichen Zunahmen ebenfalls mehr als 700 g. Derartige Zuwachsergebnisse müssen als für Praxisbedingungen sehr gut bezeichnet werden.
Bei der Überprüfung der Schlachtkörperqualität von stichprobenartig aus mehreren Versuchen ausgewählten Mastschweinen (insgesamt 278 Tiere) zeigten sich bei Anwendung der Methode für Mastprüfanstalten in den Kennzahlen der

Schlachtkörperqualität keine Unterschiede zwischen den Tieren der Versuchs- und der Kontrollgruppen. Neuere Versuche bei Einsatz von Winterweizen an Stelle von Wintergerste haben die o.g. Ergebnisse prinzipiell bestätigt.

Tabelle 3

Zusammengefaßte Ergebnisse der Versuche zur diskontinuierlichen Verabreichung proteinreicher Konzentrate (PRK) in der Schweinemast nach verschiedenen Fütterungsvarianten (30–110 kg Lebendmasse)

Fütterungsvariante	Zahl der Versuche	Anzahl der Tiere	mittlere tägliche Zunahme in g		Futteraufwand in kg/kg Zumast	
			K	V	K	V
1	11	860	764 ± 49	784 ± 43	3,81 ± 0,16	3,71 ± 0,17
2	11	812	776 ± 55	771 ± 47	3,71 ± 0,22	3,72 ± 0,19
3	11	812	776 ± 55	746 ± 45	3,71 ± 0,22	3,82 ± 0,20

Fütterungsvariante 1: Verabreichung der PRK in 1tägigem Abstand
Fütterungsvariante 2: Verabreichung der PRK in 2tägigem Abstand
Fütterungsvariante 3: Verabreichung der PRK in 3tägigem Abstand

K = Kontrollgruppen, (Schweinemastfutter I u. II)
V = Versuchsgruppen (Varianten 1–3)

Auch bei den zwei kombinierten Schweinemast- und N-Bilanzversuchen, die nach Fütterungsvariante 1 durchgeführt wurden, ergaben sich im Hinblick auf Stickstoffbilanz, Lebendmassezunahmen und Verdaulichkeitswerte keine Differenzen zwischen den Tieren der Versuchs- und der Kontrollgruppen. Bei einem dieser Versuche enthielt das proteinreiche Konzentrat 4% Rapsextraktionsschrot. Diese Ergebnisse bestätigen und erhärten die Befunde der praktischen Schweinemastversuche.

Das dargestellte Fütterungsverfahren bietet die Möglichkeit, die in der Mischfutterindustrie zu vermischenden Getreidemengen in Abhängigkeit vom Fütterungsregime (Variante 1 oder 2) wesentlich zu reduzieren. Bei vorzugsweiser Herstellung von Fertig- bzw. Alleinfutter durch die Mischfutterindustrie wird deren erforderliche Durchsatzleistung weitgehend durch den Getreideanteil, der meist 75 bis 85% der Ration beträgt, bestimmt.

Außer einer Einsparung der Prozeßstufen Dosierung und Mischung im Mischfutterwerk ergeben sich Möglichkeiten für eine Rationalisierung des Futtergetreidetransportes, da das Getreide direkt vom Produzenten über das Lager zu den Stätten der Tierproduktion gelangen kann.

Die Anwendung dieses Fütterungsverfahrens in der Schweinemast hat gezeigt, daß die Tiere bei Verabreichung hoher Futtergetreideanteile in der Ration als Protein- und Energieträger größere Veränderungen in der Dosierung von Eiweißfuttermitteln sowie von Mineral- und Wirkstoffvormischungen zu tolerieren vermögen.

Diese Erkenntnis ist im Hinblick auf die Gestaltung der Fütterungsregimes in den industriellen Schweinemastanlagen außerordentlich wichtig, weil daraus die Möglichkeit resultiert, für die Mastschweinefütterung nur industriell hergestellte Vormischungen, bestehend aus Mineral- und Wirkstoffen, falls notwendig, supplementiert mit L-Lysin und/oder Eiweißfutter zur Verfügung zu stellen. Das lokal gelagerte Futtergetreide kann dann in der Mastanlage mit Hilfe einfacher Misch- und Futterzuteilungsaggregate mit der Vormischung vermischt an die Tiere verabfolgt werden. Das würde bereits in absehbarer Zeit eine rationellere Nutzung der derzeitig noch begrenzten industriellen Mischfutterkapazität gestatten.
Mit diesem Beitrag sollten weitere volkswirtschaftliche Auswirkungen der Züchtung protein- und lysinreichen Getreides vorgestellt werden.

Zusammenfassung

Aus den Ergebnissen von Fütterungsversuchen geht die große Bedeutung der Bereitstellung protein- und lysinreichen Getreides für die Mastschweineproduktion hervor. Besonders in der Endmast der Schweine besteht die Möglichkeit, mit ausschließlich aus Getreide zusammengesetzten Rationen unter praktischen Fütterungsbedingungen befriedigende Leistungen zu erzielen, wobei nur schwer beschaffbare Eiweißfuttermittel, wie Fischmehl und Sojaextraktionsschrot, eingespart werden können. Aus den Versuchen zur diskontinuierlichen Verabreichung proteinreicher Konzentrate in der Schweinemast geht hervor, daß es möglich ist, die in der Mischfutterindustrie zu verarbeitenden Getreidemengen zu reduzieren, so daß die vorhandene Mischfutterkapazität wesentlich rationeller genutzt werden kann. Für die modernen Schweinemastanlagen könnte sich der Mischfutteranteil auf eine Vormischung (bestehend aus Mineralstoffen, Vitaminen, evtl. synthetischem Lysin bzw. notwendigem Eiweißfutteranteil) reduzieren, die in Misch- und Futterzuteilungsaggregaten mit dem an der Anlage gelagerten Getreide vor der Verabfolgung vermengt wird.

Резюме

Название работы: Значение зернофуражных культур как поставщиков белка и энергии в откорме свиней

Результаты опытов по кормлению свидетельствуют о большом значении богатого протеином и лизином зерна в откорме свиней. Особенно в конечной фазе откорма дана возможность скармливанием рационов исключительно из зерна добиться в производственных условиях кормления удовлетворительных привесов и сэкономить дефицитные белковые корма, как рыбную муку и соевый шрот. Результаты опытов по несистематическому скармливанию богатых протеином концентратов в откорме свиней показывают, что количество перерабатываемого комбикормовой промышленностью зерна можно понизить и этим более рационально использовать имеющиеся комбикормовые ресурсы. В современных откормочных комплексах допустимо сокращение доли комбикорма за счет применения премиксов (из минеральных веществ, витаминов, синтетического лизина или необходимой доли белкового корма), размешиваемых перед кормлением в смесителях и кормораздатчиках с хранимым в комплексе зерном.

Summary

Title of the paper: The importance of feed grain species as protein and energy carriers in pig fattening

Feeding experiments have revealed the great importance of high-protein and high-lysine cereals in pig fattening. Under practical conditions of feeding, pigs can be satisfactorily finished on cereal mono-diets. Thus expensive protein feedstuffs such as fish meal and soybeanoil meal can be saved. Experiments on discontinuous feeding of protein concentrates in pig fattening show that it is possible to reduce the grain quantities to be processed by the mixed feed industry so that the existing feed mixing capacity can be much more economically utilized. For modern pig fattening units the mixed feed share might be reduced to a premix (consisting of minerals, vitamines, possibly synthetic lysine or the necessary share of protein feed) that is mixed, just before feeding, with the grains stored in that unit by the aid of the unit's feed mixing and rationing equipment.

Literatur

Bock, H.-D.: Probleme der Getreidezüchtung und ihre Tierernährungsaspekte. Vortrag, Magdeburg, 18. 2. 1970, unveröff.

Bock, H.-D.; Wünsche, J.; Kreienbring, F.; Herrmann, U.: Einige Aspekte zur züchterischen Verbesserung der Proteinzusammensetzung von Futtergetreide aus der Sicht der Eiweißforschung. Tag.-Ber., Akad. Landwirtsch.-Wiss. DDR, Berlin (1972) 119, S. 113–119

Bock, H.-D.; Wünsche, J.; Kreienbring, F.; Schadereit, R.; Herrmann, U.; Borchmann, E.: Ergebnisse von Gemeinschaftsuntersuchungen über die Proteinqualität einiger Getreidearten unter besonderer Berücksichtigung von Züchtung und N-Düngung. Tag.-Ber., Akad. Landwirtsch.-Wiss. DDR, Berlin (1974) 127, S. 187–197

Hackl, W.: Rostock, Univ., Sektion Tierproduktion, Diss. 1971

Hennig, A.; Gruhn, K.; Schüler, D.; Bodenstein, K.-H.; Richter, G.: Erfahrungen über die Ergänzung von Futterrationen mit der Aminosäure Lysin. Tag.-Ber., Akad. Landwirtsch.-Wiss. DDR, Berlin (1973) 124, S. 143–151

KRACHT, W.: Forschungsbericht 1970
KRAMP, J.: Bericht zur Jahrestagung der SAG „Mischfutter Bezirk Rostock". 1970

Anschrift der Verfasser:
Dr. agr. habil. HANS-DIETRICH BOCK,
Dr. agr. WALTER KRACHT, Dr. agr. JOACHIM WÜNSCHE
Forschungszentrum für Tierproduktion
Dummerstorf-Rostock – Bereich Tierernährung –
der Akademie der Landwirtschaftswissenschaften der DDR
25 Rostock, Justus-von-Liebig-Straße 1

Tag.-Ber., Akad. Landwirtsch.-Wiss. DDR, Berlin (1975) 135, S. 145–150

Institut für Getreideforschung Bernburg-Hadmersleben
der Akademie der Landwirtschaftswissenschaften der DDR

Peter Mühle

Zur Wirkung agrotechnischer Maßnahmen im Körnermaisanbau

Die Anbaufläche von Hybridmais, der im Binnentiefland unserer Republik körnerreif wird, hat sich seit 1970 verfünffacht; sie erreichte im vergangenen Jahr 27000 Hektar.

Da in der DDR gewonnene Resultate zur Intensivierbarkeit des Anbaues dieser Maissorten unter dem Aspekt der Körnernutzung nur in relativ geringem Umfang vorlagen, wurden von 1970 bis 1972 in Komplexfeldversuchen, unter anderem auf Schwarzerde in Bernburg, die Reaktionen der Hybride 'INRA 200' auf Beregnung sowie Steigerung von Bestandesdichte und N-Düngung geprüft.

Beregnung zur Wasserbedarfsdeckung in der Phase der höchsten Stoffbildungsintensität des Maises war auf dem stark wasserhaltefähigen Boden nur im außergewöhnlich sommertrockenen Jahr 1971 erforderlich. Rund 50 mm Zusatzregen bewirkten einen Kornmehrertrag von durchschnittlich 3,9 dt/ha bzw. 5%.

Über die Ergebnisse der zweijährigen Prüfung ist schon 1972 an dieser Stelle berichtet worden (Mühle, 1973). Das abschließende Versuchsjahr ergab eine Bestätigung der damaligen Aussagen.

Im Mittel der dreijährigen Untersuchungen wurden signifikante Kornertragsveränderungen nur durch die Variation der Bestandesdichte hervorgerufen. Beregnung und N-Steigerung – verabreicht wurden N-Gaben von 80–280 kg/ha – übten praktisch keinen positiven Einfluß aus.

Im folgenden soll über Beobachtungen berichtet werden, die in den genannten Versuchen in bezug auf Lichtverbrauch und Lichtverteilung in unterschiedlich dichten Maisbeständen gemacht wurden.

Wie die Tabelle zeigt, sind durch Erhöhungen der Pflanzenzahl je Flächeneinheit im Bereich von 4 bis 10 Pflanzen/m^2 Ertragssteigerungen ohne wesentliche Beeinträchtigungen der an sich mit einer Zunahme der Bestandesdichte negativ korrelierten Merkmale Reifegrad und Standfestigkeit zu erzielen.

Der Kornertrag steigt vom lockersten zum dichtesten Bestand um 49%. Der Reifegrad bleibt erhalten und die Standfestigkeit der erntereifen Pflanze verschlechtert sich lediglich um eine Note.

Unter den hier geschilderten Bedingungen nicht limitierend wirkender Wasser- und Nährstoffversorgung dürfte die Rate des Ertragsanstiegs bei zunehmender Bestandesdichte im wesentlichen vom Grad der Lichtkonkurrenz zwischen den Einzelpflanzen bestimmt worden sein.
Mais hat einen hohen Lichtbedarf. Während die Mehrzahl der bisher untersuchten Pflanzenarten die größte CO_2-Aufnahme bei Beleuchtungsstärken von 20000 bis 30000 Lux erreicht (Böhnig und Burnside, 1956, zit. nach Nösberger, 1970), ist nach Hesketh und Musgrave (1962, zit. nach Nösberger, 1970) die Lichtsättigung voll funktionsfähiger Maisblätter bei 100000 Lux noch nicht erreicht. Bei reichlicher Wasser- und Nährstoffbereitstellung richtet sich

Kornertrag, Reifegrad und Standfestigkeit des Maises
in Abhängigkeit von der Bestandesdichte
(Versuchsort Bernburg, 1970–1972, Hybride INRA 200; 120 kg N/ha)

Pflanzen/m²	Kornertrag* bei 86% Trockensubstanz dt/ha	rel.	Korn-Trockensubstanzgehalt zur Ernte %	Bonität der Standfestigkeit zur Ernte
4	53,6	**100**	66,7	7,0
6	65,4	122	67,0	6,3
8	74,2	138	66,2	6,0
10	79,8	149	66,1	6,0

* sämtliche Unterschiede signifikant bei P = 5%

daher die für den Kornertrag günstige Maisbestandesdichte insbesondere nach dem für die optimale Ausnutzung der Sonnenstrahlungsenergie erforderlichen Standraum je Einzelpflanze. Kürten (1965) schlägt zwar vor, durch weite Pflanzenabstände den Lichteinfall zu steigern; im gegenwärtigen Körnermaisanbau verstärkt sich indessen der Trend, insbesondere durch Verminderung der Reihenabstände die zum Erreichen von Kornansatz und Reife erforderliche Beleuchtungsstärke einer möglichst hohen Pflanzenzahl pro Flächeneinheit zuzubilligen und damit mangelhafte Energieausnutzung infolge Lichteinfalls auf unbewachsenen Boden zu reduzieren.
In unseren Feldversuchen wurde der Mais mit 70 cm Reihenabstand angebaut, dieser Abstand ist – bedingt durch den gegenwärtig alleinig verfügbaren Maispflückvorsatz ZEA-4 – auch für den Großanbau verbindlich. Der Pflanzenabstand in der Reihe verringerte sich in unseren Versuchen mit steigender Bestandesdichte folglich bis auf 14,3 cm.
Um Informationen darüber zu erlangen, in welcher Weise sich die daraus ergebenden Standraumverhältnisse auf den Lichtkonsum der Einzelpflanze auswirkten, wurden in allen drei Versuchsjahren im Zeitraum maximaler Blatt-

flächenausdehnung – zu Beginn der Kornfüllungsperiode – Messungen der Beleuchtungsstärke über dem Bestand, in halber Bestandeshöhe und am Boden sowohl zwischen den Pflanzen in der Reihe als auch zwischen den Pflanzen nebeneinanderliegender Reihen vorgenommen. Verwendet wurde ein handelsübliches Selenphotoelement, das bei einem Wellenlängenbereich von etwa 300 bis 700 Nanometer (nm) den wichtigsten Strahlungsanteil des sichtbaren Lichtes erfaßte. Die Messungen erfolgten in achtfacher Wiederholung während der Morgenstunden möglichst gleichmäßig heller und windstiller Tage. Die registrierten Beleuchtungsstärken wurden in Relativwerte umgerechnet, um tagesabhängige Helligkeitsunterschiede eliminieren und die Werte vergleichbar gestalten zu können. Einer relativen Beleuchtungsstärke von 100% über den Maispflanzen folgten somit in halber Höhe des Bestandes bzw. unter dem Bestand in und zwischen den Reihen verminderte Relativwerte. Die Lichtreflexion der Blattflächen wurde nicht berücksichtigt.

Zunächst ist anzunehmen, daß mit wachsender Bestandesdichte und damit wachsender Gesamtblattfläche je Bodenflächeneinheit Steigerungen des Lichtkonsums gekoppelt sind. Diese Annahme kann an Hand der Versuchsjahre 1971 und 1972, in denen Blattflächenmessungen durchgeführt worden sind, bestätigt werden. Wie Abb. 1 zeigt, absorbierten die dichtesten Bestände mit dem höchsten Blattflächenindex von 3,4 rund 95% des angebotenen Lichtes.

Über die Lichtverteilung in und zwischen den Reihen unterschiedlich dichter Maisbestände vermag Abb. 2 Aufschluß zu geben. Dabei zeigt sich am Mittel der Meßwerte aus drei Versuchsjahren, daß der Anteil des auf den Boden fallenden Lichtes mit steigender Bestandesdichte abnimmt, wobei zwischen den Meßorten „in der Reihe“ und „zwischen den Reihen“ keine erheblichen Unterschiede bestehen. Hieraus ist abzuleiten, daß auch bei 70 cm Reihenentfernung ein hinreichender Bestandesschluß erzielt wird.

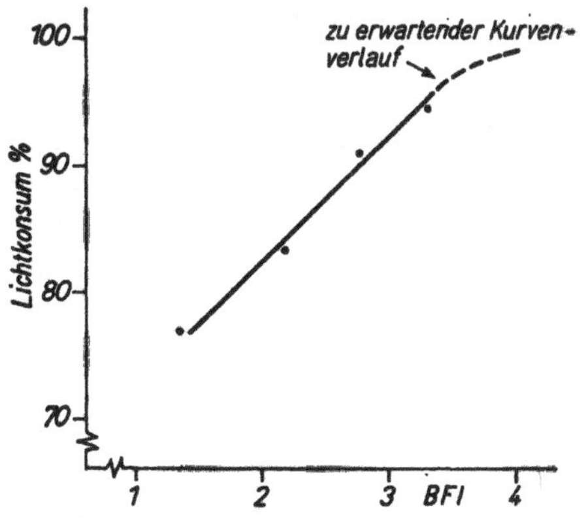

Abb. 1: Prozentualer Lichtkonsum von Maisbeständen in Abhängigkeit vom Blattflächenindex (Durchschnitt der Meßwerte in und zwischen den Reihen); Versuchsort Bernburg, 1971–1972

Interessant erscheint die unter dem Einfluß differenter Bestandesdichten erfolgte Veränderung des Verhältnisses von in halber Bestandeshöhe und am Boden absorbierten Lichtes. Wurden im dünnsten Bestand rund 65% des insgesamt von den Pflanzen aufgefangenen Lichtes von der oberen Blattdachhälfte absorbiert, so waren es im dichtesten Bestand 86%.

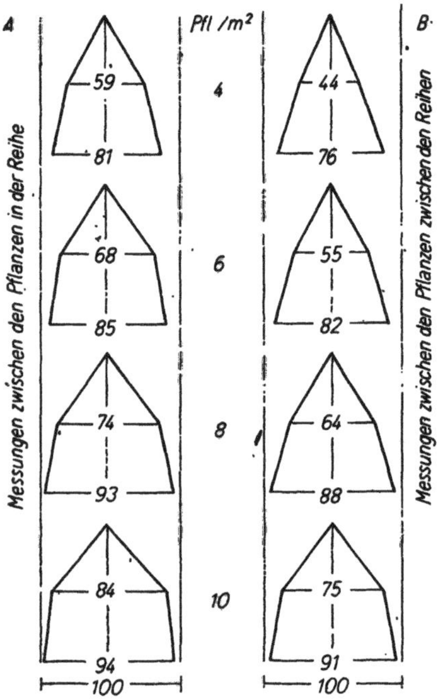

Abb. 2: Prozentualer Lichtkonsum von Maispflanzen in Abhängigkeit von der Bestandesdichte sowie Verteilung der absorbierten Lichtmenge auf die obere und untere Blattdachhälfte; Versuchsort Bernburg, 1970–1972

Diese Beobachtung folgt zu einem gewissen Grade aus dem Aneinanderrücken der Pflanzen allgemein; darüber hinaus korrespondiert sie mit Befunden von LOOMIS et al. (1968), denen zufolge sich bei zunehmendem Populationsdruck der Anteil der oberen Blattdachebenen an der photosynthetisch aktiven Gesamtblattfläche gegenüber dem Anteil der unteren Blattdachebenen vergrößert. Wird ferner in Betracht gezogen, daß nach ebenfalls in Bernburg von FOCKE (1965) durchgeführten Untersuchungen das Kolbenblatt und die darüber inserierten Blätter in besonders hohem Maße an der Kornertragsbildung beteiligt sind, so trägt der Nachweis von Veränderungen der Lichtverteilung auf obere und untere Blattdachhälfte dazu bei, den eingangs mitgeteilten starken Anstieg des Kornertrages im geprüften Bestandesdichtenbereich zu erklären.

Abschließend sei wiederholt: Eine Maisreihenentfernung von 70 cm bietet bei Bestandesdichten von 8 Pflanzen/m² und darüber die Gewähr, daß mehr als

90% des einfallenden Lichtes vom Blätterdach absorbiert und damit photosynthetisch genutzt werden. Die an der Hybride 'INRA 200' bei nicht ertragslimitierend wirkender Wasser- und Nährstoffversorgung nachgewiesene Reaktion auf Zunahmen der Bestandesdichte steht mit Steigerungen des Lichtkonsums und Änderungen der Lichtverteilung im Bestand in engem Zusammenhang.

Zusammenfassung

In dreijährigen (1970–1972) Mais-Feldversuchen bei nicht ertragslimitierend wirkender Wasser- und Nährstoffversorgung reagierte die Hybride 'INRA 200' auf die Steigerung der Bestandesdichte von 40000 auf 100000 Pflanzen/ha mit einer Kornertragserhöhung von 53,6 auf 79,8 dt/ha. Als maßgebliche Ursachen diskutiert werden eine mit zunehmendem Blattflächenindex steigende Lichtabsorption des Bestandes sowie Änderungen des Verhältnisses der von oberer und unterer Blattdachhälfte absorbierten Lichtmenge.

Резюме

Название работы: Об эффективности агротехнических мероприятий при возделывании кукурузы на зерно

В трехлетних полевых опытах (1970—1972 гг.) по возделыванию кукурузы, обеспеченной влажностью и питательными веществами в количестве, не снижающем урожайность, гибрид ,,ИНРА 200'' реагировал на увеличение погектарного числа растений от 40000 до 100000 повышением урожая зерна от 53,6 до 79,8 ц/га. Такой результат автор объясняет повышенным поглощением света посевами в результате возросшего индекса листовой поверхности и изменением соотношения количества света, поглощенного верхней и нижней сторонами листьев.

Summary

Title of the paper: On the effect of agrotechnical practices in grain-maize growing

In three-year (1970–1972) field trials with maize in which water and nutrient supply were not yield-limiting factors, the 'INRA 200' hybrid responded to an increase in crop density from 40,000 to 100,000 plants per hectare by producing a grain-yield increase from 53.6 to 79.8 decitons per hectare. Increasing light absorption of the stand due to a higher leaf-area index as well as changes in the proportion of light volume absorbed by the upper and the lower halves of the canopy are discussed as major reasons of yield increase.

Literatur

Focke, R.: Gewichtsbestimmung der Assimilate in den Maisblättern als Maß für die Stoffproduktion. Züchter 35 (1965) 6, S. 283–290

Kürten, P. W.: Die Düngung im Getreidebau. In: Scharrer, K.; Linser, H.: Handbuch der Pflanzenernährung und Düngung. Wien-New York: Verlag Springer, 1965, Bd. 3, S. 338

Loomis, R. S. et al.: Quantitative descriptions of foliage display and light absorption in field communities of corn plants. Crop. Sci. 8 (1968), S. 352–356

Mühle, P.: Komplexwirkungen pflanzenbaulicher Intensivierungsmaßnahmen in zweijährigen Feldversuchen mit Körnermais. Tag.-Ber., Akad. Landwirtsch.-Wiss. DDR, Berlin (1973) 122, S. 173–181

Nösberger, J.: Einfluß der Heterosis auf die Ertragsbildung bei Mais. Schweiz. Landwirtsch. Forsch. (1970) 3/4, S. 215–232

Anschrift des Verfassers:
Dipl.-Landwirt Peter Mühle
Institut für Getreideforschung Bernburg-Hadmersleben
der Akademie der Landwirtschaftswissenschaften der DDR
4351 Bernburg-Strenzfeld, Mitschurinstraße 22

Tag.-Ber., Akad. Landwirtsch.-Wiss. DDR, Berlin (1975) 135, S. 151–156

Sektion Pflanzenproduktion der Martin-Luther-Universität
Halle-Wittenberg

ARNULF BANNEICK und FRITZ MÜLLER

Erste Ergebnisse von Ertragsleistungen und Anbauversuchen des hellkörnigen Tetraroggens

Der Roggen stellt in einer getreidebetonten Fruchtfolge die geringsten Ansprüche an die Vorfrucht und zeigt beim Nachbau nach Getreide weniger Ertragsminderungen als beispielsweise Weizen und Gerste. Damit wäre der Körnerroggen eine wertvolle Ausgleichsfrucht in Folgen mit hohem Weizen- und Gerstenanteil, wenn Sorten zur Verfügung stehen, die unter diesen Anbaubedingungen entsprechend hohe und sichere Erträge bringen. Die heutigen Roggensorten sind aber für die typischen Roggenanbaugebiete der leichten Standorte gezüchtet worden und auf besseren Böden den anderen Getreidearten zumeist unterlegen und genügen in verschiedenen Eigenschaften noch nicht der industriemäßigen Getreideproduktion.

Da der Tetraroggen nach den bisherigen züchterischen Erfahrungen eine Form ist, die größere Anbauansprüche stellt als der diploide Roggen, erscheint es eher möglich, mit tetraploiden Sorten solche „Intensivformen" zu schaffen. Dieses Zuchtziel wird am Lehrstuhl für Pflanzenzüchtung in Hohenthurm verfolgt.

Der Einführung des Tetraroggens in die sozialistische Landwirtschaft stehen jedoch gewisse Schwierigkeiten entgegen, von denen die Befruchtungsbarriere zwischen den beiden Ploidiestufen des Roggens die größte Beachtung verdient. Beim Körneranbau kann eine Vermischung beider Formen nach gemeinsamem Abblühen katastrophale Folgen auf den Kornertrag haben. Deshalb muß gefordert werden, daß der Tetraroggen von der diploiden Form leicht zu unterscheiden ist. Ein solcher Kennfaktor ist die Hellkörnigkeit, die sich darüber hinaus als ein wertvolles Qualitätsmerkmal erwies.

Der tetraploide Hellkornroggen besitzt gegenüber den diploiden Grünkornformen einen höheren Mahlwert (bei gleicher Ausmahlung), sein Mehl eignet sich auf Grund seiner Qualitätseigenschaften besonders gut zur maschinellen Verarbeitung in Großbäckereien, die Qualität und die Frischhaltefähigkeit des Brotes werden verbessert.

1. Ergebnisse

Der derzeitige Entwicklungsstand des hellkörnigen Zuchtmaterials wird in Tab. 1 im Vergleich zur sowjetischen grünkörnigen Tetraroggensorte 'Belta' und einigen Winterweizensorten dargestellt. Standort der Leistungsprüfung war Hohenthurm (Boden Lö 1, Ackerzahl 85, Vorfrucht 1972 Weizen, 1971 Kleegras). Die Aussaat des Gesamtversuches erfolgte am 3. 10. 1972 mit einer Saatmenge von 350 Korn/m² bei Roggen und 400 Korn/m² bei Weizen. Als N-Düngung wurden 20 kg Reinnährstoff als Grunddüngung und 20 kg als Spätdüngung in Form von Harnstoff gegeben. Die N-Gabe wurde bewußt niedrig gehalten, da sie nach den bisherigen Erfahrungen auf diesem Standort im Optimalbereich des Tetraroggens liegt, wie auch die Standfestigkeitsbonituren ausweisen. Der Durchschnittsertrag von 63,5 dt/ha kennzeichnet die hohe Leistungsfähigkeit. Die Differenz von 8,6 dt/ha zum Winterweizen wäre natürlich bei größerem Düngeraufwand und entsprechend höheren Erzeugungskosten des Weizens zu beseitigen.

Tabelle 1

Erträge einiger Hellkorntetraroggenstämme im Vergleich zu 'Belta' und einigen Weizensorten in Hohenthurm 1973 (Vorfrucht Weizen)

Sorte oder Stamm	Kornertrag dt/ha	rel. zu Belta	Halmlänge unbehandelt cm	mit CCC cm	rel. zu unbehandelt	Standfestigkeit (9–1) 28.6.	9.7.
Wi.-Weizen Saladin	50,7	80	97	79	81	9	9
Wi.-Weizen Poros	58,5	93	108	90	83	9	7
Wi.-Weizen Kavkaz	55,4	88	94	83	88	9	8
Belta	63,2	100	158	158	100	7	5
Hohenthurm N 65	59,8	95	158	146	92	8	6
Hohenthurm BN 65	64,7	102	154	147	95	7	5
Hohenthurm BH 67	66,0	104	147	141	96	7	5
Hohenthurm H 2/70	62,6	99	146	140	96	8	4
Hohenthurm Neuzüchtung 1971	64,6	102	140	130	93	8	6
$GD_{0,05}$	5,0	7,9	3,1	5,4	4,8	0,2	0,9

Die Reihenfolge der angeführten Zuchtstämme entspricht ihrer zeitlichen Entstehung. Daraus geht eindeutig die Entwicklung der Kurzstrohigkeit bei gleichzeitiger Erhaltung des Ertragspotentials hervor. Der jüngste Zuchtstamm ist um 18 cm kürzer als der Stamm N 65. Durch CCC war 1973 eine weitere Halmverkürzung um durchschnittlich 10 cm zu erzielen.

Die Weiterentwicklung der Tetraroggenzüchtung machte eine Wiederaufnahme der früheren Versuche zur Untersuchung der agrotechnischen Ansprüche erfor-

derlich (Banneick, 1963). Im Ergebnis der 3jährigen Saatzeitenversuche (Tab. 2) wird die Erfahrung bestätigt, daß der Tetraroggen eine relativ geringe Saatzeitempfindlichkeit besitzt. Er kommt auch nach Aussaaten in der 2. Oktoberdekade noch zu vollen Beständen mit ausreichender Ertragsleistung.
In Anbetracht der Großkörnigkeit des Tetraroggens werden recht hohe Aussaatmengen gefordert, die teilweise über 200 kg/ha hinausgehen. Aus den Zahlenwerten der 3jährigen Saatmengenversuche (Tab. 3) werden die Ergebnisse aus den Jahren 1957–1960 bestätigt, nach denen auf besseren Böden die Aussaatmengen nicht den Korngrößen des Tetraroggens entsprechend heraufgesetzt werden müssen.

Tabelle 2

Saatzeitversuche zu hellkörnigem Tetraroggen (Hohenthurmer Stämme)
Boden: Lö 1–2, AZ 85–90, Kreis Köthen

Aussaat	Kornerträge			Mittel	
	1971	1972	1973		
	dt/ha	dt/ha	dt/ha	dt/ha	rel.
3. September-Dekade	30,8	41,2	53,4	41,8	100
2. Oktober-Dekade	32,1	40,4	52,8	41,8	100
1. November-Dekade	32,6	38,2	–	(35,4)*	(98)*

* zweijähriges Mittel

Tabelle 3

Aussaatmengen zu hellkörnigem Tetraroggen (Hohenthurmer Stämme)
Boden: Lö 1–2, AZ 85–90, Kreis Köthen

Aussaat Kornzahl/m²	Kornerträge (rel.) und Standfestigkeit (9–1)					
	1971		1972		1973	
	rel.	Standfestigkeit	rel.	Standfestigkeit	rel.	Standfestigkeit
200	–	–	–	–	106	8
270	116	6	119	3	–	–
320	**100**	5	**100**	2	**100**	7
(Bezugsbasis dt/ha)	(29,0)		(38,8)		(53,9)	
360	104	4	107	2	–	–
400	100	4	102	2	99	7

Saatmengenerrechnung Durchschnittswerte 55 g TKM, 95% Keimfähigkeit:	200	300	400 Korn/m²
	116	174	232 kg/ha

Nach der Aussaat von 200–270 keimfähigen Körnern/m² – entsprechend 116 bis 156 kg/ha bei 55 g TKM und 95% Keimfähigkeit – wurden in den 3 Prüfjahren die besten Ertragsleistungen erzielt. Der Tetraroggen wies auf diesem Standort eine recht gute Bestockung auf, durch die er zu Ährenzahlen von 350–400/m² kam. Nach Aussage der Ertragsanalyse (Tab. 4) bilden die genannten Saatmengen die Grundlage für eine günstige Kombination „mittlere Bestandesdichte – hoher Einzelährenertrag", während in dichteren Beständen bei stärkerer Lagerneigung die geringeren Einzelährenleistungen den Flächenertrag drücken. Der tetraploide Hellkornroggen stellt damit eine typische „Intensivgetreideform" dar, die bei mittlerer Bestandesdichte und hohen Einzelährenerträgen zu gesteigerter Flächenleistung kommt. Vergleichend dazu werden in

Tabelle 4

Ertragsanalyse der Aussaatmengenversuche zu hellkörnigem Tetraroggen, Durchschnitt 1971–1973

	Aussaatmenge Körner/m²			z. Vergleich
	200–270	300–320	400	Miro. 808 480 Körner/m²
Bestockungstriebe/Pflanze	5,6	4,8	4,6	2,9
Ährentragende Halme/m²	360	376	402	519
Einzelährenertrag (g)*	1,27	1,13	1,03	0,89
Kornzahl/Ähre*	26	23	23	26
Tausendkornmasse (g)	48,2	45,3	44,0	40,1
Kornertrag (dt/ha)	45,6	40,6	40,5	54,1

* dreijährige Mittelwerte aus indirekten Bestimmungen

Tab. 4 die Werte des auf demselben Standort in der gleichen Zeit geprüften Winterweizens 'Mironovskaja 808' angeführt.

Anbauversuche auf größeren Schlägen in LPG und VEG um Hohenthurm, in der Umgebung von Wernigerode und im Thüringer Raum bestätigen die Leistungsfähigkeit des hellkörnigen Tetraroggens mit erzielten Erträgen zwischen 40–50 dt/ha. Besondere Anbaueignung scheint der hellkörnige Tetraroggen für Übergangslagen der Mittelgebirge zu besitzen. Durch seine bessere Standfestigkeit und der damit verbundenen höheren Ertragsfähigkeit ist er hier dem diploiden Roggen überlegen. Der hellkörnige Tetraroggen brachte in diesen Mittelgebirgslagen, wo der Weizenanbau außerordentlich unsicher ist, noch gute und sichere Erträge.

2. Schlußfolgerungen

Nach den bisherigen Anbauerfahrungen in der sozialistischen Praxis und dem hier vorgestellten Entwicklungsstand der Züchtung könnte der hellkörnige Tetraroggen die eingangs gestellten Forderungen erfüllen und somit einen wichtigen Intensivierungsfaktor der Getreideproduktion darstellen. Über die in der Zuchtstätte festgestellte Leistung hinaus ist zu prüfen, wie der Tetraroggen ertragsmäßig zu anderen Getreidearten einzustufen und in den Produktionsprozeß eines Betriebes einzugliedern ist. Vor allem ist vorrangig zu untersuchen, wo z.Z. das Optimum des N-Ausnutzungsvermögens beim hellkörnigen Tetraroggen auf besseren Standorten liegt.

Zusammenfassung

Für die Intensivierung der Getreideproduktion wird der hellkörnige Tetraroggen als eine Art vorgestellt, die in der Lage ist, auf besseren Standorten Getreidefolgen mit hohem Weizen- und Gerstenanteil aufzulockern. Es wird der Trend zur Schaffung kurzstrohiger, standfester, ertragreicher Formen aufgezeigt. Die Hellkörnigkeit dient als Kennfaktor und ist ein wertvolles Qualitätsmerkmal. Dreijährige Aussaatzeitenversuche zeigten eine relativ geringe Saatzeitempfindlichkeit. Aussaatmengenversuche bestätigten die Ergebnisse früherer Jahre, daß der Tetraroggen keine der Korngröße entsprechende höhere Aussaatmenge benötigt.

Резюме

Название работы: Первые показатели урожайности и результаты возделывания светлозернистой тетраплоидной ржи

Исходя из интенсификации возделывания зерновых культур, авторы рекомендуют на более хороших почвах включать в севообороты с высоким удельным весом пшеницы и ячменя светлозернистую тетраплоидную рожь. Отмечается тренд к созданию короткостебельных, устойчивых к полеганию урожайных форм. Светлозэрнистость — отличительный фактор и ценный качественный признак. В трехлетних опытах, проведенных для изучения влияния сроков посева на урожайность, проявлялась сравнительно незначительная отзывчивость названной культуры к времени сева. Опыты с различными нормами высева подтвердили результаты прошлых лет, по которым тетраплоидная рожь не нуждается в соответствующем размеру зерна более высокой норме высева.

Summary

Title of the paper: Preliminary results concerning yields of and cropping trials with bright-grained tetra rye

Bright-grained tetra rye is presented as a type of rye suitable for intensive grain production. On better soils that rye can be grown to break up crop rotations with high wheat and barley percentages. The trend towards short-strawed, high-yielding forms that resist lodging is outlined. The bright grain serves as a distinguishing factor and indicates high quality. Three-year sowing time experiments revealed bright-grained tetra rye to be less responsive to the sowing time. Seed rate trials confirmed previous results in that tetra rye would not require higher seed rates as might be expected because of its grain size.

Literatur

BANNEICK, A.: Tetraploider Roggen. In: KÖNNECKE, G.: Forschungsaufgaben und Feldversuche 1956–1961. Halle/Saale, 1963, S. 143–156

Anschrift der Verfasser:
Dr. ARNULF BANNEICK
Sektion Pflanzenproduktion – Wissenschaftsbereich Pflanzenbau,
Lehrkollektiv Getreideproduktion –
der Martin-Luther-Universität Halle-Wittenberg
401 Halle/Saale, Ludwig-Wucherer-Straße 79

Dr. FRITZ MÜLLER
Sektion Pflanzenproduktion – Wissenschaftsbereich Pflanzenzüchtung
und Saatgutproduktion, Lehrstuhl für Pflanzenzüchtung –
der Martin-Luther-Universität Halle-Wittenberg
4104 Hohenthurm, Berliner Straße 2

Tag.-Ber., Akad. Landwirtsch.-Wiss. DDR, Berlin (1975) 135, S. 157–165

Institut für Getreideforschung Bernburg-Hadmersleben
der Akademie der Landwirtschaftswissenschaften der DDR

REINER OTTO

Zu einigen Problemen der Verlustsenkung beim Mähdrusch von Raps

1. Problemstellung und Methodik

Der Mähdrusch von Raps bietet gegenüber dem Schwaddrusch eine Reihe von Vorteilen. Dies hat in den letzten Jahren zu einer sehr raschen und umfassenden Anwendung dieses Verfahrens in der landwirtschaftlichen Praxis geführt. Dennoch sind immer noch einige offene Fragen des Rapsmähdrusches zu klären, wozu insbesondere die weitere Senkung der Ernteverluste gehört.
Von den Verlustquellen beim Mähdrusch sind die Dreschwerksverluste am ehesten beeinflußbar und können deshalb bei richtiger Maschineneinstellung auch stark reduziert werden. Bedeutend schwieriger ist dies allerdings bei den Kornverlusten am Schneidwerk. Unsere Untersuchungen zeigten, daß hier teilweise beträchtliche Verluste auftreten. Diese werden insbesondere durch das leichte Aufplatzen der Schoten als Folge der Berührung der Pflanze bei der Mahd im vollreifen Zustand verursacht. In speziellen Versuchen wurde deshalb der Einfluß verschiedener Faktoren und Einstellvarianten am Schneidwerk des Mähdreschers E 512 auf die Höhe der Schneidwerksverluste untersucht.
Da bis zu Beginn der Experimente keine Methode vorlag, mit der eine exakte Erfassung der Kornverluste am Schneidwerk bei vertretbarem Arbeitsaufwand möglich gewesen wäre, mußte zunächst eine entsprechende Meßmethode entwickelt werden. Bei dieser Methode wurden Prüfschalen zum Auffangen der Rapskörner am Schneidwerk befestigt. Mit dem Mähdrescher wurde dann so gefahren, daß auf Prüfstrecken zu je 50 m die Schalen zwischen den Rapsreihen (Reihenweite 41,7 cm) entlang geführt werden konnten.

2. Die Wirkung der Haspeleinstellvarianten

Die Haupteinstellungen der Haspel unterschieden sich sowohl durch den vertikalen Abstand der Haspel vom Messerbalken als auch durch die horizontale Verschiebung der Haspel auf dem Haspelträger, so daß sich daraus ein unterschiedlich starker Eingriff der Haspel in den Rapsbestand ergab (Abb. 1).

In der Auswertung dieser Experimente konnten trotz großer Streuung der Einzelwerte (eine Tatsache, die für Verlustmessungen jeglicher Art typisch ist) signifikante Einflüsse der verschiedenen Einstellvarianten an der Haspel nachgewiesen werden.

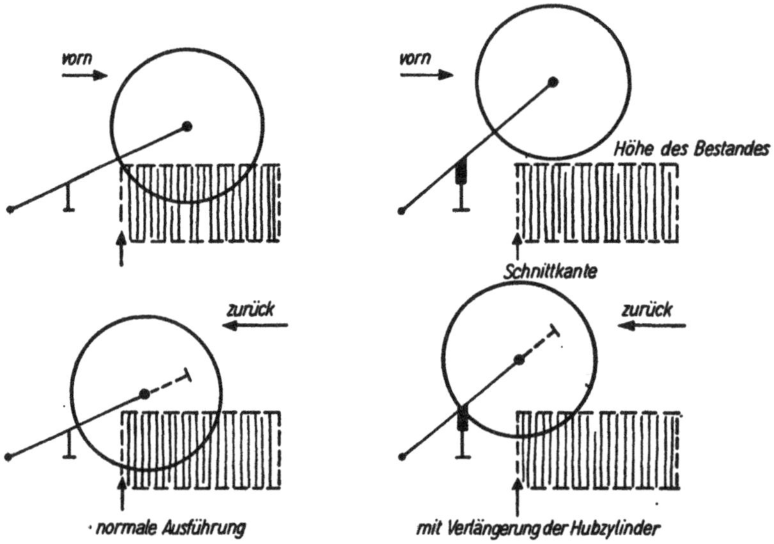

Abb. 1: Schematische Darstellung der Haspeleinstellungen und deren Einwirkung auf den Bestand

Die in der Praxis häufig angewandten Einstellungen bei serienmäßiger Ausführung der Haspel verursachen ein relativ starkes Eingreifen der Haspel in den Bestand. Dies führt zu hohen Verlusten. In unseren Versuchen wurden bei diesen Varianten 26,7 bzw. 29,1 g/m² gemessen (Tab. 1). Durch eine Verlängerung der Hubzylinder der Haspel konnte der Abstand zwischen Haspel und Messer vergrößert werden, so daß die Haspel den Rapsbestand kaum oder gar nicht mehr berührte. Dies führte zu wesentlich geringeren Schneidwerksverlusten (Tab. 1). In gleicher Weise ist auch das relativ günstige Abschneiden der weit nach vorn gestellten Haspel bei serienmäßiger Ausführung einzuschätzen. Jedoch hängt die Größe der Verlustsenkung bei fast allen Einstellungen wesentlich von der Bestandeshöhe bzw. der Dicke der abzumähenden Pflanzenschicht ab. Je dicker nämlich die Pflanzenschicht ist, die abgemäht wird, desto stärker greift die Haspel in den Bestand ein. Die in der Abb. 2 dargestellte Regression bestätigt diese bereits getroffene Feststellung. Es besteht eine gesicherte Abhängigkeit der Kornverluste am Schneidwerk von der Anzahl der durch die Haspel berührten Pflanzen, d.h., je mehr Pflanzen von der Haspel erfaßt werden, desto größer sind auch die Kornverluste. Wegen der technischen Gegebenheiten des Mähdreschers E 512 kann die Haspel serienmäßiger Ausführung jedoch nicht beliebig hochgestellt werden, vor allem nicht in starken Beständen. Um den Haspeleingriff aber dennoch zu verringern, muß der Bestand bei entsprechend großer Schnitthöhe gemäht werden. Damit erlangt die bereits vielfach praktizierte Mahd mit langen Stoppeln (es bleibt ein Reststrohbestand stehen) nicht nur für die Verringerung des Feuchteübertritts, sondern auch für die Verlustsenkung entsprechende Bedeutung.

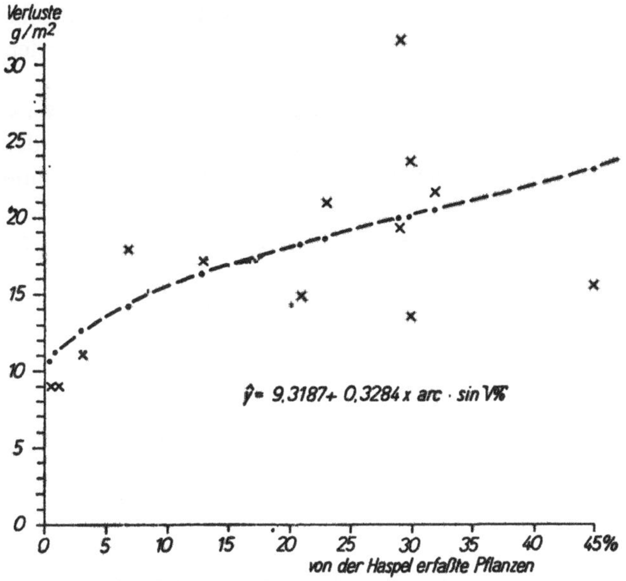

Abb. 2: Abhängigkeit der Verluste beim Mähdrusch von Raps von der Anzahl der durch die Haspel berührten Pflanzen

Tabelle 1

Die Wirkung einer Verlängerung der Hubzylinder der Haspel auf die Höhe der Schneidwerksverluste beim Mähdrusch von Raps mit dem Mähdrescher E 512 in Abhängigkeit von der Stellung der Haspel am Haspelträger

Hubzylinder	Stellung der Haspel	Verluste (g/m²) absolut	relativ
ohne Verlängerung	zurück	26,7	100
(serienmäßige Ausführung)	Mitte	29,1	109
	vorn	19,5	73+
mit Verlängerung	zurück	16,7	63+
(Eigenbau)	Mitte	–	–
	vorn	14,1	53+

GD 5% absolut = 6,0 g/m²
relativ = 23

Obwohl die Variante „mit Zylinderverlängerung" sich als sehr günstig erwiesen und praktisch einer Arbeit ohne Haspel entsprach, kann nach unseren Erfahrungen nicht gänzlich auf die Haspel verzichtet werden, da die Haspel gelegentlich zur Beseitigung von Stauungen des Erntegutes vor den Einzugsorganen benötigt wird. Die verwendete Zylinderverlängerung gestattete es auch nicht, die Haspel im Bedarfsfalle sehr dicht über das Messer zu bringen, um das Gut den Einzugsorganen zuzuführen. Es ist deshalb eine entsprechende technische Lösung zu schaffen, so daß damit im praktischen Einsatz gefahren werden kann.
Neben den bereits beschriebenen Varianten wurde auch die Auswirkung eines veränderten Zinkengriffes auf die Verlusthöhe untersucht. Die Verstellung der Zinken auf „starker Griff" brachte entgegen allen Erwartungen ebenfalls eine wesentliche Verlustsenkung mit sich, wohingegen die Stellung „ohne Zinkengriff" im Vergleich zur Normalvariante (mittlerer Zinkengriff) ohne Auswirkung blieb (Tab. 2). Das günstigere Abschneiden der Einstellung „starker Zinkengriff" gegenüber den beiden übrigen Varianten läßt sich mit einer geringeren Schlagwirkung der Zinken erklären.

Tabelle 2

Die Wirkung des Zinkengriffes auf die Höhe der Schneidwerksverluste beim Mähdrusch von Raps mit dem Mähdrescher E 512

Zinkengriff	Verluste (g/m²) absolut	relativ
ohne	27,1	101
mittel	29,1	109
stark	19,5	60+
GD 5% =	6,0 g/m²	
rel. =	23	

3. Häufigkeit der Haspelbetätigung

Eine Schlagwirkung der Haspel tritt auch ein, wenn Stauungen des abgeschnittenen Erntegutes am Schneidwerk auftreten und diese mit Hilfe der Haspel durch Absenken derselben beseitigt werden müssen. In den Untersuchungen konnte über eine Regression nachgewiesen werden, daß mit größerer Häufigkeit der Haspelbetätigung zur Beseitigung von Stauungen des Erntegutes am Schneidwerk die Verluste deutlich zunehmen, da durch das Eingreifen mit der Haspel viele Schoten zum Aufplatzen gebracht werden (Abb. 3). Dies kommt sogar einer Dreschwirkung sehr nahe. Aus diesem Ergebnis läßt sich ableiten, daß beim Mähdrusch von Raps aufmerksam, aber zügig gefahren werden muß, um einen gleichmäßigen Gutstrom, der frei von Störungen ist, zu erreichen.

Die Arbeitsrichtung sollte so gewählt werden, daß mögliche Störungen von vornherein ausgeschaltet werden können. So ist z.B. vorwiegend in Lagerrichtung und nicht gegen die Lagerrichtung des Rapses und unter Umständen sogar einseitig zu mähen.

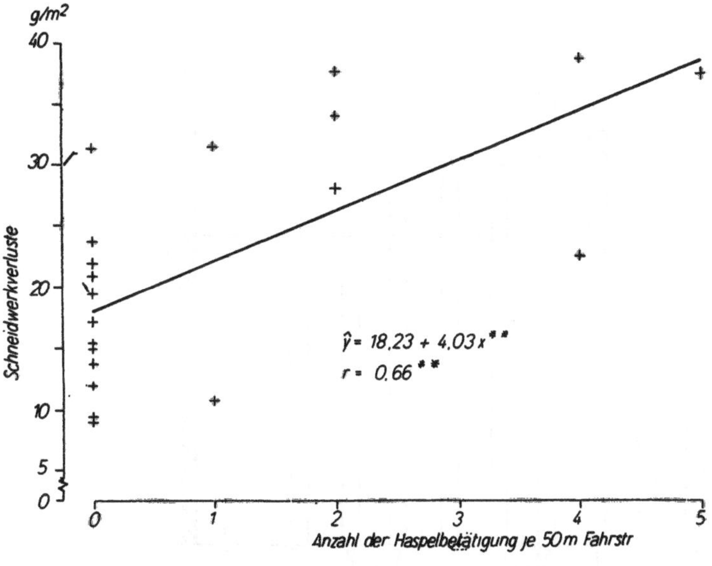

Abb. 3: Abhängigkeit der Schneidwerksverluste beim Rapsmähdrusch von der Häufigkeit der Haspelbetätigung zur Beseitigung von Stauungen des Erntegutes am Schneidwerk

4. Schneidwerksverluste und Arbeitsbreite

Die aus dem Mittel aller Einstellvarianten gewonnene Verteilung der Schneidwerksverluste über die Arbeitsbreite des Mähdreschers zeigt, daß die Verluste nach der Mitte hin zunehmen, während sie an den Seiten signifikant geringer werden (Abb. 4). Die Zunahme der Verluste nach der Mitte hin hat funktionelle Ursachen und ist durch die Arbeitsweise der Zuführorgane des Mähdreschers bedingt, da durch die Förderung des Erntegutes von den Außenseiten über die Querförderschnecke zum Schrägförderschacht hin die Rapspflanzen zusammengeführt und zusammengedrückt werden. Bei diesem Vorgang platzt ein Teil der Schoten auf, und es kommt durch das Wegspritzen der Körner zu hohen Verlusten (Spritzverluste), die durch die Haspeleinstellung nur wenig beeinflußt werden können. Dadurch sind die Verluste in der Mitte des Schneidwerkes etwa doppelt bis dreimal so hoch wie an den Seiten. Dies läßt den Schluß zu, daß die direkte Wirkung der Haspel durch die Spritzverluste bei der Zusammenführung des Gutstromes häufig überdeckt wird.

Auch sind die nach dem Durchgang des Mähdreschers unter dem Strohschwad liegenden Rapskörner nicht nur Schüttler- und Reinigungsverluste, sondern zu einem großen Teil auch Spritzverluste, so daß oft größere Schüttler- und Reinigungsverluste angenommen werden, als in Wirklichkeit vorhanden sind.

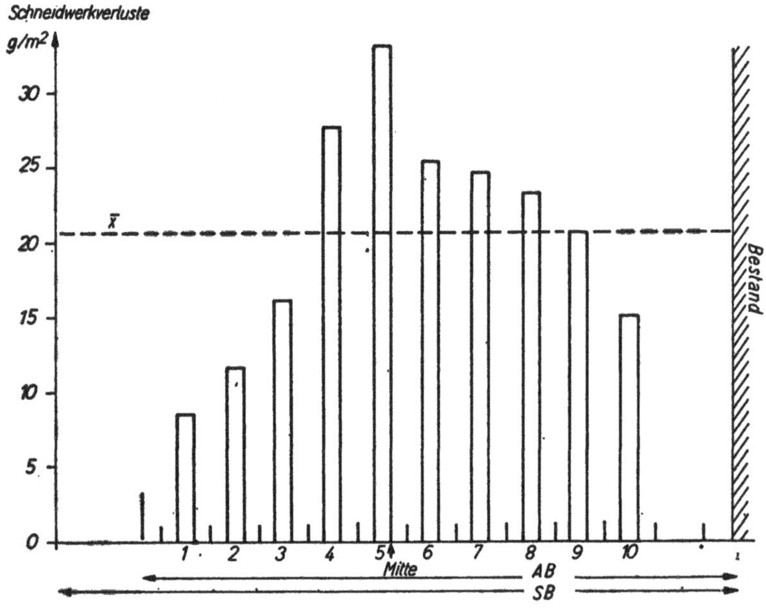

Abb. 4: Verteilung der Schneidwerksverluste beim Mähdrusch von Raps mit dem Mähdrescher E 512 bei einer Schneidwerksbreite (SB) von 5,7 m und einer effektiven Arbeitsbreite (AB) von 5,0 m

Eine Senkung der Spritzverluste in der Mitte des Schneidwerkes kann nur über konstruktive Änderungen der Förder- und Einzugsorgane erreicht werden, was aber als sehr schwierig erscheint, da bei Hochleistungsmähdreschern heutigen Typs mit großer Arbeitsbreite das Erntegut stets auf Dreschkanalbreite zusammengeführt werden muß.

5. Arbeitsgeschwindigkeit

Die Arbeitsgeschwindigkeit hatte mit 21% der Gesamtstreuung beachtlichen Einfluß auf die Verlusthöhe. Dies beruhte darauf, daß bei niedrigen Fahrgeschwindigkeiten die theoretisch geringste und auch so eingestellte Umfangsgeschwindigkeit der Haspel gegenüber der Arbeitsgeschwindigkeit beträchtlichen Vorlauf hatte, was zu einer Schlagwirkung der Haspel führte. Bei höheren Arbeitsgeschwindigkeiten hingegen wurde ein weitgehender Gleichlauf zwischen

Haspelumfangsgeschwindigkeit und Arbeitsgeschwindigkeit erreicht, wodurch sich auch die Verluste verringerten. Dies weist die Regression in Abb. 5 deutlich nach. Andererseits darf bei höheren Arbeitsgeschwindigkeiten die Umfangsgeschwindigkeit nicht zu gering sein, da dann die Haspel die Pflanzen vor sich her schiebt und die Verluste wieder leicht ansteigen. Letztlich muß also danach gestrebt werden, die Umfangsgeschwindigkeit der Haspel mit der Arbeitsgeschwindigkeit des Mähdreschers weitgehend in Einklang zu bringen, wobei aber ein geringer Vorlauf von etwa 10 m/min zweckmäßig erscheint.

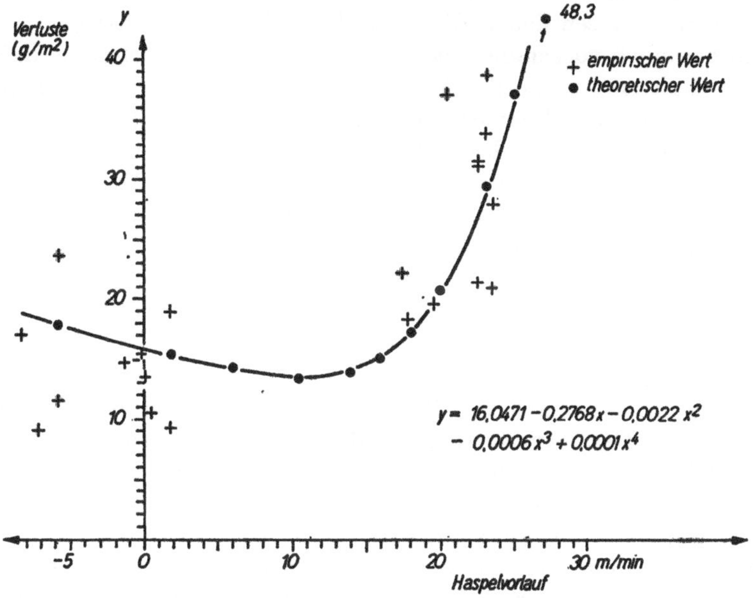

Abb. 5: Abhängigkeit der Schneidwerksverluste von der Differenz zwischen Umfangsgeschwindigkeit der Haspel und Arbeitsgeschwindigkeit (Haspelvorlauf) beim Mähdrusch von Raps mit dem MD E 512

Auf Grund der stufenlosen Verstellungen für die Arbeitsgeschwindigkeit und die Haspeldrehzahl ist es für den Mähdrescherfaherr auch bei höheren Arbeitsgeschwindigkeiten sehr schwierig, innerhalb kurzer Zeit eine entsprechende Übereinstimmung zwischen Haspelumfangsgeschwindigkeit und Arbeitsgeschwindigkeit zu erreichen. Hier werden Einstellhilfen bzw. automatische Verstellmöglichkeiten am Mähdrescher notwendig. Um den speziellen Belangen des Rapsmähdrusches künftig gerecht zu werden, müssen für den Mähdrescher ebenfalls Möglichkeiten geschaffen werden, damit die Haspeldrehzahl noch weiter verringert werden kann, so daß die minimal einstellbare Umfangsgeschwindigkeit der Haspel mit den niedrigen Arbeitsgeschwindigkeiten übereinstimmt. Beim

Mähdrescher E 512 bleibt unter den gegenwärtigen Bedingungen jedoch nur die Möglichkeit, einen zu starken Vorlauf der Haspel durch zügige Fahrweise wieder auszugleichen. Dies ist aber nur dort möglich, wo es der Bestand zuläßt.

6. Wirkung sonstiger Faktoren

Neben den bereits ausgewiesenen und teilweise bewußt variierten Einflußgrößen konnte auch noch eine Wirkung anderer Faktoren auf die Verlusthöhe am Schneidwerk festgestellt werden. So zeigte sich, daß auch der Kornertrag und die Lufttemperatur noch wesentlichen Einfluß auf die Verlusthöhe hatten.
So besagt die diesbezüglich vorgenommene partielle Korrelationsrechnung, daß mit zunehmender Lufttemperatur die Verluste ansteigen, weil bei warmem Wetter die Schoten leichter aufplatzen. Deshalb sind die heißesten Tage für den Rapsmähdrusch auch nicht unbedingt die besten. Mit steigenden Kornerträgen gehen die Schneidwerksverluste absolut (g/m²) zurück. Dies stimmt mit der allgemeinen Feststellung überein, wonach sich gesunde und kräftige Rapsbestände für den Mähdrusch am besten eignen.

Zusammenfassung

Die Ernteverluste beim Mähdrusch von Raps sind viel höher, als vielfach angenommen wird. Auf die Gesamtverluste haben die Körnerverluste am Schneidwerk einen großen Einfluß. In speziellen experimentellen Untersuchungen mit dem Mähdrescher E 512 konnte Aufschluß über Höhe und Entstehungsursachen der Schneidwerksverluste gewonnen werden.
Durch das Berühren der Pflanzen mit der Haspel platzen zahlreiche Schoten auf. Im Mittel aller Meßwerte wurden Schneidwerksverluste von 207 kg/ha ermittelt. Dies entsprach bei einem Ertrag von 33,5 dt/ha einem Verlust von 6,2% der geernteten Menge. Über verschiedene Einstellvarianten wurde eine Verlustsenkung erreicht. Auch bei den in den Untersuchungen als günstig ermittelten Einstellvarianten konnten die Verluste nicht unter 140 kg/ha gesenkt werden. Einfluß auf die Schneidwerksverluste haben auch die Einzugsorgane des Mähdreschers und die Arbeitsgeschwindigkeit sowie Lufttemperatur und Höhe des Kornertrages. Es werden Hinweise für den praktischen Einsatz und die technische Verbesserung des Mähdreschers E 512 gegeben.

Резюме

Название работы: О некоторых проблемах снижения потерь при комбайнировании рапса

Потери урожая от комбайнирования рапса значительно выше, чем это часто полагают. Большое влияние на общую потерю оказывают потери зерна, обусловливаемые режущим аппаратом комбайна. В специальных экспериментальных исследованиях, проведенных при помощи зернового комбайна Е 512, были получены сведения об уровне и причинах потерь зерна от режущего аппарата. При соприкосновении растений с мотовилом растрескиваются многочисленные рапсовые стручки. В среднем всех данных измерений потери от режущего аппарата составляли 207 кг/га, что при урожае 33,5 ц/га соответствует потере в 6,2% убранной продукции. В результате применения различных вариантов регулировки сократились потери. Однако, даже в положительных вариантах регулировки потери оставались на уровне 140 кг/га. На потери от режущего аппарата влияют также захватывающие органы комбайна и рабочая скорость, а также температура воздуха и уровень урожая зерна. Даны рекомендации по практическому использованию и техническому усовершенствованию комбайна Е 512.

Summary

Title of the paper: On some problems regarding the reduction of losses on combine-harvesting of rapeseed

Grain losses on combine-harvesting of rapeseed are much higher than is generally assumed. Total losses largely depend on the grain losses on the cutter bar. In specific experiments with the E 512 combine harvester information has been obtained as to the level and reasons of losses on the cutter bar. Usually a large number of pods will crack as the plant comes into touch with the pick-up reel. On an average of all the recordings losses on the cutter bar came up to 207 kg/ha. At a crop yield of 33.5 dt/ha this makes a total 6.2% loss of the total crop. By way of different adjustment variants it was possible to reduce these losses. However, even with the most suitable variants seed losses did not fall below 140 kg/ha. The losses on the cutter bar are also influenced by the feeding device and the operating speed of the combine harvester as well as by air temperature and by the level of grain yield. Recommendations are given for practical operation and technical improvement of the E 512 combine harvester.

Anschrift des Verfassers:
Dr. Reiner Otto
Institut für Getreideforschung Bernburg-Hadmersleben
der Akademie der Landwirtschaftswissenschaften der DDR
4351 Bernburg-Strenzfeld, Mitschurinstraße 22

Tag.-Ber., Akad. Landwirtsch.-Wiss. DDR, Berlin (1975) 135, S. 167–175

Institut für Getreideforschung Bernburg-Hadmersleben
der Akademie der Landwirtschaftswissenschaften der DDR

GEORG KRATZSCH, DIETER SCHWÄGER und FRANZ KOBOLD

Zum Problem der optimalen Schnittzeitspanne bei der Getreideganzpflanzenernte

Um die hohen Ziele unserer sozialistischen Landwirtschaft erfüllen zu können, müssen alle Möglichkeiten zur Ertragssteigerung ausgeschöpft werden. Auf dem Wege zu industriemäßigen Produktionsmethoden in der Landwirtschaft bilden sich dabei nicht nur völlig neue Technologien heraus, sondern es werden auch neue Wege zur weiteren Intensivierung der Produktion beschritten.
Sowjetische Autoren (BOJARSKIJ, 1972; KORENEV, 1971) berichteten bereits seit 1971 über die Getreideganzpflanzenernte und zeigten die Vorteile dieser neuen Erntemethode auf. Seit 1972 werden in unserer Republik Pellets aus Getreideganzpflanzen in größerem Umfang (RICKMANN, 1973) hergestellt. Erste gute Erfahrungen sammelte das VEG Parchim und empfahl das Verfahren zur weiteren Anwendung in der Praxis.
Über die Ganzpflanzenernte von Getreide läßt sich für die industriemäßige Tierproduktion ein hochwertiges Futtermittel herstellen und der Flächenertrag steigern.
Um eine effektive Anwendung dieses Verfahrens zu gewährleisten, mußten kurzfristig Aussagen über den optimalen Schnittzeitpunkt für die Getreideganzpflanzenernte erarbeitet werden. Für die Bedingungen der DDR lagen fast ausschließlich Schnittzeitenversuche bei Grüngetreide bis zur Blüte vor.

1. Methodik

Zur Ermittlung der optimalen Erntezeitspanne der einzelnen Getreidearten wurden 1973 an mehreren Standorten Schnittzeitenversuche in Praxisbeständen und exakte Feldversuche durchgeführt. 6–10 Tage nach Blühende beginnend wurden in 5–10tägigen Abständen der Flächenertrag durch Zwischenernten festgestellt und Qualitätsbestimmungen der Ernteprodukte durchgeführt. Neben der Anteilsbestimmung von Ähren:Stroh zu den einzelnen Ernteterminen erfolgte jeweils eine Trockensubstanz-, Rohprotein-, Rohfaser- und Rohaschebestimmung des Erntegutes. Mit Hilfe der Attestierungstabellen für Pellets konnten EFr/kg Trockensubstanz, kg EFr/ha, verdauliche Energie und verdauliches Rohprotein ermittelt werden.

2. Versuchergebnisse

Aus der Sicht, eine maximale Nährstoffleistung je Flächeneinheit zu erzielen, wird der optimale Schnittermin nach dem Zeitpunkt des höchsten Energieertrages von Getreidepflanzen festgelegt. Nach den bisherigen Untersuchungen liegt das Maximum sowohl des Trockenmasse- als auch des Energieertrages zu Beginn der Teigreife und verändert sich bis zur Gelbreife hin nur unwesentlich. Auf Grund der engen Korrelation zwischen dem Trockenmasseertrag und dem Ertrag an kg EFr/ha während dieser Zeitspanne werden in die folgenden Regressionsanalysen nur die Trockenmasseerträge einbezogen. Abb. 1 zeigt die Entwicklung der Trockenmasseerträge der einzelnen Getreidearten. Während sich zu Wintergerste und Winterweizen ein ausgesprochenes Ertragsoptimum ergibt, brachten Winterroggen und Sommergerste noch über die Gelbreife hinaus 95% des Maximalertrages. Beim Hafer war diese Tendenz an fast allen Standorten zu verzeichnen und der Ertragsverlauf ließ sich weder durch eine lineare noch durch eine quadratische Regression sicher beschreiben.
Da sich die Verdaulichkeit der Trockensubstanz der Getreidepflanzen zwischen der Blüte und der Reife nur unwesentlich verändert, muß auch dieses Ertragsverhalten des Hafers kritisch betrachtet und seine Eignung zur Ganzpflanzenernte noch näher untersucht werden.

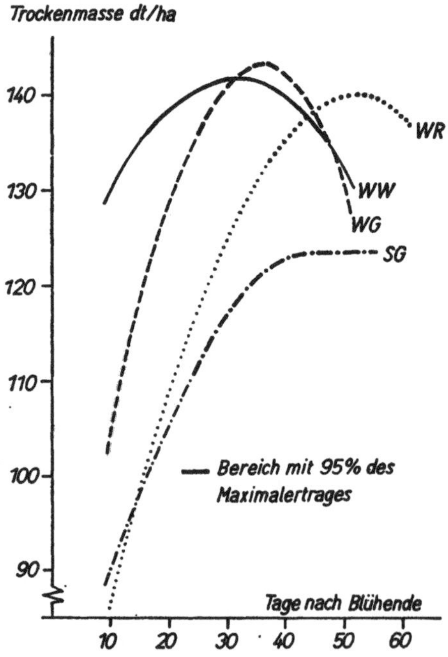

Abb. 1: Trockenmasseerträge der Getreidearten zur Ganzpflanzenernte – 1973 (auf Lö-Standorten)

Vergleicht man die Leistungen einer Getreideart (Abb. 2) auf verschiedenen Standortgruppen, wird allgemein bei Standortverschlechterung das Optimum später erreicht und hält länger an. Auf eine Extrapolation der Kurven wurde grundsätzlich verzichtet. Es mag sein, daß die beschleunigte Abreife während der trockenen Ernteperiode 1973 zu gewissen Verschiebungen beitrug. Der Zeitraum 25–45 Tage nach Blühende jedoch liegt am häufigsten im Optimalbereich. Der Ertrag wird nicht nur von Standortfaktoren, sondern auch von der Anbautechnik beeinflußt.

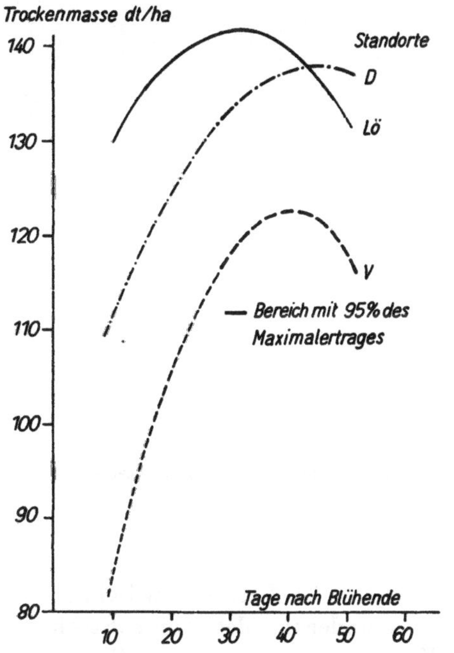

Abb. 2: Trockenmasseerträge von Winterweizen zur Ganzpflanzenernte – 1973

Um den Einfluß agrotechnischer Maßnahmen auf die Ganzpflanzenleistungen nachweisen zu können, wurden Aussaatstärke und N-Düngung in den Feldversuchen variiert. Abb. 3 verdeutlicht die Überlegenheit der optimalen Aussaatmenge bei Winterweizen. Überhöhte Aussaatmengen führten zu einem ungünstigen Ähren:Stroh-Verhältnis. Ähnliche Ergebnisse konnten auch bei Sommergerste in Seehausen (Wicke, 1974) und bei Hafer in Bernburg erzielt werden. Auf die Bedeutung des Ährenanteils bei der Getreidepflanzenernte wird im folgenden noch näher eingegangen.

Ähnlich der Aussaatmengenbemessung ist die N-Gabe in einer für die Körnernutzung üblichen Höhe am günstigsten zu beurteilen. Ertragssteigerungen ergaben sich nur gegenüber ungedüngten Varianten, während überhöhte N-Gaben zu niedrigerem Trockensubstanzgehalt führten, der erst während des Reifeprozesses wieder stärker zunahm. Die Leistungsfähigkeit des Verfahrens wird dabei genauso wie bei lagerndem Getreide aus technologischer Sicht vermindert. Vorteilhafter ist dagegen die N-Spätdüngung (Abb. 4) einzuschätzen. Die Ver-

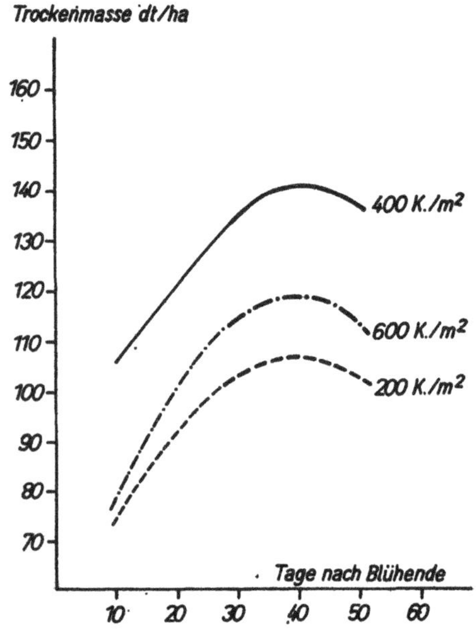

Abb. 3: Einfluß der Aussaatstärke auf die Trockenmasseerträge bei Winterweizen (V 2/5-Standort – 1973)

daulichkeit sowie die Energiekonzentration werden im Zeitraum zwischen Blüte und Druschreife hauptsächlich durch die Veränderung des Ähren:Stroh-Verhältnisses beeinflußt. Der Abnahme des Trockenmasseertrages an Stroh steht äquivalent die Zunahme der Ährentrockenmasse gegenüber. Der Rohfasergehalt der Ähren erreicht vom Beginn der Teigreife bis etwa zur Gelbreife hin ein Minimum, während der des Strohes bis zur Reife kontinuierlich ansteigt. Aus diesem Verhalten läßt sich die höhere Energieleistung der Ganzpflanzen zum Teil erklären. Das wertbestimmende Element (vgl. Abb. 4) bleibt der Ährenanteil. Tabelle 1 weist die mittleren Werte des Ähren:Stroh-Verhältnisses und die des energetischen Futterwertes aus.
Der absinkende Gehalt an Rohprotein im Stroh sowie die Abnahme der Verdaulichkeit der Trockensubstanz werden durch den gegenläufigen Trend in der Ähre kompensiert. Wie aus Abb. 4 ersichtlich ist, halten die mit N-Spätdüngung versorgten Ganzpflanzenbestände den Rohproteingehalt ziemlich konstant.
Je günstiger die Bedingungen für die Kornausbildung sind, desto bessere Nährstoffkonzentrationen werden in den Ganzpflanzen erreicht. Tab. 2 weist mittlere Werte des Rohprotein- und Rohfasergehaltes der Ganzpflanzen aus.

Zur Kennzeichnung des Schnittermines mußten eindeutig anwendbare Parameter gefunden werden. Neben den Bonituren nach FEEKES wurden die Getreidepflanzen einem Eosintest unterzogen. Zur Anfärbung stellten wir die geschnittenen Pflanzen mehrere Stunden in rote Tinte (Methode nach SCHIEBLICH, 1973). In der Milchreife werden Halm und obere Blätter voll angefärbt, desgleichen die Spelzen und die Grannen zum Teil. In der Teigreife färbt sich

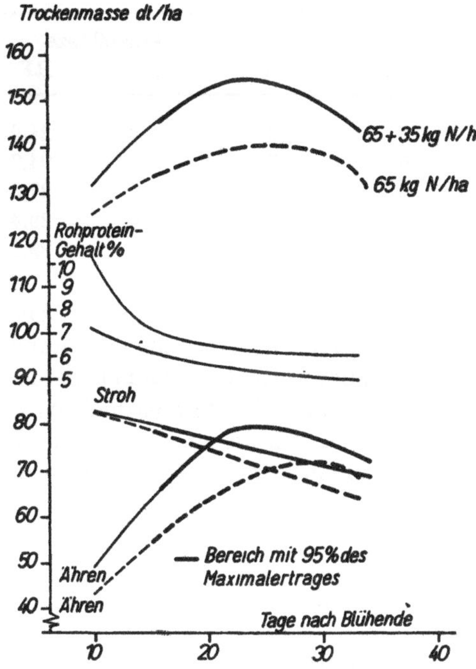

Abb. 4: Einfluß der N-Spätdüngung auf die Trockenmasseerträge zur Winterweizen-Ganzpflanzenernte ('Mironovskaja 808', Lö-Standort – 1973)

Tabelle 1

Ährenanteil und EFr/kg Trockensubstanz (TS) der Getreidearten zur Ganzpflanzenernte (nach Versuchsergebnissen 1973)

Getreideart	Ähren:Stroh-verhältnis	EFr/kg TS
Wintergerste	1:0,7	510–550
Sommergerste	1:0,8	500–550
Hafer	1:1,0	500–560
Winterweizen	1:1,2	450–500
Roggen	1:1,5	430–460

der Halm nur noch schwach, während sich die Blattspreiten der oberen Blätter nicht mehr färben. In der Gelbreife unterbleibt jegliche Verfärbung der Organe. Das Verfahren eignet sich nur zur Einschätzung des Endes der Ganzpflanzen-

Tabelle 2

Mittlerer Rohprotein- (RP) und Rohfasergehalt (RF) von Ähre und Stroh bei Getreide zur Ganzpflanzenernte

Getreideart	Ähren		Stroh		Ganzpflanze	
	RP	RF	RP	RF	RP	RF
Wintergerste	10,0	13	5	42	7,9	24,9
Sommergerste	11	10	5	43	8,3	24,7
Hafer	15	13	6	42	10,5	27,5
Winterweizen	13	13	5	43	8,6	29,4
Roggen	11	14	4	46	6,8	29,2

ernte, nicht aber für eine genauere Beschreibung des Anfangstermines. Allen bisherigen Orientierungen lag der Blühtermin zugrunde, bzw. eine bestimmte Anzahl Tage danach sollte mit der Getreideganzpflanzenernte begonnen werden. Zur Vereinfachung wird vorgeschlagen, den Zeitpunkt des Ährenschiebens als Richtgröße für die praktische Anwendung zu wählen. Für die einzelnen Getreidearten können die in Tab. 3 angegebenen Zeitspannen nach dem Beginn des Ährenschiebens vorerst angenommen werden.

Tabelle 3

Optimaler Zeitpunkt für die Ganzpflanzenernte

Getreideart	Tage nach dem Beginn des Ährenschiebens
Wintergerste	25···35
Sommergerste	25···40
Winterweizen	30···45
Winterroggen	40···50
Hafer	40···50

Die Ergebnisse der vorgestellten Untersuchungen lassen die in Abb. 5 aufgezeigten Erntezeitspannen für einen Standort zur Ganzpflanzenernte günstig erscheinen.

Mit der Wintergerste, als sehr geeigneter Getreideart beginnend, können über Sommergerste bzw. je nach Standort auch Roggen oder Winterweizen folgen. Sofern Hafer vorgesehen ist, wird er als letzte Getreideart zur Ganzpflanzenernte herangezogen. Versuchsergebnisse der Zentralstelle für Sortenwesen zeigen, daß in der Ertragsleistung geringere Sorten-, aber große Standortunterschiede bestehen. Es ist zu berücksichtigen, daß eine Variation durch den Anbau mehrerer Sorten nur beim Winterweizen eine Verlängerung der Schnittperiode um 8–10 Tage ermöglicht. Dabei muß aber ferner noch berücksichtigt werden,

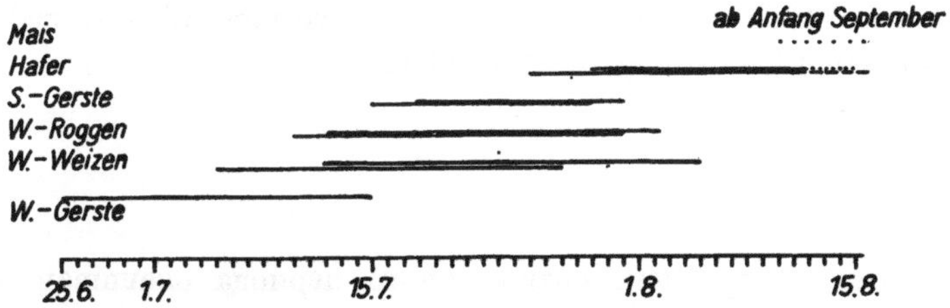

Abb. 5: Erntezeitspannen zur Ganzpflanzenernte unter Ausnutzung der Sortenunterschiede (Bernburg – 1973)

daß Winterweizen, Winterroggen und Sommergerste zum größten Teil in ein und derselben Zeitspanne zur Ganzpflanzenernte anstehen. Unter den Bedingungen der industriemäßigen Produktion wird deshalb aus betriebswirtschaftlicher Sicht rechtzeitig entschieden werden müssen, welche Schläge den größten Vorteil bei der Ganzpflanzenernte bringen. Auf die große Bedeutung des Körnermaises für die Ausdehnung des Verfahrens soll an dieser Stelle nicht näher eingegangen werden.

Schlußfolgerungen

Aus den Untersuchungen zum optimalen Schnittermin des Getreides für die Ganzpflanzenernte läßt sich für die zukünftige Arbeit folgendes ableiten:

- Die vorliegenden Ergebnisse erfordern, daß sie im Jahre 1974 durch nochmalige Feldversuche überprüft werden, um zu verbindlichen Aussagen zu kommen.
- Für die Agrotechnik steht im Vordergrund, das Verhalten des Getreides unter Beregnungsbedingungen zu untersuchen.
- Es sind die Erträge und die Energieleistung bei unterschiedlicher Stoppelhöhe festzustellen und Rückschlüsse für das Verfahren der Ernte zu ziehen. Diese Ermittlung ist für den Roggen mit seinem weiten Ähren:Stroh-Verhältnis besonders wichtig.
- Um verbindliche Bewertungsrichtlinien für Ganzpflanzenpellets zu erarbeiten, bleibt Voraussetzung, für 1974 ein einheitliches Untersuchungsprogramm festzulegen.

Zusammenfassung

Die Ganzpflanzenernte von Getreide und Mais ist ein Verfahren zur weiteren Intensivierung der Produktion in der Landwirtschaft. Höhere Nährstofferträge von der Flächeneinheit und die Erzielung eines hochwertigen Futtermittels sprechen neben arbeits- und betriebswirtschaftlichen Vorteilen für eine schnelle Ausweitung des Verfahrens. Die Untersuchungen zu optimalen Schnittterminen und Nährstoffleistungen des Jahres 1973 deuten praxisgünstige Ergebnisse an. Getreide zur Ganzpflanzenernte ist wie Getreide zur Körnergewinnung anzubauen und kann zwischen Milch- und Gelbreife geerntet werden. Weitere zielgerichtete Versuche müssen 1974 durchgeführt werden.

Резюме

Название работы: О проблеме оптимального периода скашивания при уборке целых растений зерновых культур

Уборка целых растений зерновых культур и кукурузы (надземной части) — способ дальнейшей интенсификации сельскохозяйственного производства. Более высокие сборы питательных веществ с единицы площади и достижение высококачественного корма, наряду с экономией труда и с другими производственно-экономическими преимуществами, способствуют быстрому распространению этого способа. Результаты исследований, проведенных в 1973 году для установления оптимальных сроков скашивания и определения содержания питательных веществ, свидетельствуют об эффективности применения данного способа в производстве. Возделывать зерновые культуры на уборку целых растений, следует возделывать как на зерно и убирать в период между фазами молочной и желтой спелости. Опытную работу необходимо продолжать целенаправленно и в 1974 году.

Summary

Title of the paper: On the optimal cutting period for whole-plant harvest of cereal crops

Whole-plant harvest of cereals and maize is a method applied for further intensification of agricultural production. Apart from advantages in labour and farm management, higher nutrient yields per unit area and the production of high-quality feed plead for rapid spread of that method. The investigations carried out in 1973 on optimal times for cutting and optimal nutrient yields have indicated results favouring practical application. Cereals for whole-plant harvest should be cultivated in the same way as cereal crops for grain and can be harvested from the stage of milk ripeness on to yellow ripeness. Further systematic experiments will have to be carried out in 1974.

Literatur

Bojarskij, L. G.: Isledovanija po technologii progotovlenija i ispol'zovanija polnoracionnych kormosmesej. Životnovodstvo, Moskva (1972) 12, S. 71–75

KORENEV, G. V.: Biologičeskoe obosnovanie srokov i sposobov uborki zernovych kultur. Moskva: Izd. Kolos, 1971, 160 S.

KRATZSCH, G.; SCHWÄGER, D.; MICHALEK, CHR.; KREUZ: Erste Ergebnisse über Untersuchungen zum optimalen Erntezeitpunkt von Getreide zur Ganzpflanzenernte. Zusammengestellt unter Verwendung von Material des Instituts für Getreideforschung Bernburg-Hadmersleben und des Instituts für Futterproduktion Paulinenaue. Ergebnisbericht, 1973

RICKMANN, A.: Erfahrungen und Ergebnisse bei der Ganzpflanzenernte und -verwertung von Getreide im VEG Parchim. Feldwirtsch., Berlin 14 (1973) 5, S. 270–271

POPPE, S.: GABEL, M.; PETERS, D.: Erste Parameter des Futterwertes von Getreideganzpflanzenpellets. Tierzucht, Berlin 27 (1973) 6, S. 270–271

Anschrift der Verfasser:
Dr. GEORG KRATZSCH, Dr. DIETER SCHWÄGER, Dr. FRANZ KOBOLD
Institut für Getreideforschung Bernburg-Hadmersleben
der Akademie der Landwirtschaftswissenschaften der DDR
4351 Bernburg-Strenzfeld, Mitschurinstraße 22

Tag.-Ber., Akad. Landwirtsch.-Wiss. DDR, Berlin (1975) 135, S. 177–188

Institut für Getreideforschung Bernburg-Hadmersleben
der Akademie der Landwirtschaftswissenschaften der DDR

HORST BERNHARDT

Verfahrenstechnische Fragen bei der Ganzpflanzenernte zu Getreide

Die Ernte und Verarbeitung der gesamten Getreidepflanze zu Pellets ist ein neues Verfahren in der Futterproduktion, das 1973 in größerem Umfang in der DDR angewandt wurde. Es sichert nicht nur gutes Futter, sondern garantiert auch hohe Hektarerträge. Die Vorteile dieses Verfahrens sowohl für die Pflanzenproduktion als auch im besonderen Maße für die Tierproduktion wurden durch die Erfahrungen der Praxis eindeutig bestätigt. Besonders auf der 11. Tagung des Zentralkomitees der SED wurde auf die Bedeutung der Ganzpflanzenernte für die Zukunft hingewiesen und auf die weitere Ausdehnung bei Getreide einschließlich Körnermais orientiert.
Im Jahre 1973 wurden verfahrenstechnische Untersuchungen zum Prozeßabschnitt Ernte und Transport von Ganzpflanzen in einer Reihe sozialistischer Landwirtschaftsbetriebe der Bezirke Rostock, Cottbus, Potsdam und Halle durchgeführt. Die Einbeziehung aller Getreidearten auf den verschiedenen Standorten ergab eine große Variationsbreite der Einsatzbedingungen, woraus allgemeingültige Schlußfolgerungen abgeleitet werden konnten.

1. Ernteverfahren

Die Ernte des Getreides erfolgte in der Zeitspanne zwischen Milchreife und Vollreife, wobei der größte Teil in der Teig- und Gelbreife geerntet wurde. Als Erntemaschine wurde vorwiegend der selbstfahrende Feldhäcksler E 280 eingesetzt. Er hat bei der Ernte von Ganzpflanzen auf Grund seiner höheren Leistung und der besseren Häckselqualität den Vorzug gegenüber anderen Häckslern.
Das Abernten des Getreides erfolgt in der Regel im Mähhäckselverfahren, wobei der E 280 für Getreide mit dem Feldfutterschneidwerk E 296 und für Mais mit dem Maisschneidwerk E 295 auszurüsten ist. Dadurch wird bei relativ geringen Verlusten das Feld in einem Arbeitsgang abgeerntet und steht für die Nachfolgearbeiten zur Verfügung. Nur bei starkem Lager ist der Einsatz des Schwadmähers E 301 zu empfehlen und die nachfolgende Bergung des Erntegutes im

Schwadhäckselverfahren vorzunehmen. Unter solchen Bedingungen ist bei der Zweiphasenernte noch eine relativ hohe Häckslerleistung möglich, wobei die funktionellen Störungen vermindert und auf ein geringes Maß beschränkt bleiben. Es sind darüber hinaus noch ansprechende Leistungen bei der Schwadmahd zu erreichen, wobei es sich auch vorteilhaft erweist, wenn sich der Fahrer unter schwierigen Erntebedingungen nur auf einen Arbeitsgang zu konzentrieren braucht.
Wie bei der Futterernte ist auch bei der Ganzpflanzenernte die Übergabe des Erntegutes auf die Transporteinheiten im Parallelverfahren notwendig. Durchgeführte Vergleiche zeigen, daß mit dem Anhängeverfahren eine um 35% geringere Leistung des Feldhäckslers E 280 verbunden ist. Das Parallelverfahren gewährleistet darüber hinaus eine volle Ausnutzung des Transportraumes.

2. Verfahrensleistung

Die Verfahrensleistung des Feldhäckslers wird vor allem durch die Ertragshöhe und den Lageranteil im Getreidebestand bestimmt. Weiterhin wirkt sich auch die Einstellung des Feldhäckslers leistungsbestimmend aus. So führte beispielsweise bei voller Messerzahl die Häckselgetriebestellung „kurz" zu einer um rund 30% geringeren Leistung gegenüber der Einstellung „mittel".
Leistungsbegrenzend sind weiterhin die zur Verfügung stehende Motorleistung und die Zunahme der Verstopfungsgefahr besonders bei tau- und regenfeuchtem Erntegut. Im Ergebnis umfangreicher Zeitmessungen bei unterschiedlichen Einsatzbedingungen wurde bei den Getreidearten Gerste, Weizen und Hafer der in der Abb. 1 dargestellte Zusammenhang zwischen Trockenmasseertrag und Flächenleistung in T_1 gefunden. Infolgedessen wurden auch die in der Tab. 1 aufgezeigten Leistungsrichtwerte in Abhängigkeit vom Trockenmasseertrag ermittelt. Dabei konnte festgestellt werden, daß Weizen, Gerste und Hafer weitestgehend zusammengefaßt werden können. Bei Roggen werden dagegen auf Grund des relativ langen Halmes und des höheren Lageranteils etwas geringere Leistungen erzielt.

3. Arbeitsqualität

3.1. Verluste

Die Verluste treten besonders an drei Quellen auf, und zwar
- am Schneidwerk,
- innerhalb der Maschine im Förderprozeß und
- bei der Übergabe auf das Transportfahrzeug.

Die Verluste am Schneidwerk setzen sich in erster Linie aus Verlusten durch zu hohe Stoppel und Schnittähren sowie durch die durch den Messerantrieb und den fehlenden Halmteiler hervorgerufene Schleifspur zusammen. Sie sind sehr stark von den jeweiligen Einsatzbedingungen einschließlich des Reifegrades abhängig und weisen demzufolge auch die weitaus größere Variations-

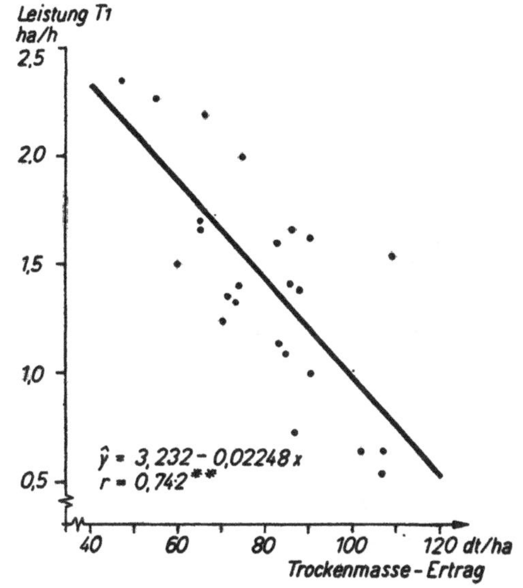

Abb. 1: Leistung des E 280 beim Mähhäckseln von Getreide in Abhängigkeit vom Trockenmasseertrag

breite auf (Tab. 2). Des weiteren ist das Feldfutterschneidwerk nicht genügend auf die Einsatzbedingungen im Getreide angepaßt, so daß zukünftig noch konstruktive Veränderungen notwendig sind. Es können aber auch unter den gegenwärtigen Bedingungen die Schneidwerksverluste in vertretbaren Grenzen gehalten werden, wenn ein geeigneter Halmteiler angebracht wird und Bestände zur Ganzpflanzenernte ausgewählt werden, die nicht zu stark lagern und die Bodenoberfläche so beschaffen ist, daß sie eine kurze Stoppel zuläßt. Größere Körnerverluste treten vor allem bei Hafer auf, der in der Reife weit fortgeschritten ist oder stark lagert. Deshalb sollte eine allzuspäte Ernte des Hafers mit dem Feldhäcksler E 280 nicht mehr durchgeführt werden. Im nicht lagernden Bestand wurden unter diesen Voraussetzungen mit dem Feldhäcksler E 067 geringere Verluste erreicht als mit dem E 280. Die Verluste während des Förderprozesses in der Maschine stellen zwar vom Umfang her den geringsten Anteil dar, bestehen aber in der Regel zu mehr als der Hälfte aus Körnern. Mit fortschreitender Reife nehmen die Verluste durch den wachsenden Anteil ausgeschlagener Körner zu. Hier muß zukünftig durch Änderung der Förderorgane eine gewisse „Körnerdichtheit" der Erntemaschine erreicht werden. Eine weitere Verlustquelle besteht in der Übergabe auf das Transportfahrzeug. Die Höhe wird vorwiegend von der Fahrweise des Transportfahrers und der Dichtheit der Aufbauten bestimmt.

Tabelle 1

Leistung des Feldhäckslers E 280 bei der Ernte von Getreide- und Maisganzpflanzen in Abhängigkeit vom Trockenmasseertrag
Rüstzustand des Feldhäckslers: 8 Messer; Häckselgetriebeeinstellung „mittel“

Ernteverfahren	Mähhäckseln									Schwad-mähen (E 301) Getreide		Schwad-häckseln (E 280) Getreide	
Getreideart	Winterroggen			Gerste, Hafer, Weizen			Körnermais						
TM-Ertrag dt/ha	70	90	110	70	90	110	60	80	100	90	110	90	110
Leistung in T_1 (ha/h)	1,50	1,10	0,80	1,66	1,20	0,95	1,75	1,50	1,30	1,70	1,50	1,10	0,80
Leistung in T_{02} (ha/h)	1,34	1,02	0,75	1,48	1,10	0,88	1,50	1,31	1,15	1,55	1,38	1,02	0,75
Durchsatz Frischmasse* in T_{02} (t/h)	20,0	19,5	17,5	22,0	21,0	20,6	30,0	35,4	38,0	–	–	19,5	17,6
Leistung in T_{04} (ha/h)	1,01	0,75	0,55	1,13	0,85	0,67	1,12	0,98	0,87	1,28	1,07	0,76	0,55
Leistung in T_{06} (ha/h)	0,70	0,55	0,40	0,80	0,60	0,50	0,80	0,70	0,60	1,00	0,80	0,55	0,40

* mit 45···50% Trockensubstanzgehalt bei Getreide, mit 28···32% Trockensubstanzgehalt bei Körnermais

3.2. Häckselqualität

Eine wesentliche Voraussetzung für eine hohe Leistung der Aufbereitungsanlage ist die Bereitstellung von Erntegut mit entsprechender Häckselqualität. Das heißt, es muß erreicht werden, daß mindestens 60% der Häckselteile kleiner

Tabelle 2

Gemessene Verluste bei der Ganzpflanzenernte unter verschiedenen Einsatzbedingungen in % des Trockenmasseertrages

	Getreide Mittelwert	Variationsbreite	Körnermais Mittelwert	Variationsbreite
Schneidwerk	3,0	1,0···19,0	3,7	2,2···5,6
innerhalb der Maschine	1,3	0,8··· 3,2	0,5	0,2···0,9
Übergabeverluste	2,3	1,4··· 6,8	1,2	1,1···1,6
insgesamt	6,6		5,4	

als 30 mm sind und der Anteil über 50 mm weniger als 15% beträgt. Diese Forderungen werden vom E 280 unter ganz bestimmten Voraussetzungen erfüllt. Dabei zeigte sich, daß neben der richtigen Einstellung des Häckselaggregates besonders deren Zustand für die Häckselqualität entscheidend ist.

In der Abb. 2 wird die Tendenz der Verbesserung der Häckselqualität nach dem Messerschleifen und der richtigen Einstellung der Gegenschneide deutlich sichtbar. Erst die Ergebnisse im rechten Säulenblock erfüllen voll die Anforderungen der Aufbereitungsanlage.

Für den störungsfreien Ablauf im Trockenwerk ist es demzufolge erforderlich, die Feldhäcksler mit der vollen Messerzahl auszurüsten und mit der Häckselgetriebeeinstellung „mittel" zu fahren. Die so erreichte theoretische Häcksellänge von 10 mm erfüllt diese Forderungen, und zwar unter Beachtung nachfolgender Hinweise:

- Schleifen der Messer nach 5···6 Einsatzstunden,
- Kontrolle der Gegenschneide nach 8···10 Einsatzstunden,
- Nachstellen bzw. Wechsel der Gegenschneide nach 24···30 Einsatzstunden,
- Einhaltung des vorgeschriebenen Schneidspaltes, von 0,4 ··· 0,6mm

Unter den Bedingungen der Praxis werden jedoch die Mindestforderungen an die Häckselqualität nicht immer eingehalten, bzw. das angelieferte Erntegut war nicht immer von gleichguter Qualität. Deshalb haben viele Trocknungsbetriebe zur Erhöhung der Einsatzsicherheit der Anlage einen Stationärhäcksler

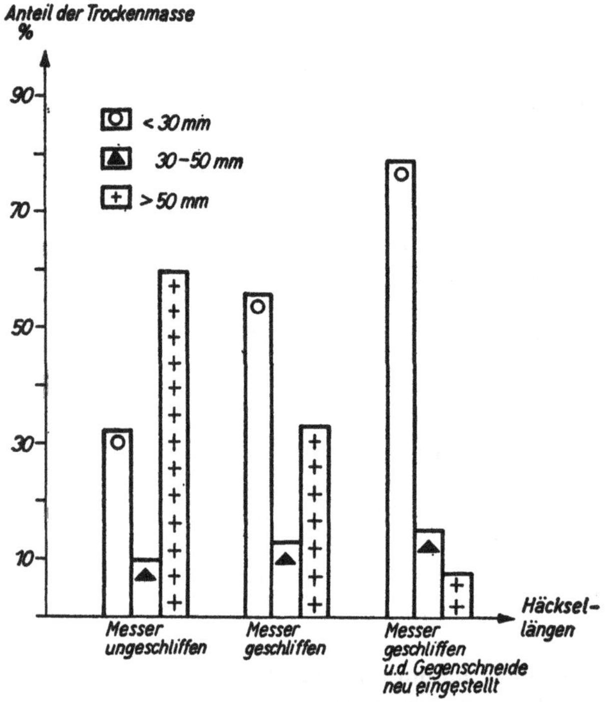

Abb. 2: Anteil der Häcksellängen in den einzelnen Klassen bei Wintergerste in Abhängigkeit vom Zustand der Häckseleinrichtung des E 280. Rüstzustand: 8 Messer; theoretische Häcksellänge: 10 mm; Reifegrad der Wintergerste: Gelbreife

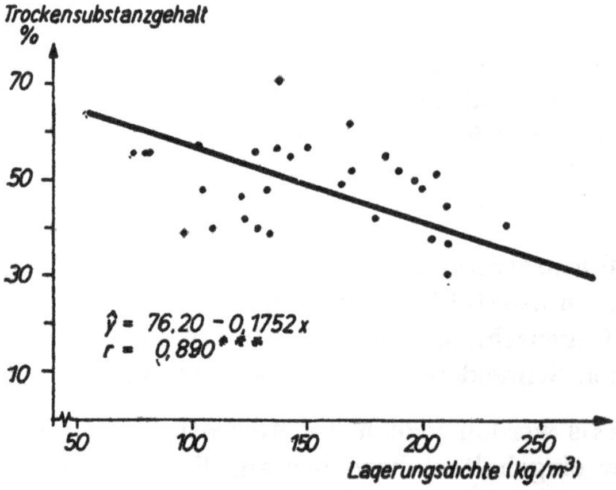

Abb. 3: Abhängigkeit der Lagerungsdichte (kg/m³) vom Trockensubstanzgehalt (%) bei Getreide

zum Nachhäckseln eingesetzt, wodurch es möglich wurde, aus den unterschiedlichen Fraktionsanteilen des angelieferten Erntegutes ein relativ einheitliches Material herzustellen.

4. Transport des Erntegutes

Unter den geprüften Transportfahrzeugen entspricht der W 50 LAZ mit HW 80.11 durch seine Leistungsfähigkeit am besten den Anforderungen. Die dazu erforderlichen Aufbauten SHA-16 und SHA-8 sind weitestgehend körnerdicht und erfüllen diesbezüglich die Anforderungen. Um das Ladevolumen voll zu nutzen, ist ein entsprechender Überblasschutz erforderlich. Messungen ergaben hierbei eine Ausnutzung des Ladevolumens bis zu 109%. Demgegenüber wird die Nutzlast der Transportfahrzeuge mit Getreidehäcksel nur zu rund 45% ausgenutzt. Mit der angegebenen Transporteinheit ist es somit möglich, nur etwa 5···6 t zu befördern. Hierbei ist allerdings die Lagerungsdichte des Erntegutes entscheidend, die wiederum wesentlich vom Trockenmassegehalt, wie in der Abb. 3 dargestellt ist, und von der Häcksellänge beeinflußt wird.

Die mittlere Lagerungsdichte bei $\bar{x}$ 47% Trockensubstanzgehalt betrug bei Winterroggen etwa 130 kg/m^3, bei den übrigen Getreidearten 185 kg/m^3. Bei guter Häckselqualität wurden Durchschnittswerte von 160 kg/m^3 bei Roggen und 200 kg/m^3 bei den übrigen Getreidearten erreicht.

Dagegen lag die Lagerungsdichte bei Körnermaishäcksel bei rund 270 kg/m^3, was vor allem auf den niedrigeren Trockensubstanzgehalt zurückzuführen ist.

Für einen effektiven Einsatz von Erntemaschine und Transportfahrzeug ist eine zahlenmäßige Abstimmung der einzusetzenden Transporteinheiten auf der Grundlage der Leistung der Erntemaschine notwendig. Einen wesentlichen Einfluß hat dabei die Transportentfernung. Die Tab. 3 zeigt, wie mit Zunahme der Transportentfernung der Fahrzeugbedarf rasch ansteigt.

Tabelle 3

Transportmittelbedarf in Abhängigkeit von der Transportentfernung auf der Grundlage des Durchsatzes (in T_{02}) der Erntemaschine (TS-Gehalt: 45–50% bei Getreide, 28–32% bei Mais)

Transportentfernung (km)	erforderliche Anzahl Transporteinheiten (W 50 LAZ mit HW 80.11) Roggen	Gerste, Hafer, Weizen	Mais
4	3	3	3
8	4	4	4
16	7	6	7

Tabelle 4

Verfahrenskosten (M/ha) für die Ernte von Getreide- und Maisganzpflanzen mit dem Feldhäcksler E 280 und der Transporteinheit W 50 LAZ und HW 80.11 in Abhängigkeit von Ertrag und Transportentfernung (Basis T_{07})

Ernteverfahren	Mähhäckseln									Schwadhäckseln	
Getreideart	Winterroggen			Gerste, Hafer, Weizen			Körnermais			Getreide	
TM-Ertrag dt/ha	70	90	110	70	90	110	60	80	100	90	110
Mechanisierungsmittel einschließlich lebendiger Arbeit:											
E 301	–	–	–	–	–	–	–	–	–	54	65
E 280	155	200	270	135	180	220	150	170	190	183	250
W 50 LAZ + HW 80.11											
4 km	140	175	240	120	160	190	120	140	160	175	240
8 km	180	230	310	160	210	260	160	190	220	240	310
16 km	320	410	480	240	320	380	240	280	320	350	400

5. Verfahrenskosten

Mit der Zunahme des Fahrzeugbedarfs ist aber gleichzeitig ein wesentlicher Anstieg der Verfahrenskosten verbunden. Tab. 4 zeigt die Veränderung der Verfahrenskosten für das Häckseln, aber auch deren Zunahme bei steigender Transportentfernung. Deshalb besteht auch bei der Ganzpflanzenernte die Notwendigkeit, die Flächen in der Nähe des Trockenwerkes auszuwählen, um die Kosten und den Arbeitszeitaufwand möglichst niedrig zu halten. Eine Verringerung der Anzahl notwendiger Transportfahrzeuge, wie es in vielen Betrieben noch durchgeführt wird, ist nur dort möglich, wo die Leistung des Trockenwerkes niedrig und somit ein Häcksler nicht voll ausgelastet ist. Hier kann man unter bestimmten Bedingungen Wartezeiten beim Häcksler verantworten, wenn er nicht noch zu anderen Arbeiten eingesetzt werden muß. Die Einsparung an Kosten beträgt zwar nur etwa insgesamt 10···40 M/ha, es wird aber in jedem Falle ein Transportfahrzeug für andere Arbeiten frei.

6. Organisation der Versorgung des Trockenwerkes

Derzeitig kann der Bedarf eines Trockenwerkes an Erntegut mit einem Feldhäcksler E 280 abgedeckt werden. Daraus ergibt sich auch vorwiegend noch der Einzeleinsatz der Erntemaschine. Unter Voraussetzung ihres rationellen Einsatzes ist sie somit nicht immer den ganzen Tag hinweg voll ausgelastet, da nur eine Teilbevorratung für einige Stunden erfolgen kann. Längere Zwischenlagerzeiten von 8···15 h führen zu einer Selbsterhitzung des Erntegutes, die durch hohe Tagestemperaturen noch beschleunigt wird und vom Trockensubstanzgehalt des Erntegutes abhängig ist. Die kritische Temperatur liegt bei etwa 40 °C, wo ein Nährstoffabbau in stärkerem Maße beginnt.

Bei Trockenwerken mit größerer Leistung wird in der Regel eine kontinuierliche Anlieferung mit Bevorratung für die Nachtstunden erfolgen. Liegt jedoch ein geringer Bedarf vor, so empfiehlt sich eine zweimalige Bevorratung am Tage, und zwar in den frühen Morgenstunden und den späten Nachmittagsstunden. Damit wird garantiert, daß eine 8- bis 12stündige Zwischenlagerung nicht überschritten wird.

Die tägliche Einsatzdauer des Feldhäckslers hängt somit von seiner Leistung und der Leistung des Trockenwerkes ab, wobei in jedem Falle auch der Trockensubstanzgehalt des Erntegutes eine Rolle spielt.

Um die anzufahrende Erntegutmasse je Tag überschlägig zu ermitteln, dient das in der Abb. 4 gezeigte Diagramm. In Abhängigkeit vom Pelletdurchsatz der Anlage (t/d) und vom Trockensubstanzgehalt der Frischmasse – abzüglich Zuschlagstoffe – kann der tägliche Erntegutbedarf abgelesen werden. Auf der Grundlage der Leistung der Trocknungsanlagen von rund 1 t/h (UT 66) bzw.

2 t/h Pellets (UT 67) kann mit einer Tagesleistung bei voller Ausnutzung der Verarbeitungskapazität je nach Ertrag von 2…2,5 ha bzw. 4…5 ha Getreide gerechnet werden.

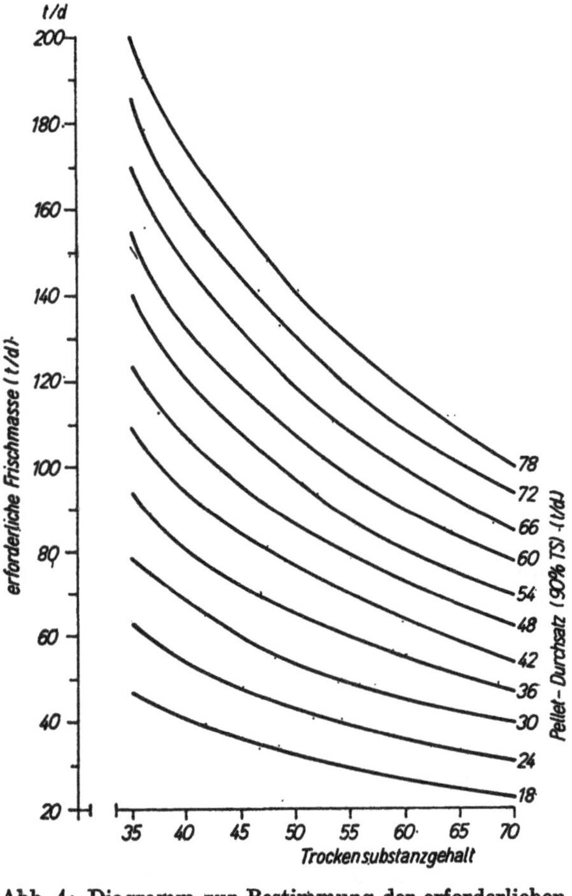

Abb. 4: Diagramm zur Bestimmung der erforderlichen Frischmasse in Abhängigkeit vom Pelletdurchsatz und Trockensubstanzgehalt der Frischmasse

Zusammenfassung

Das relativ neue Verfahren der Ganzpflanzenernte entspricht voll der Zielstellung zur weiteren Intensivierung der landwirtschaftlichen Produktion und der Orientierung auf die Einführung neuer wissenschaftlicher Erkenntnisse in der Futterproduktion. Deshalb ist es notwendig, dieses Verfahren maximal auszudehnen, soweit es die vorhandene Trockenkapazität zuläßt. Obwohl grundsätzlich alle Getreidearten zur Ganzpflanzenernte und Verarbeitung genutzt werden können, zeigt sich jedoch, daß sowohl vom Nährstoffertrag her – und vor allem von der Nährstoffkonzentration – als auch vom Einsatz des Feldhäckslers E 280 durch höhere Einsatzsicherheit und geringere Verluste die Getreidearten Weizen und auch Gerste – besonders Wintergerste – am besten für die Ganzpflanzenernte geeignet sind. Unter Beachtung des Standortes und der Reifezeit muß jedoch auch der Roggen mit einbezogen und hier genannt werden. Es müssen derzeit besonders Maßnahmen der weiteren Verlustsenkung und der Erhöhung der Einsatzsicherheit der Erntetechnik verwirklicht werden. Dazu sind neben der richtigen Auswahl der Schläge (möglichst ohne bzw. geringen Haftsteinbesatz) und von standfestem Getreide vor allem technische Veränderungen am Schneidwerk der Erntemaschine – besonders Maßnahmen zur Verhinderung der Schleifspur – und eine „körnerdichte" Förderung innerhalb der Maschine notwendig. Bei der Weiterentwicklung der Feldhäcksler sind die Belange der Ganzpflanzenernte voll zu berücksichtigen. Ein weiterer Schwerpunkt im Ernteprozeß ist die Produktion mit geringen Kosten. Hier kann durch richtigen Einsatz der Transportmittel einschließlich voller Ausnutzung der Transportkapazität und der Auswahl transportgünstiger Schläge in Trockenwerknähe ein wesentlicher Beitrag geleistet werden.

Резюме

Название работы: Технологические вопросы уборки целых растений зерновых культур

В принципе у всех видов зерновых культур можно убирать и перерабатывать надземную часть растений. Однако, учитывая сбор (и в первую очередь концентрацию питательных веществ), повышенную эксплуатационную надежность и пониженные потери при использовании полевого измельчителя E 280 особенно пригодны для уборки целых растений пшеница и ячмень, в особенности озимый ячмень. В зависимости от почвенно-климатических условий и срока созревания следует учитывать и рожь. В настоящее время требуется принятие мер по дальнейшему снижению потерь и повышению эксплуатационной надежности уборочной техники. Для этого, наряду с правильным выбором по возможности некаменистых участков и с возделыванием устойчивых к полеганию зерновых культур необходимо технически изменить режущий аппарат уборочной машины, и в частности проводить меры по предупреждению следов от волочения и потерь при транспортировке зерна внутри машины. При дальнейшем усовершенствовании полевого измельчителя должны быть полностью учтены требования, предъявляемые к уборке целых растений. Узловым вопросом процесса уборки является еще снижение затрат. Этому может способствовать правильное и полное использование транспортных средств и возделывание культур на участках с хорошей дорожной сетью по близости сушильной установки.

Summary

Title of the paper: Technological problems regarding whole-plant harvest of cereal crops

Although, on principle, all the various cereal species are suitable for whole-plant harvest and processing, wheat and barley – especially winter barley – are best suited for that purpose. This applies above all to the nutrient yield (particularly under the aspect of nutrient concentration) and to the successful use of the E 280 forage harvester-chopper (higher reliability of operation and lower losses). Taking into account the site and the time of maturity, rye should be included as well. At present steps must be taken to further reduce grain losses and to improve the reliability of operating of the harvest machinery. This includes adequate choice of fields (if possible without or with but small amounts of stones) and non-lodging varieties as well as technical modifications on the cutter bar (especially measures to prevent the slip track) and grain-tight transport within the harvester. Further improvement of the forage harvester-chopper must take into full account the problems of whole-plant harvest. Another major problem of the harvesting process consists in low-cost production. Adequate employment of the means of transport, including full use of the transport capacity, and choice of fields near the drying plant would be essential steps to that end.

Anschrift des Verfassers:
Dr. Horst Bernhardt
Institut für Getreideforschung Bernburg-Hadmersleben
der Akademie der Landwirtschaftswissenschaften der DDR
4351 Bernburg-Strenzfeld, Mitschurinstraße 22

Tag.-Ber., Akad. Landwirtsch.-Wiss. DDR, Berlin (1975) 135, S. 189–197

Institut für Getreideforschung Bernburg-Hadmersleben
der Akademie der Landwirtschaftswissenschaften der DDR

Hansgeorg Steikhardt

Ergebnisse der Ganzpflanzenernte von Mais

Wie in der Getreideproduktion, so hat sich auch im Körnermaisanbau während der letzten beiden Jahre die Bergung der gesamten Pflanze mit anschließender Trocknung und Pelletierung durchgesetzt.

Diese Nutzungrichtung bringt gegenüber Mais zur Körnergewinnung bestimmte Vorteile. Die wichtigsten sind:

1. Die Hektarerträge sind bedeutend höher, weil die gesamte Pflanze geerntet und verwertet wird. Bei der Korngewinnung gelingt die Restmaisbergung aus technologischen Gründen nur teilweise.
2. Die Erträge sind sicherer, weil die Ansprüche an die Kolben- und Kornausbildung nicht so hoch sind und mit der Ernte frühzeitiger als beim Mais für die Körnernutzung begonnen werden kann.
3. Die Ernte ist technologisch einfacher und mit geringeren Aufwendungen verbunden, weil die Ganzpflanzenernte mit dem Exakthäcksler und die Ernte des Körnermaises mit dem Mähdrescher durchgeführt wird.

Gegenüber den anderen Getreidearten liegt der Vorteil der Ganzpflanzenernte von Mais hauptsächlich in der höheren Hektarleistung und in der besseren Nährstoffkonzentration (s. Tab. 1).

Tabelle 1

Erträge von Mais und Hafer
(3 Jahre, 8 Versuche)

	Mais TS dt/ha	EFr/kg TS	kEFr/ha	Hafer TS dt/ha	EFr/kg TS	kEFr/ha
Korn	52,7	788	4153	37,4	688	2573
Stroh	72,4	439	3178	60,2	395	2772
Gesamt	125,1	586	7331	97,6	548	5345
relativ 100			100	78		73

TS = Trockensubstanz; EFr = Energetische Futtereinheit Rind

Im folgenden wird über einige acker- und pflanzenbauliche Einflußgrößen der Ertragsbildung beim Mais zur Ganzpflanzenernte berichtet.

Die uns für den Anbau zur Verfügung stehenden Maissorten unterscheiden sich deutlich in einigen Parametern. Der den spezifischen Körnermaistyp vertretende 'INRA 200' bringt bei Ganzpflanzennutzung einen vergleichsweise geringen Ertrag an Trockenmasse und von energetischen Futtereinheiten. Andererseits sind der Kolbenanteil und daher auch die Nährstoffkonzentration relativ hoch (Tab. 2).

Die beiden neugeschaffenen Körnermaissorten 'BETU 240' und insbesondere 'BEMA 240' haben höhere Erträge gebracht, wenn auch Kolbenanteil und Nährstoffkonzentration nicht die Werte des 'INRA 200' erreichten.

Die beiden Silomaise 'BEMA 250' und 'BEKE 270' übertrafen die Körnermaise in den Erträgen an Trockenmasse. Die Kolbenanteile waren jedoch deutlich geringer, was auch insbesondere beim 'BEKE 270' eine geringere Nährstoffkonzentration und bei beiden Sorten auch keine besseren Erträge an energetischen Futtereinheiten mit sich brachte.

Von Interesse ist die Körnermaisneuzüchtung 'DUK 56', die sowohl die Körnermais- als auch die Silomaissorten übertroffen hat. Sie brachte die besten Erträge an Trockenmasse und energetischen Futtereinheiten, hatte einen hohen Kolbenertrag und Kolbenanteil und zeichnete sich durch eine relativ hohe Nährstoffkonzentration aus.

Aus diesen Versuchen geht zusammenfassend hervor, daß der Faktor Sorte bei der Ganzpflanzenernte des Maises eine Rolle spielt und die neuen Körnermaissorten, an der Spitze 'BEMA 240', insgesamt gesehen für die Nutzungsrichtung besser geeignet sind als die bisher zugelassenen Silomaise, insbesondere der spätere Silomais 'BEKE 270'. Diese Eignung dürfte in klimatischen Übergangslagen noch deutlicher hervortreten als unter günstigen Umweltbedingungen.

Untersuchungen über verschiedene Bestandesdichten beim Maisanbau zur Ganzpflanzenernte ergaben ebenfalls Auswirkungen auf die Ertragsverhältnisse (Tab. 3).

Mit steigender Pflanzenzahl pro Hektar gingen sowohl beim Körnermais 'BEMA 240' als auch beim Silomais 'BEMA 250' die Kolbenerträge und auch die Kolbenanteile deutlich zurück, während die Restmaiserträge beim Körnermais zunahmen und beim Silomais sich nicht änderten. Die Gesamterträge an Trockenmasse blieben beim Körnermais gleich, und beim Silomais gingen sie zurück. Die Rohfaseranteile waren allgemein bei den geringeren Pflanzenzahlen im Kolben und Restmais höher als in dichteren Beständen, doch unterschieden sich die Rohfaseranteile in der Gesamtmasse wegen der verschiedenen Kolbenanteile kaum. Der Körnermais lieferte deshalb in diesen Versuchen bei allen geprüften Bestandesdichten etwa gleiche Erträge an energetischen Futtereinheiten. Beim Silomais gingen die Leistungen zurück. Als spätreifender Mais benötigt er also geringere Bestandesdichten als ein mittelfrüher Körnermais.

Tabelle 2

Erträge und Nährstoffgehalte von Maissorten
(Bernburg 1973)

	TS dt/ha				Kolben-anteil	Rohfaser i. TS%			VE	EFr/		
	Kolben	Rest-mais	Gesamt	rel.	%	Kolben	Rest-mais	Gesamt	%	kg TS	ha	rel.
INRA 200	71,1	45,4	116,5	100	60,2	9,45	34,36	19,80	69	592	6897*	100
BETU 240	66,5	59,7	126,2	108	52,7	9,60	35,51	21,86	66	570	7193	104
BEMA 240	76,3	55,2	131,5	113	58,0	9,43	36,41	20,76	67	583	7661	111
BEMA 250	74,1	61,8	135,9	117	54,5	10,02	35,24	21,54	67	577	7836	114
BEKE 270	70,8	65,6	136,4	117	51,9	10,97	35,70	22,90	65	562	7666	111
(DUK 56)	92,2	53,3	145,5	125	63,4	9,87	35,88	19,40	69	595	8657	126

* in 1000

Tabelle 3

Erträge von Maissorten bei unterschiedlicher Bestandesdichte (Bernburg 1973)

Sorte	Pflanzen/m²	TS dt/ha Kolben	Restmais	Gesamt	rel.	Kolbenanteil %	Rohfaser in TS% Kolben	Restmais	Gesamt	VE %	EFr/ kg TS	ha	rel.
BEMA 240	8	81,4	49,0	130,4	100	62,4	10,22	36,94	20,26	67	580	7563*	100
	10	75,4	56,5	131,9	101	57,2	10,03	36,83	21,51	66	565	7452	98
	12	72,0	60,0	132,0	101	54,5	8,05	35,45	20,51	67	575	7590	100
BEMA 250	8	84,1	60,8	144,9	100	58,2	10,15	35,95	20,98	67	570	8259	100
	10	72,3	62,6	134,9	93	53,4	10,15	35,83	22,07	65	560	7554	91
	12	65,7	61,9	127,6	88	51,6	9,76	33,94	21,49	66	565	7209	88

* in 1000

Dieser Vergleich zwischen den beiden Sorten zeigt weiterhin, daß bei Berücksichtigung geeigneter Pflanzenzahlen frühreifender Silomais mit Körnermais im Ertrag durchaus zu konkurrieren vermag, bezüglich Kolbenanteil und Nährstoffkonzentration dagegen weniger.

Tabelle 4

Getreidearten ohne und mit Beregnung (Herzberg, 3 Jahre, in dt/ha)

	Beregnung ohne	mit	rel.
Körnermais	37	57	153
Hafer	27	35	129
Sommerweizen	17	21	124
Winterroggen	26	30	116
Wintergerste	18	24	135
Winterweizen	17	20	118

Die **Beregnung** hat sich beim Mais zur Körnernutzung auf leichten, grundwasserfernen Sandböden bei ungenügender Niederschlagsversorgung als eine sehr positive Intensivierungsmaßnahme erwiesen.

In mehrjährigen Feldversuchen auf einem D 2-Standort konnten dadurch Kornmehrerträge von 20 dt/ha bzw. von 53 Prozent erreicht werden.

Auch der als Ganzpflanze genutzte Mais reagierte auf Beregnung mit deutlichen Mehrerträgen. Sie lagen in den Versuchen bei 30 dt/ha Trockensubstanz (Tab. 5).

Die einzelnen Sorten verhielten sich kaum unterschiedlich. Ihre Erträge wurden um 35 bis 40 Prozent erhöht. Die Beregnung führte allerdings zu einer Reifeverzögerung, was sich u.a. in einem geringeren Trockensubstanzgehalt zur Zeit der Ernte bemerkbar machte. Kolbenertrag und Kolbenanteil nahmen mehr zu als der Restmais. Die Gehalte an Rohfaser gingen sowohl im Kolben als auch im Restmais und damit in der Gesamtpflanze zurück. Der Gehalt an energetischen Futtereinheiten und die Verdaulichkeit konnten gesteigert werden.

Die Intensivierungsmaßnahme Beregnung wirkte sich also sowohl ertragsteigernd als auch qualitätsverbessernd bei der Nutzung des Maises als ganze Pflanze aus!

Der **Zeitpunkt der Ernte** spielte ebenfalls eine entscheidende Rolle (Tab. 6).

In Versuchen mit der Körnermaissorte 'BEMA 240' stiegen die Kolben- und Restmaiserträge an Trockenmasse und damit der gesamte Trockensubstanzertrag bis zur Wachsreife bzw. bis zum Beginn der Körnerreife kontinuierlich an und erreichten zu diesem Termin die höchsten Werte.

Tabelle 5

Erträge und Nährstoffgehalte von Maissorten ohne und mit Beregnung (Herzberg 1973, Mittel aus 3 Werten)

Sorte	Beregnung	TS dt/ha Kolben	TS dt/ha Restmais	TS dt/ha Gesamt	TS dt/ha rel.	Kolbenanteil % TS	Rohfaser % in TS Kolben	Rohfaser % in TS Restmais	Rohfaser % in TS Gesamt	VE %	EFr/ kg TS	EFr/ ha	EFr/ rel.
INRA 200	ohne	56,5	35,9	92,4	100	61,1	15,71	36,50	23,42	64	545	5035*	100
	mit	81,5	45,7	127,2	138	64,0	13,35	33,63	20,85	66	572	7276	144
BEMA 240	ohne	47,7	48,6	96,3	100	49,5	15,27	35,51	25,43	61	522	5011	100
	mit	71,3	56,8	128,1	133	55,6	14,09	32,00	22,07	66	576	7488	149
BEMA 250	ohne	43,3	57,6	100,9	100	42,9	13,65	35,56	26,12	61	527	5324	100
	mit	72,4	57,6	130,0	129	55,7	12,81	32,10	21,19	67	560	7280	137
BEKE 270	ohne	44,4	52,9	97,3	100	45,6	15,13	35,46	25,70	62	518	5025	100
	mit	69,8	65,7	135,5	140	51,5	13,00	32,16	22,07	65	573	7793	155

* in 1000

Tabelle 6

Maiserträge bei verschiedenen Schnittzeiten (Bernburg, 3 Versuche, 'BEMA 240')

Schnittzeit		TS dt/ha Kolben	Rest-mais	Gesamt	rel.	Kolben-anteil %	Rohfaser in TS %	VE %	EFr/ kg TS	ha	rel.
31. 7.	Abschluß der Blüte	–	–	75,8	100	–	25,3	62	530	4017*	100
16. 8.	Dünnmilchreife	36,5	72,7	109,2	144	33,4	20,7	68	588	6421	160
27. 8.	Dickmilchreife	37,8	78,3	116,1	153	32,6	20,2	68	592	6873	171
6. 9.	Wachsreife	57,4	102,1	159,5	210	36,0	21,9	68	585	9331	232
26. 9.	Körnerreife	48,2	68,6	116,8	154	41,3	22,3	66	570	6658	166

* in 1000

Auch die Kolbenanteile nahmen zu. Die Gehalte an energetischen Futtereinheiten erhöhten sich ebenfalls zunächst, so daß in der Wachsreife bzw. bei Beginn der Körnerreife der Nährstoffertrag am höchsten gewesen ist.
In der ausgesprochenen Körner- bzw. Pflückdruschreife traten dagegen Stengelbruch und infolge des trockenen herbstlichen Witterungsverlaufes auch insbesondere Blatt- und Kolbenverluste ein, die zu einem stärkeren Ertragsrückgang führten. Hinzu kam ein Anstieg des Gehaltes an Rohfaser und damit ein leichter Rückgang an EFr/kg Trockensubstanz, so daß schließlich auch die Hektarleistungen an energetischen Futtereinheiten zu wünschen übrig ließen.
Diese Prüfungen lassen die Schlußfolgerung zu, daß Mais für die Ganzpflanzenernte in einem fortgeschrittenen Reifestadium, jedoch andererseits nicht zu spät geerntet werden sollte, um einen hohen Ertrag zu sichern. Eine frühzeitige Ernte bringt noch keinen Höchstertrag und verursacht dank des geringen Trockensubstanzgehaltes auch höhere Trocknungskosten. Ein zu später Schnitt kann zu Feldverlusten durch Stengelbruch und Blattfall führen.
Unsere Prüfungen befürworten damit das Bestreben in der Praxis, die Ganzpflanzenernte des Maises vor der ausgesprochenen Körnerreife durchzuführen, weil seine Ernte und Trocknung in vielen LPG, VEG und deren kooperativen Einrichtungen mit der Hackfruchternte und Hackfruchttrocknung sowie mit der Trocknung von Futterpflanzen zusammenfällt. Die mittelfrühen Maissorten, die in der Regel für diese Nutzungsrichtung angebaut werden, besitzen oft bereits ab Anfang bzw. Mitte September die Dickmilchreife oder Wachsreife und damit eine hohe Energiekonzentration. Aus diesem Grunde ist es durchaus zu vertreten, die Ernte vorzuziehen.

Zusammenfassung

Untersuchungen über die Nutzung des Maises als ganze Pflanze ergaben, daß sowohl die Sorte als auch die Bestandesdichte, Beregnung und Schnittzeit einen Einfluß auf die Energiekonzentration der Erntetrockenmasse und auf den Ertrag ausübt. Geeignet sind nach den bisherigen Ergebnissen als Sorten primär Körnermaise sowie Bestandesdichten von 80000 und 100000 Pflanzen/ha für Körnermaise und 80000 Pflanzen/ha für frühreifende Silomaise. Beregnung führte auf Sandboden zu Mehrerträgen von 30 bis 50 Prozent, und als günstigste Schnittzeit wurde das Stadium der Wachsreife bzw. der Beginn der Körnerreife ermittelt.

Резюме

Название работы: Результаты уборки целых растений кукурузы

При исследовании возможностей использования надземной части кукурузы было установлено, что сорт, густота стояния растений, орошение дождеванием и срок скашивания оказывают влияние на концентрацию энергии в сухой массе убранной продукции и на урожай. По полученным до сих пор результатам для использования надземной части растений пригодна в первую очередь кукуруза на зерно. Рекомендуется применять густоту стояния в 80000 и 100000 растений на гектар при возделывании кукурузы на зерно и 80000 растений на гектар при возделывании раннеспелой кукурузы на силос. Орошение дождеванием приводит на песчаных почвах к прибавкам урожая в 30—50%. Оптимальным сроком скашивания является фаза восковой спелости или начало созревания зерен.

Summary

Title of the paper: Results of whole-plant harvest of maize

Investigations into the use of the whole maize plant have shown that the energy concentration in the dry matter of the harvested crop and the crop yield depend on the variety chosen as well as on stand density, sprinkler irrigation and time of harvest. According to the results obtained so far, grain maize varieties and stand densities of 80,000 and 100,000 plants per hectare in case of grain maize and 80,000 plants per hectare for early ensilage maize are particularly suitable for whole-plant harvest. On sandy soil, sprinkler irrigation led to 30–50 per cent yield increase, while the plants should be harvested during the dough stage or at the beginning of grain ripeness, respectively.

Anschrift des Verfassers:
Prof. Dr. sc. Hansgeorg Steikhardt
Institut für Getreideforschung Bernburg-Hadmersleben
der Akademie der Landwirtschaftswissenschaften der DDR
4351 Bernburg-Strenzfeld, Mitschurinstraße 22

Tag.-Ber., Akad. Landwirtsch.-Wiss. DDR, Berlin (1975) 135, S. 199–215

Institut für Düngungsforschung Leipzig-Potsdam
der Akademie der Landwirtschaftswissenschaften der DDR

RUDOLF JAUERT, HERMANN ANSORGE und HANS GÖRLITZ

Einfluß der N-Düngung bei zusätzlicher Beregnung auf den Ertrag und die Qualität der wichtigsten Getreidearten auf Schwarzerde und anlehmigem Sand

Der VIII. Parteitag der Sozialistischen Einheitspartei Deutschlands beschloß, daß die Produktionssteigerung in der Landwirtschaft der DDR auch weiterhin in erster Linie durch die sozialistische Intensivierung, vor allem durch die Chemisierung, komplexe Mechanisierung und Melioration zu erreichen ist. Besonders in den nächsten Jahren wird ein großer Teil der für die Landwirtschaft zur Verfügung stehenden Investitionen für den weiteren Ausbau umfangreicher Ent- und Bewässerungssysteme verwandt, um alle natürlichen Wasserreserven für die schnelle Produktionssteigerung und Sicherung der Erträge möglichst umfassend zu nutzen.
Neben dem Anbau düngungs- und beregnungsintensiver Fruchtarten, wie Gemüse, Hackfrüchte und Futterpflanzen, wird auf diesen Vorteilsflächen für die Beregnung in bestimmtem Umfang auch Getreide zum Anbau gelangen. Dies verlangt genaue Kenntnis über Möglichkeiten und Umfang des Einsatzes von Düngung und Beregnung zu den wichtigsten Getreidearten in düngungs- und beregnungsintensiven Fruchtfolgen.
In der Reihenfolge der Beregnungsdankbarkeit wird Getreide von KLATT (1970) an vorletzter Stelle eingeordnet. Mangelnde Standfestigkeit und für die dadurch erreichbaren Erträge in unserem Klimagebiet meist genügende Feuchtigkeit des Bodens haben häufig nur in extrem trockenen Jahren einen Beregnungserfolg zu Getreide ermöglicht. Dabei wird auf die richtige Sortenwahl immer wieder hingewiesen. Durch die Züchtung neuer düngungsintensiver und standfester Getreidesorten mit hohem Ertragspotential ergeben sich neue Möglichkeiten im bewässerten Getreidebau. Von den neuen sowjetischen Winterweizensorten werden 'Kavkaz' und 'Avrora' für die Bewässerung als besonders geeignet genannt (o. V., 1968). In der Sowjetunion wurden bereits neuere noch standfestere Sorten geprüft (RUDENKO u. UDAČIN, 1972).
Die Qualität des Getreides steht bei zusätzlicher Beregnung meist nicht so sehr im Vordergrund, da direkte Mängel weniger stark in Erscheinung treten.
Den Hauptausschlag gibt die Düngung (o. V., 1968; CHANDNANI u.a., 1960; GOTSOVA, BOCHEVA u. BOCHEV, 1965; TERMAN u. RAMIG, 1969; HOFFMANN, LANGE u. KOEPKE, 1970). Auch die Backqualität und die biochemischen Eigen-

schaften werden in erster Linie durch die Düngung bestimmt (Smukalski, 1970; u.a.). Das Hauptproblem besteht in der Lagerneigung bei hoher Düngung und Bewässerung. Lagergetreide führt neben Ertragsminderungen zu unvollständiger Kornausbildung und damit zu Qualitätseinbußen.

1. Material und Methodik

Zur Untersuchung des kombinierten Einsatzes von hohen Stickstoffmengen und Zusatzberegnung auf Ertrag, Qualität und ökonomischen Nutzen wurde 1966 ein Komplexversuch mit den Früchten Feldgras, Kartoffeln, Winterweizen, Futterroggen/Silomais, Zuckerrüben und Hafer auf Schwarzerde und 1967 ein Komplexversuch mit den Früchten Feldgras, Kartoffeln, Zuckerrüben, Hafer, Futterroggen/Silomais und Winterroggen angelegt. Die Früchte wurden jährlich und in der genannten Reihenfolge nacheinander angebaut.
Die allgemeine Charakteristik der Versuchsstandorte enthält Tab. 1.

Tabelle 1

Charakteristik der Versuchsorte

Ort (Kreis)	Schafstädt (Merseburg)	Spröda (Delitzsch)
Bodenform	Lößschwarzerde	Tieflehmfahlerde
Bodenschätzung	L 2 Lö 94/96	Sl 4 D 33/30
langjähriger Niederschlag (1901–1950)	476 mm	540 mm
Mittel Temperatur (1901–1950)	8,6 °C	8,4 °C
pH-Wert*	7,1	5,8
P, mg/100 g Boden*	15,4	1,6
K, mg/100 g Boden*	29,9	6,2

* bei Anlage des Versuches

Die Versuchsanlage erfolgte als Spaltanlage mit den Früchten als Großteilstück, Beregnung als Mittelteilstück und N-Steigerung als Kleinteilstück. Die N-Stufen betrugen für Winterweizen und Winterroggen 0, 50, 100, 150 und 200 kg/ha und für Hafer 0, 40, 80, 120 und 160 kg/ha. Dazu wurde Getreide einheitlich mit 40 kg P ($92 P_2O_5$) und 100 kg K ($120 K_2O$) gedüngt. Bis 50 kg N/ha wurden bei der 1. Gabe, bis 120 kg/ha bei der 2. N-Gabe bei etwa 40 cm Wuchshöhe, und Mengen über 120 kg/ha wurden zum Zeitpunkt des Ährenschiebens verabreicht.
Die durchschnittlichen Beregnungsmengen betrugen zu Winterroggen 47 mm, zu Winterweizen 61 mm, zu Hafer auf Schwarzerde 92 mm und auf anlehmigem Sand 98 mm. Das Beregnungswasser wurde auf Schwarzerde einer ehemaligen

Tongrube und auf anlehmigem Sand der Wasserleitung entnommen. Detaillierte Angaben über die Versuchsgrundlagen, Witterungsablauf in den Versuchsjahren und Bearbeitung der Ergebnisse sind bei JAUERT (1972) enthalten.
Im Rahmen dieser Arbeit sollen Ergebnisse der Sorten 'Avrora' bei Winterweizen, 'Danae' bei Winterroggen und 'Astor' bei Hafer besprochen werden. Zur Darstellung der Ertragsergebnisse wird die quadratische Polynomialfunktion $f(x) = a + bx + cx^2$ verwendet.

2. Ergebnisse

2.1. Einfluß der N-Düngung und Zusatzberegnung auf die Erträge

Hafer

Die Wirkung von N-Düngung und Beregnung auf die Ertragsleistung des Hafers war in den durchgeführten Dauerversuchen auf Schwarzerde unbefriedigend, da zum Teil bereits bei 40 kg N/ha und fast immer bei 80 kg N/ha mehr oder weniger starkes Lager eintrat. Die Erträge schwankten dementsprechend stark, was auch aus den Bestimmtheitsmaßen der Produktionsfunktionen hervorgeht (Abb. 1), mit denen eine schlechte Anpassung erreicht wurde. Bereits 40 kg N/ha ohne Beregnung genügte, um im 3jährigen Mittel den Höchstertrag von 50 dt/ha zu erreichen.

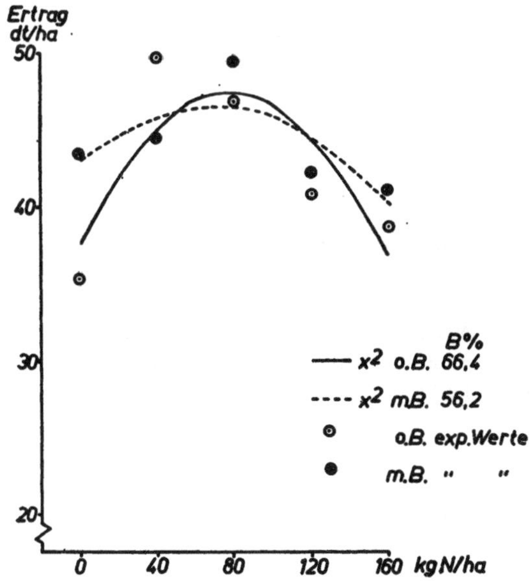

Abb.1: Produktionsfunktionen N-Düngung – Hafer ('Astor'), Schwarzerde, 1969–1971

Der Mehrertrag durch Beregnung (Tab. 2) ohne N-Düngung ist auf eine gleichmäßig gute Wirkung in allen 3 Jahren zurückzuführen. Mit steigender Stickstoffmenge trat kein gesicherter Beregnungserfolg und damit keine Kombinationswirkung von Düngung und Beregnung ein. Der Strohertrag lag mit zusätzlicher Beregnung ohne N und in den unteren N-Stufen sogar niedriger als ohne Beregnung (Tab. 3).

Auf dem anlehmigen Sandboden hat sich die von 1970 bis 1972 im Versuch geprüfte Hafersorte 'Astor' sehr gut bewährt (Abb. 2). Durch ihre bessere Standfestigkeit waren ohne Beregnung sichere Mehrerträge bis 120 kg N/ha und mit Beregnung ein Ertragsanstieg bis 160 kg N/ha möglich. Besonders hohe Mehrerträge wurden in den Jahren 1971 und 1972 erzielt. Im Gegensatz zur Schwarzerde traten auf dem anlehmigen Sand bei alleiniger Zusatzberegnung keine Mehrerträge ein (Tab. 4). Mit steigender N-Menge war dagegen ein erheb-

Tabelle 2

Mehrerträge und Kombinationseffekt durch Düngung und Beregnung zu Hafer ('Astor') auf Schwarzerde 1969–71, 92 mm

N	Mehrerträge durch Düngung	durch Düngung + Beregnung	Kombinationseffekt	Mehrertrag durch Zusatzberegnung	
kg/ha	dt/ha	dt/ha	dt/ha	dt/ha	kg/mm
0	(35,5)		–	7,7	8,4
40	14,3	8,8	–	–	–
80	11,3	14,0	–	–	–
120	5,3	6,7	–	–	–
160	3,3	5,7	–	–	–

Tabelle 3

Einfluß von N-Düngung und Zusatzberegnung auf den Strohertrag dt TM/ha

N-Düngung	Hafer (Astor) Schwarzerde		anlehmiger Sand		N-Düngung	Winterweizen Schwarzerde		Winterroggen anlehmiger Sand	
kg/ha	o. B.	m. B.	o. B.	m. B.	kg/ha	o. B.	m. B.	o. B.	m. B.
0	53,6	44,9	25,7	26,4	0	52,9	54,0	29,0	30,2
40	68,4	57,8	40,9	44,8	50	58,3	58,8	56,7	56,3
80	72,3	65,0	44,4	51,4	100	69,5	66,9	57,4	62,1
120	70,7	77,2	49,3	54,8	150	73,4	72,0	58,1	65,8
160	74,2	62,2	50,3	57,6	200	67,5	66,6	55,5	62,9

o. B. = ohne Beregnung, m. B. = mit Beregnung

licher Ertragsanstieg und durch den gemeinsamen Einsatz von Düngung und Beregnung ein signifikanter Kombinationseffekt dieser Faktoren vorhanden. Auf den Strohertrag hatten Düngung und Beregnung eine ähnliche Wirkung (Tab. 3).

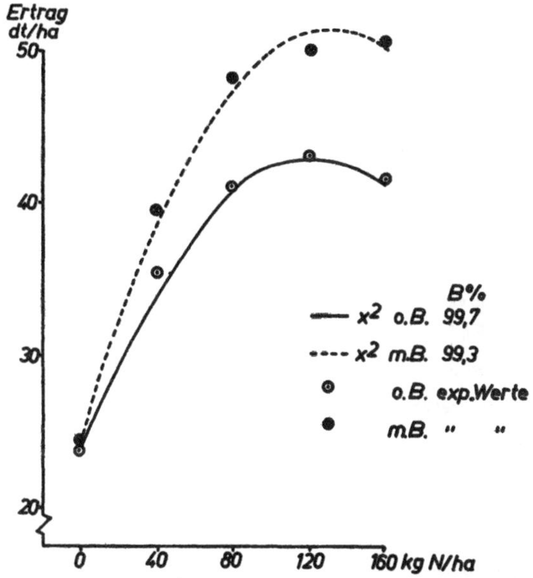

Abb. 2: Produktionsfunktionen N-Düngung – Hafer ('Astor'), anlehmiger Sand, 1970–1972

Tabelle 4

Mehrerträge und Kombinationseffekt durch Düngung und Beregnung zu Hafer ('Astor') auf anlehmigem Sand 1970–72, 98 mm

N	Mehrertrag durch Düngung	durch Düngung + Beregnung	Kombinations-effekt	Mehrertrag durch Zusatzberegnung	
kg/ha	dt/ha	dt/ha	dt/ha	dt/ha	kg/mm
0	(23,8)		–	0,4	0,4
40	11,6	15,6	+3,6	3,8	3,9
80	17,1	24,3	+6,8	7,2	7,3
120	19,3	26,1	+6,4	6,8	6,9
160	17,8	26,8	+7,1	7,5	7,6

Winterweizen

Die 1970–71 im Dauerversuch geprüfte sowjetische Sorte 'Avrora' brachte gegenüber der bis dahin im Versuch vorhandenen Standardsorte 'Pilot' wesentlich bessere Ergebnisse (Abb. 3).

Im Mittel der beiden Jahre stieg der Ertrag ohne Zusatzbewässerung bis 150 kg N/ha und mit Zusatzbewässerung bis 100 kg N/ha an. Bei weiterer Steigerung der N-Düngung mit zusätzlicher Beregnung wurde der Massenwuchs verstärkt,

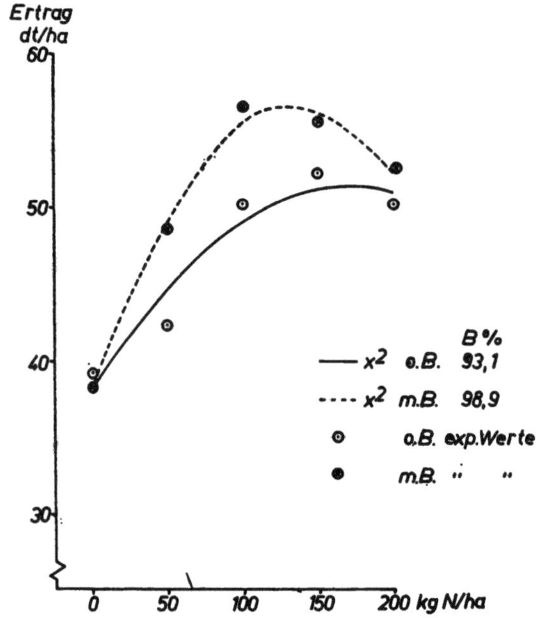

Abb. 3: Produktionsfunktionen N-Düngung – Winterweizen ('Avrora'), Schwarzerde, 1970–1971

was zu vorzeitigem Lagern der Bestände und Ertragsabfall führte. Da ohne Beregnung kein Mehrertrag bzw. sogar ein geringer Ertragsabfall zu verzeichnen war (Tab. 5), kam es durch kombinierten Einsatz von Düngung und Bewässe-

Tabelle 5

Mehrerträge und Kombinationseffekt durch Düngung und Beregnung zu Winterweizen ('Avrora') auf Schwarzerde, 1970–71, 61 mm

N kg/ha	Mehrertrag durch Düngung dt/ha	durch Düngung + Beregnung dt/ha	Kombinations-effekt dt/ha	Mehrertrag durch Zusatzberegnung dt/ha	kg/mm
0	(39,0)		–	–0,6	–1,0
50	3,4	9,6	6,8	6,2	10,2
100	11,2	17,7	6,8	6,2	10,2
150	13,2	16,5	3,9	3,3	5,4
200	11,2	13,3	0,7	0,1	0,0

rung zu einer positiven Kombinationswirkung. Diese war bei 50 und 100 kg N/ha gleich groß. Das Ergebnis resultiert aus der völlig gleichen Wirkung von Düngung und Beregnung auf den Ertrag in beiden Jahren. Lediglich in der Ertragshöhe gab es Unterschiede. Der Strohertrag wurde mit steigender N-Menge bis 150 kg/ha kontinuierlich erhöht (Tab. 3). Die Beregnung hat sich auf den Strohertrag nicht oder zum Teil geringfügig negativ ausgewirkt.

Winterroggen

Der Winterroggen brachte auf dem anlehmigen Sand ohne und mit Beregnung jeweils bei 100 kg N/ha bei einem Düngungsniveau in der Fruchtfolge von 157 kg N/ha seine höchsten Erträge (Abb. 4). Höhere Stickstoffgaben waren zwar in einzelnen Jahren noch bis 150 kg N/ha ertragswirksam, haben aber in den meisten Jahren, und das trifft vor allem für die letzten Versuchsjahre zu, bereits Lager verursacht. Der Ertragsrückgang wurde bei auftretendem Lager durch die Beregnung verstärkt.

Bis zur zweiten N-Stufe war durch die zusätzliche Beregnung eine gute Kombinationswirkung vorhanden (Tab. 6). Für die Berechnung der Mehrerträge durch

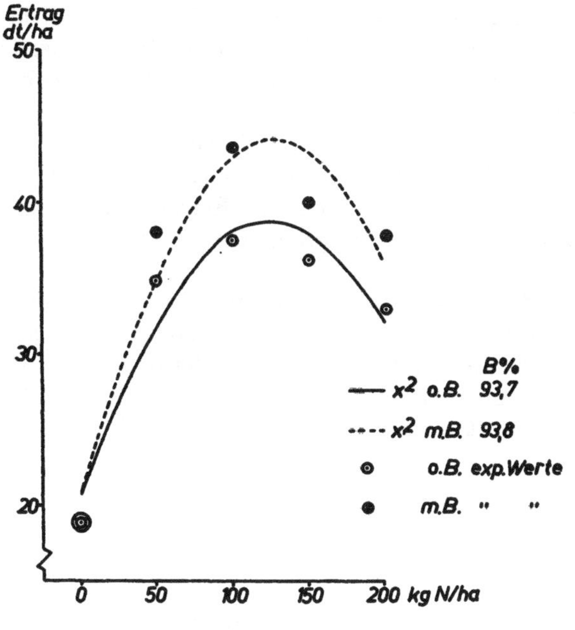

Abb. 4: Produktionsfunktionen N-Düngung – Winterroggen ('Danae'), anlehmiger Sand, 1967–1972

Beregnung wurde im abfallenden Ertragsbereich immer der höchste Mehrertrag ohne Beregnung als Bezugsgröße genommen. Die Stroherträge (Tab. 3) wurden durch Zusatzberegnung erst ab 100 kg N/ha gegenüber unberegnet erhöht.

Tabelle 6

Mehrerträge und Kombinationseffekt durch Düngung und Beregnung zu Winterroggen auf anlehmigem Sand, 1967–1972, 47 mm

N	Mehrerträge durch Düngung	durch Düngung + Beregnung	Kombinationseffekt	Mehrerträge durch Zusatzberegnung	
kg/ha	dt/ha	dt/ha	dt/ha	dt/ha	kg/mm
0	(19,0)		–	0,1	0,2
50	15,9	19,0	+3,0	3,1	6,6
100	18,4	24,5	+6,0	6,1	13,0
150	17,1	20,9	–	2,5	5,3
200	13,9	18,7	–	0,3	0,6

Erzeugungsleistung des Stickstoffs

Für die richtige Höhe der Stickstoffgabe ist die Leistung je eingesetztes Kilogramm von Interesse. Die in Tab. 7 zusammengefaßten Werte stellen jeweils Mittelwerte für die N-Stufe und nicht für das letzte Kilogramm N dar, wobei die Bezugsgröße die jeweils niedrigere N-Stufe ist.

Der niedrige Kornmehrertrag je kg N in der untersten N-Stufe zu Hafer auf Schwarzerde ist auf die relativ hohe Beregnungswirkung zu Hafer ohne N auf diesem Standort und die geringe weitere Erhöhung des Ertrages zurückzuführen. Erst in der zweiten N-Stufe wurde mit Beregnung der Ertrag der ersten N-Stufe ohne Beregnung erreicht.

Auf dem anlehmigen Sand wurde die Leistung je kg Stickstoff durch die Beregnung bis 80 kg N/ha wesentlich erhöht. Gleiches trifft für Winterroggen auf diesem Standort bis 100 kg N/ha zu. Zu Winterweizen auf Schwarzerde ist die Effektivität des Stickstoffs dagegen nur bei der ersten N-Stufe von 50 kg N/ha durch die Bewässerung stark verbessert worden.

2.2. Einfluß der N-Düngung und Zusatzberegnung auf die Qualität

2.2.1. Rohprotein

Hafer

Von den qualitätsbestimmenden Inhaltsstoffen sind der Rohproteingehalt und der Gehalt an Mineralstoffen in den Ernteprodukten von Interesse. Auf Schwarzerde wurde der Rohproteingehalt im Korn des Hafers durch die N-Steigerung

Tabelle 7

Erzeugungsleistung je kg Stickstoff ohne und mit Beregnung (kg Korn/kg N)

N	Hafer ('Astor') Schwarzerde		anlehmiger Sand		N	Winterweizen ('Avrora') Schwarzerde		Winterroggen ('Danae') anlehmiger Sand	
kg/ha	o. B.	m. B.	o. B.	m. B.	kg/ha	o. B.	m. B.	o. B.	m. B.
0– 40	35,8	2,8	29,0	38,0	0– 50	6,8	20,4	31,8	37,8
41– 80	–	13,0	13,8	21,8	51–100	15,6	13,6	5,0	11,0
81–120	–	–	5,5	4,5	101–150	4,0	–	–	–
121–160	–	–	–	1,8	151–200	–	–	–	–

von 40 kg N/ha auf 160 kg N/ha um 3,4% angehoben (Abb. 5). Auch beim Stroh trat namentlich bei höherer N-Aufwandmenge eine erhebliche Steigerung des Rohproteingehaltes ein. Die Beregnung hatte auf der Schwarzerde nur einen sehr geringen Einfluß auf den Rohproteingehalt im Korn und Stroh.

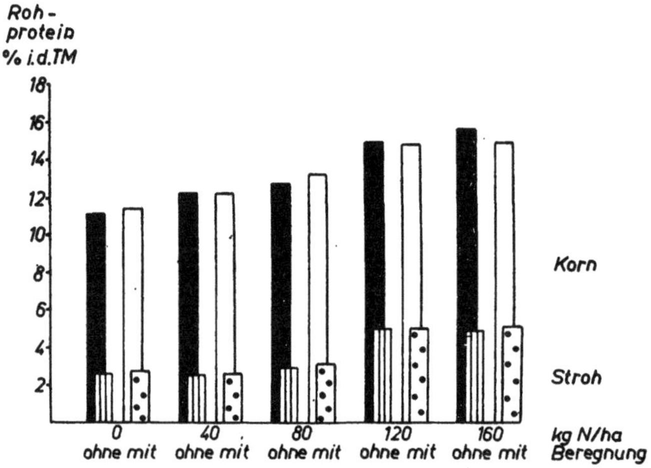

Abb. 5: Einfluß der N-Düngung und Beregnung auf den Rohproteingehalt des Hafers auf Schwarzerde – Sorte 'Astor' (Mittel 1969–1971)

Auf dem anlehmigen Sandboden liegt ohne Beregnung eine Zunahme des Rohproteingehaltes von der niedrigsten bis zur höchsten N-Stufe von 4,2% vor (Abb. 6). Dagegen hat die zusätzliche Beregnung außer auf der Parzelle ohne

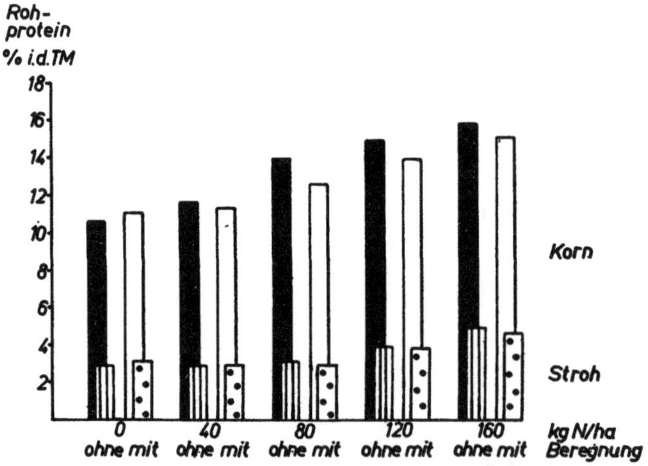

Abb. 6: Einfluß der N-Düngung und Beregnung auf den Rohproteingehalt des Hafers auf anlehmigem Sand – Sorte 'Astor' (Mittel 1970–1972)

N-Düngung den Rohproteingehalt zum Teil um mehr als 1% gesenkt. Der Rohproteingehalt im Stroh wurde ähnlich wie auf Schwarzerde erst ab 120 kg N/ha um 1–2% erhöht, bei ebenfalls geringer Beeinflussung durch die Beregnung.
Der höchste Rohproteinertrag (Tab. 8) wurde auf Schwarzerde ohne Beregnung trotz abfallender Kornerträge erst bei 120 kg N/ha und mit Beregnung bei 80 kg N/ha erreicht. Auf dem anlehmigen Sand lag der höchste Rohproteinertrag beim Korn ohne Beregnung bei 80 kg N/ha und mit Beregnung bei 160 kg N/ha. Der Rohproteinertrag beim Stroh stieg bis zur höchsten N-Gabe an.

Tabelle 8

Einfluß von N-Düngung und Beregnung auf den Rohproteinertrag von Hafer (kg/ha) Sorte 'Astor'

N-Düngung	Schwarzerde 1969–71				anlehmiger Sand 1970–72			
	Korn		Stroh		Korn		Stroh	
kg/ha	o. B.	m. B.	o. B.	m. B.	o. B.	m. B.	o. B.	m. B.
0	368	443	138	122	226	231	68	77
40	524	462	170	151	367	388	117	124
80	511	564	207	202	479	499	127	132
120	530	539	353	386	443	551	182	206
160	526	528	361	318	469	598	245	261

Winterweizen

Beim Winterweizen war ähnlich wie beim Hafer ein kontinuierlicher Anstieg des Rohproteingehaltes im Korn zu verzeichnen, der sich hier im Prinzip auch beim Stroh zeigte (Abb. 7). Der Beregnungseinfluß war ohne N-Düngung und

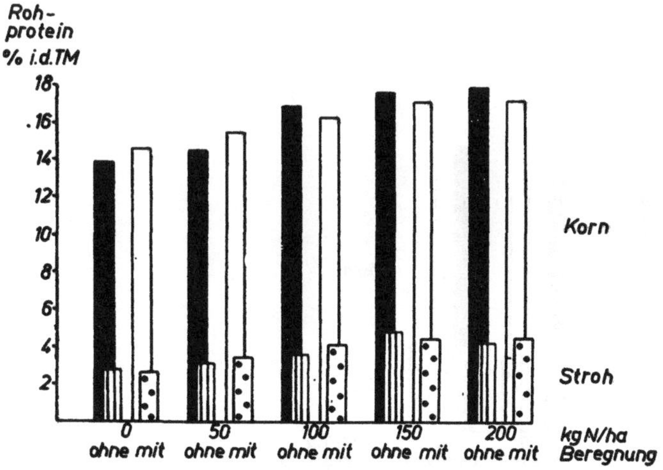

Abb. 7: Einfluß der N-Düngung und Beregnung auf den Rohproteingehalt des Winterweizens auf Schwarzerde – Sorte 'Avrora' (Mittel 1970–1971)

bei geringer N-Menge von 50 kg N/ha positiv und bewirkte ab 100 kg N/ha einen geringen Rückgang. Ertragsverlauf und die Steigerung des Rohproteingehaltes bedingten, daß bei Korn und Stroh jeweils ohne und mit Beregnung bei 150 kg N/ha die höchsten Rohproteinerträge vorlagen (Tab. 9).

Tabelle 9

Einfluß von N-Düngung und Beregnung auf den Rohproteinertrag von Winterweizen und Winterroggen (kg/ha)

N-Düngung	Winterweizen ('Avrora') auf Schwarzerde 1970–71				Winterroggen ('Danae') auf anlehmigem Sand 1967–72			
	Korn		Stroh		Korn		Stroh	
kg/ha	o. B.	m. B.	o. B.	m. B.	o. B.	m. B.	o. B.	m. B.
0	458	474	147	143	163	171	69	71
50	522	641	182	199	297	322	141	132
100	725	781	248	274	417	439	193	206
150	762	812	349	316	438	461	241	270
200	761	766	288	299	431	462	255	296

Winterroggen

Die höchste Wirkung der N-Düngung auf die Steigerung des Rohproteingehaltes liegt ohne Beregnung beim Korn des Winterroggens mit 5,3% bei 200 kg N/ha gegenüber 50 kg N/ha vor (Abb. 8). Auch im Stroh steigt der Rohproteingehalt mit zunehmender N-Menge kontinuierlich an. Die Beregnung

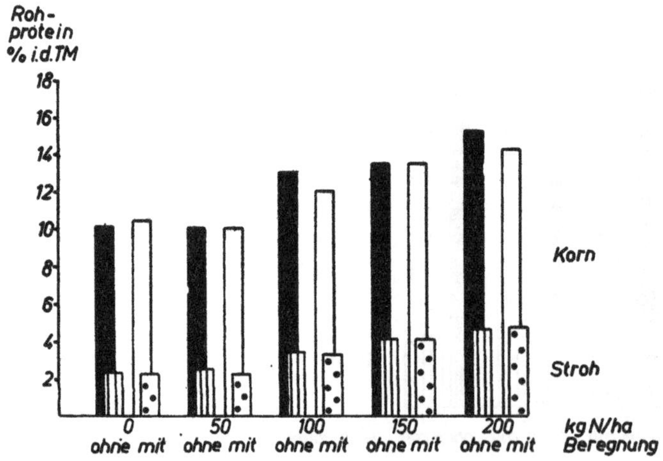

Abb. 8: Einfluß der N-Düngung und Beregnung auf den Rohproteingehalt des Winterroggens auf anlehmigem Sand – Sorte 'Danae' (Mittel 1967–1972)

hatte in den höheren N-Stufen wieder ein leichtes Absinken der Gehalte zur Folge. Der höchste Rohproteinertrag (Tab. 9) lag trotz Rückgang der Kornerträge ab 100 kg N/ha auch beim Winterroggen erst bei 150 und beim Stroh bei 200 kg N/ha.

Phosphor- und Kaliumgehalte

Die Phosphorgehalte (Tab. 10 und 11) im Korn werden durch die Steigerung der N-Mengen außer bei Winterweizen in allen Fällen etwas erhöht. Der gleiche Verlauf zeigte sich bei zusätzlicher Beregnung, die die absoluten P-Gehalte innerhalb der N-Stufen nicht beeinflußte. Im Stroh ist dagegen die allgemeine Tendenz abfallender P-Gehalte bei höheren N-Mengen zu erkennen.
Die Kaliumgehalte im Korn (Tab. 12 und 13) stiegen ohne und mit Beregnung bei Hafer und Winterroggen etwas an und hatten bei Winterweizen eine fallende

Tabelle 10

Einfluß von N-Düngung und Beregnung auf den P-Gehalt von Hafer, Sorte 'Astor', % in der Trockenmasse

N-Düngung	Schwarzerde 1969–71				anlehmiger Sand 1970–72			
	Korn		Stroh		Korn		Stroh	
kg/ha	o. B.	m. B.	o. B.	m. B.	o. B.	m. B.	o. B.	m. B.
0	0,40	0,41	0,25	0,27	0,36	0,39	0,17	0,23
40	0,42	0,43	0,21	0,27	0,36	0,38	0,15	0,20
80	0,42	0,43	0,20	0,25	0,38	0,41	0,12	0,22
120	0,45	0,45	0,22	0,19	0,41	0,41	0,11	0,15
160	0,45	0,46	0,16	0,17	0,40	0,41	0,10	0,16

Tabelle 11

Einfluß von N-Düngung und Beregnung auf den P-Gehalt von Winterweizen und Winterroggen, % in der Trockenmasse

N-Düngung	Winterweizen ('Avrora') auf Schwarzerde 1970–71				Winterroggen ('Danae') auf anlehmigem Sand 1967–72			
	Korn		Stroh		Korn		Stroh	
kg/ha	o. B.	m. B.	o. B.	m. B.	o. B.	m. B.	o. B.	m. B.
0	0,44	0,46	0,05	0,11	0,39	0,37	0,12	0,12
50	0,44	0,44	0,10	0,13	0,36	0,36	0,07	0,09
100	0,43	0,44	0,10	0,10	0,35	0,35	0,07	0,08
150	0,43	0,45	0,10	0,10	0,37	0,37	0,08	0,08
200	0,43	0,44	0,09	0,09	0,38	0,38	0,08	0,08

Tendenz. Der Einfluß der Beregnung war gering. Das Stroh hatte allgemein bei höherem Stickstoffangebot etwas höhere Kaliumgehalte bei ebenfalls geringer Beeinflussung durch die Zusatzberegnung.

Tabelle 12

Einfluß von N-Düngung und Beregnung auf den K-Gehalt von Hafer, % in der Trockenmasse

N-Düngung	Schwarzerde 1969–71 Sorte 'Astor'				anlehmiger Sand 1970–72 Sorte 'Astor'			
	Korn		Stroh		Korn		Stroh	
kg/ha	o. B.	m. B.	o. B.	m. B.	o. B.	m. B.	o. B.	m. B.
0	0,53	0,55	2,97	2,98	0,50	0,51	2,09	2,38
40	0,55	0,57	3,13	3,13	0,47	0,40	2,24	2,30
80	0,56	0,57	3,21	3,17	0,47	0,48	2,50	2,20
120	0,59	0,61	3,22	3,29	0,51	0,52	2,36	2,89
160	0,62	0,62	3,05	3,18	0,51	0,52	2,29	2,30

Tabelle 13

Einfluß von N-Düngung und Beregnung auf den K-Gehalt von Winterweizen und Winterroggen, % in der Trockenmasse

N-Düngung	Winterweizen ('Avrora') auf Schwarzerde 1970–71				Winterroggen ('Danae') auf anlehmigem Sand 1967–72			
	Korn		Stroh		Korn		Stroh	
kg/ha	o. B.	m. B.	o. B.	m. B.	o. B.	m. B.	o. B.	m. B.
0	0,46	0,43	1,34	1,32	0,55	0,54	1,13	1,18
50	0,41	0,40	1,36	1,52	0,56	0,55	1,26	1,22
100	0,39	0,38	1,64	1,79	0,56	0,56	1,45	1,46
150	0,39	0,36	1,76	1,76	0,58	0,57	1,63	1,58
200	0,37	0,37	1,68	1,64	0,61	0,61	1,64	1,61

3. Diskussion und Schlußfolgerungen

Die Ergebnisse der N-Düngung und Beregnung zu Getreide lassen besonders auf Schwarzerde erkennen, daß mit zunehmender Düngungsintensität in der Fruchtfolge bzw. zu den Vorfrüchten die Getreidedüngung komplizierter wird. Von der bisher gewöhnten Höhe der Getreidedüngung sind differenzierte Abschläge notwendig, um Höchsterträge ohne Lager zu erhalten. Die Belastung der Standfestigkeit wird durch eine zusätzliche Beregnung erheblich verstärkt. Trotz geteilter und zum Teil relativ spät verabreichter N-Mengen wurde das Optimum der Getreidedüngung häufig schon mit niedrigen N-Mengen erreicht.

Die zusätzliche Beregnung hatte keinen wesentlichen Einfluß auf die optimale N-Gabe. Vor allem auf der Schwarzerde war eher ein Rückgang des N-Optimums durch eine wahrscheinlich höhere N-Mobilisierung bei Beregnung zu verzeichnen. Dieses Ergebnis ist jedoch unter dem Gesichtspunkt eines Dauerdüngungsversuches zu werten, in dem auch die Vorfrüchte gesteigerte N-Gaben erhielten.
Die ökonomischen Berechnungen ergaben, daß der Beregnungseinsatz bei den erzielten Mehrerträgen nur zu Winterroggen auf dem anlehmigen Sand gerade noch effektiv war, während beim Winterweizen auf Grund der niedrigeren Bewertung je dt Korn und beim Hafer auf Grund der relativ hohen Zusatzregenmenge gegenüber unberegnet ein Gewinnverlust eintrat. Der höhere Rohproteinertrag wurde nicht mit bewertet.
Die Qualität der untersuchten Getreidearten wurde in erster Linie durch die Höhe der Stickstoffdüngung bestimmt. Ein geringer Rückgang der Rohproteingehalte durch Zusatzberegnung war selbst bei höchsten N-Gaben, die bereits Ertragsdepressionen bewirkten, nicht auszugleichen.
Eine Erhöhung des Rohproteingehaltes in Korn und Stroh ist für die Ganzpflanzenernte sowie für die Herstellung von Strohpellets von Bedeutung.
Auch der Mineralstoffgehalt im Korn wird hauptsächlich durch die N-Gaben bestimmt und durch zusätzliche Bewässerung wenig beeinflußt. Höhere P-Gehalte im Stroh bei Beregnung, insbesondere zu Hafer auf dem anlehmigen Sandboden, lassen erkennen, daß die Beregnung auf die Umsetzung des Phosphates im Boden einen positiven Einfluß hatte, wie das auch von Pratt u.a. (1959) und Bolotina (1959) auf verschiedenen Böden nachgewiesen wurde.
Die Ergebnisse haben gezeigt, daß vor allem auf den leichteren Böden im Rahmen der Beregnungsfruchtfolge das Getreide durchaus beregnungswürdig ist, wenn die technischen Voraussetzungen dafür vorhanden sind.
Voraussetzung ist ein echter Wasserbedarf und der Anbau standfester Sorten. Die notwendige zusätzliche Stickstoffmenge beträgt z.B. auf anlehmigem Sand 10–20 kg N/ha und auf Schwarzerde 5–15 kg N/ha.

Zusammenfassung

In mehrjährigen Dauerversuchen mit Stickstoffsteigerung und Beregnung wurden Winterweizen (Sorte 'Avrora'), Winterroggen (Sorte 'Danae') und Hafer (Sorte 'Astor') geprüft. N-Mengen zu Winterweizen und Winterroggen 0, 50, 100, 150, 200, zu Hafer 0, 40, 80, 120, 160 kg/ha Hafer brachte auf Schwarzerde mit 40 kg N/ha höchste Kornerträge von 50 dt/ha. Die Beregnung hatte nur ohne N-Düngung positiven Einfluß auf den Haferertrag.
Bei Winterweizen auf Schwarzerde sowie Winterroggen und Hafer auf anlehmigem Sand wurden gute Mehrerträge durch die N-Düngung und bis 7,5 dt/ha

durch Zusatzberegnung erzielt. Auf die Qualität der Ernteprodukte wirkte in erster Linie der Stickstoff. Bei Anbau standfester Sorten sollte in Beregnungsfruchtfolgen auch das Getreide zusätzlich beregnet werden.

Резюме

Название работы: Влияние азотного удобрения в условиях орошения дождеванием на урожай и на качество основных видов зерновых культур при их возделывании на черноземе и легкой супеси

В многолетних опытах на озимой пшенице (сорт 'Аврора'), озимой ржи (сорт 'Данаэ') и овсе (сорт 'Астор') исследовалось влияние возрастающих доз азота и орошения дождеванием на урожай и качество зерна. Дозы азота под озимую пшеницу и озимую рожь составляли 0, 50, 100, 150, 200 и под овес 0, 40, 80, 120, 160 кг/га. На черноземе внесением 40 кг/га азота под овес был получен максимальный урожай зерна в 50 ц/га. Орошение дождеванием без азотного удобрения сказалось положительно на урожае овса.
При возделывании озимой пшеницы на черноземе, а озимой ржи и овса на легкой супеси удобрение азотом давало хорошие прибавки урожая, а орошение дождеванием — прибавки до 7,5 ц/га. На качество продуктов урожая в первую очередь влияло азотное удобрение. В орошаемых дождеванием севооборотах при возделывании устойчивых к полеганию сортов рекомендуется орошать и зерновые культуры.

Summary

Title of the paper: Yield and quality of major cereal species on black earth and lightly loamed sand as affected by nitrogen fertilization and sprinkler irrigation

Winter wheat ('Avrora'), winter rye ('Danae') and oats ('Astor') were tested in long-term trials with increasing rates of nitrogen fertilization and sprinkler irrigation. The nitrogen quantities applied were 0, 50, 100, 150 and 200 kg/ha for winter wheat and winter rye and 0, 40, 80, 120 and 160 kg/ha for oats. On black earth, oats brought maximum grain yields (50 dt/ha) when fertilized with 40 kg N/ha. Sprinkler irrigation had a positive effect on oat yields only without nitrogen fertilization. Winter wheat on black earth as well as winter rye and oats on lightly loamed sand gave fair yield increase after nitrogen fertilization, while sprinkler irrigation boosted grain yields by up to 7.5 dt/ha. Grain quality was influenced first of all by nitrogen application. When growing varieties resistant to lodging, in sprinkler-irrigated crop rotations the cereals, too, should get additional water supply.

Literatur

BOLOTINA, N. I.: Der Einfluß der Bewässerung auf das Nährstoffregime der vorkaukasischen Schwarzerdeböden. Počvovedenie (1959) 1, S. 40–50

CHANDNANI, J. J.; GANDHI, R. T.; PANDEY, S. L.; GUPTA, M. M.: Studies on the relationship of delta of irrigation, levels of nitrogen and rates of wheat. J. Indian Soc. Soil Sci. 8 (1960), S. 101–110

GOTSOVA, V.; BOCHEVA, E.; BOCHEV, B.: Yield and quality of irrigated wheat as affected by fertilizing. Plant Sci., Sofia (1965) 12, S. 107–114

HOFFMANN, F.; LANGE, J.; KOEPKE, V.: Komplexe Auswertung des Müncheberger Höchstertragsversuches mit Aussagen über den Einfluß von Düngung, Bodenbearbeitung und Beregnung auf Ertragshöhe, Ertragsstabilität und ökonomische Effektivität. Müncheberg, Forsch.-Abschlußber., 1970

JAUERT, R.: Der Einfluß langjähriger Stickstoffdüngung und Zusatzberegnung auf Ertrag, Qualität und Nährstoffaufnahme der wichtigsten Feldfrüchte auf Schwarzerde und anlehmigem Sand sowie die ökonomische Bewertung dieser Intensivierungsmaßnahmen. Berlin, Akad. Landwirtsch.-Wiss. DDR, Diss. B, 1972

KLATT, F.: Voraussetzung für wirtschaftliche Beregnungserfolge und Möglichkeiten der Ertragssteigerung durch Beregnung. Zeszyty problemowe postepow Nauk rolniczych (1970) 110, S. 359–368

PRATT, P. F.; HARDING, R. B.; JONES, W. W.; CHAPMAN, H. D.: Chemical changes in an irrigated soil during 28 years of differential fertilization. Hilgardia 28 (1959), S. 381–420

RUDENKO, M.; UDAČIN, R.: Aussichtsreiche kurzhalmige Weizensorten. Zernovoe chozjajstvo (1972) 5; Presse der SU 96 (B), (1972) 11

SMUKALSKI, M.: Einfluß von Beregnung und Düngung auf die Eiweißzusammensetzung des Winterweizens. Agroforum, Berlin (1970) 10, S. 295–298

TERMAN, G. L.; RAMIG, R. E. u. a.: Yield-protein relationships in wheat grain, as affected by nitrogen and water. Agronomy J., Madison 61 (1969), 5 S. 755–759

O. V.: Auskunft über die Erfahrungen der UdSSR bei der Erhöhung der Effektivität einer intensiven Mineraldüngeranwendung auf Bewässerungsflächen. Schriftl. Inform. des VIUA Moskau an das IMD Leipzig, 1968

O. V.: Alle Wasserreserven nutzen. Ekonomičeskaja gaseta (1968) 38

Anschrift der Verfasser:

Dr. sc. RUDOLF JAUERT, Dr. habil. HERMANN ANSORGE
Institut für Düngungsforschung Leipzig-Potsdam
der Akademie der Landwirtschaftswissenschaften der DDR
7022 Leipzig, Gustav-Kühn-Straße 8

Dr. habil. HANS GÖRLITZ
Institut für Düngungsforschung Leipzig-Potsdam – Bereich Potsdam –
der Akademie der Landwirtschaftswissenschaften der DDR
15 Potsdam, Templiner Straße 21

Tag.-Ber., Akad. Landwirtsch.-Wiss. DDR, Berlin (1975) 135, S. 217–223

Institut für Düngungsforschung Leipzig-Potsdam
der Akademie der Landwirtschaftswissenschaften der DDR

Klaus Reinsberg, Hermann Ansorge und Rudolf Jauert

Einfluß unterschiedlich gedüngter Vorfrüchte auf den Wirkungsgrad der N-Düngung zu Getreide

Mit steigendem Stickstoffeinsatz und der damit verbundenen höheren Akkumulation von Stickstoff im Boden, die unter bestimmten Witterungsbedingungen eintreten kann, muß bei der Bemessung der Düngung zu Getreide immer stärker die Wirkung der Vorfruchtdüngung Berücksichtigung finden.
Aus der Literatur ist bekannt, daß ein Teil der Vorfruchtwirkung als Nährstoffnachwirkung zu erklären ist (Könnecke, 1967). Müller (1968) gibt an, daß ein Ausgleich der Vorfruchtwirkung durch Variation der Düngung im Anbaujahr vollständig möglich ist. Unter Feldbedingungen ist dieser Ausgleich nur bedingt gegeben, da sich Faktoren wie Bestelltermin, Witterungsbedingungen, Nährstoffmobilisation und andere Einflüsse, wie Bodenart (Ansorge, 1962), Fruchtart und Anbaukonzentration (Ansorge, 1960; Ehrenpfordt, Rönsch, 1973; Ebert, Kobold, 1973), stärker auswirken.
In Versuchen auf 14 Standorten der DDR wurde ermittelt, daß ein Ausgleich der Vorfruchtunterschiede nur etwa zu 50% möglich ist. Die Wirkung der Mineraldüngung verringerte sich nach guten Vorfrüchten (Ansorge, Schnee u. Jauert, 1967).
Auf guten bis sehr guten Böden wurde bei Zuckerrüben die ertragssteigernde Wirkung guter Vorfrüchte durch Düngung ausgeglichen (Ansorge, 1960). Dagegen konnte bei Böden mit einer Bodenwertzahl von 40 bis 59 kein Ausgleich erzielt werden.
Auch die Fruchtart übt Einfluß auf die Ausnutzung des Reststickstoffs, der im Boden verbleibt, aus. In einem langjährigen Versuch war dann eine gleichgerichtete Wirkung von Düngung und Vorfrucht zu erkennen, wenn die untersuchte Fruchtart (Getreide) stark auf Vorfruchteinflüsse reagiert. Wurden düngungsintensive und stark nährstoffentziehende Fruchtarten, wie Zuckerrüben, angebaut, so war deren ungünstige Wirkung als Vorfrucht nahezu korrigierbar. Bei Zuckerrüben als Nachfrucht konnten durch Düngung die Ertragsunterschiede, die nach unterschiedlichen Vorfrüchten im Bereich geringer Düngergaben auftraten, ausgeglichen werden. Ist durch ungünstige klimatische Bedingungen eine schlechte Ausnutzung der Düngung zu verzeichnen, so ist deshalb auch insgesamt kein Ausgleich der Vorfruchtwirkung zu erwarten.

In den genannten Arbeiten kommt zum Ausdruck, daß der Anteil der Vorfruchtwirkung, der mit der Nährstoffbereitstellung ursächlich verbunden ist, ausgeglichen werden kann. Um vor allem das Problem der Nachwirkung unterschiedlicher N-Düngung der Vorfrüchte zu untersuchen und in Verbindung mit anderen Versuchsergebnissen mit ähnlicher Problemstellung Parameter für die nächste Generation des Düngungsmodells und für operative Empfehlung zu erarbeiten, wurden auf:

anlehmigen Sand	(Sl 4 V	32/31),
lehmigen Sand	(lS 3 D	47/49),
lehmigen Ton	(LT 5 V	44/50) und
Schwarzerde	(L 2 Lö	94/96)

15 zweifaktorielle Versuche als Spaltanlage angelegt. Nach jeweils 3 unterschiedlich gedüngten Vorfrüchten, und zwar

1. Hackfrucht	– durchschnittliche Düngung –	Kartoffeln	120 kg N/ha
		bzw. Rüben	160 kg N/ha,
2. Hackfrucht	– erhöhte Düngung –	Kartoffeln	240 kg N/ha
		bzw. Rüben	320 kg N/ha,
3. Getreide	– durchschnittliche Düngung –		80 kg N/ha,

wurde Getreide mit gestaffelter Stickstoffdüngung (0, 40, 80, 120, 160 kg N/ha) nachgebaut. Zur Beschreibung des Zusammenhanges von Ertrag und Stickstoffeinsatz wurden getrennt nach Vorfrucht bzw. Düngung zur Vorfrucht quadratische Regressionen berechnet. Aus dem Vergleich des Verlaufes der Kurven ist abzuleiten, wie die unterschiedliche Düngung der Vorfrüchte die optimale Gabe zu nachgebautem Getreide beeinflußt. Eine waagerechte Verschiebung der Kurven ist als Nährstoffwirkung, ein paralleler Verlauf als Vorfruchtwirkung zu deuten.

Im folgenden sollen an Hand der Ertragsentwicklung des Getreides die Beziehungen erläutert werden. Zwischen den vier Standorten wird unterschieden, da die Ergebnisse sehr stark voneinander abweichen.

Deutliche Abhängigkeit des Ertrages von der Düngung der Vorfrucht besteht auf den Sandstandorten. Vor allem auf dem Standort Bad Salzungen mit anlehmigem Sand ist eine eindeutige Unterlegenheit des Getreides als Vorfrucht im Bereich der geringen Düngergabe zu verzeichnen. Mit steigender Stickstoffdüngung zu nachgebautem Getreide verringert sich die Ertragsdifferenz zwischen den Vorfruchtvarianten. Ein vollständiger Ausgleich ist jedoch nur im Jahre 1968 gegeben.

Weniger deutlich sind die Ertragsunterschiede bei Getreide nach unterschiedlich gedüngten Hackfrüchten. Signifikante Abweichungen bestehen nur im Bereich der niedrigen Düngung zu Getreide. Die Ursache der geringen Unterschiede im Ertrag ist vor allem in der verringerten Standfestigkeit des Getreides zu sehen.

Aus den Boniturergebnissen geht hervor, daß bei allen Varianten im Bereich der hohen Düngung nach Hackfrüchten Lager eingetreten ist. Die Lagerung trat nach Hackfrüchten mit hoher Düngergabe früher oder bereits bei geringeren Düngergaben zu Getreide auf.

Weniger ausgeprägt sind diese Beziehungen auf Standorten mit höherem Feinerdeanteil. So wird auf lehmigem Sand bis sandigem Lehm des Standortes Canitz nur in einigen Fällen ein signifikanter Ertragsunterschied zwischen den Vorfruchtvarianten erreicht. Die Düngung im Folgejahr führt in jedem Falle zu einem ökonomischen Mehrertrag. Auf dem Schwarzerdestandort Schafstädt zeigten sich ebenfalls kaum vorfruchtbedingte Ertragsunterschiede. Unter Versuchsbedingungen wurde bei einer Düngung mit 80 kg N/ha zur Vorfrucht bereits dann im Folgejahr kein Mehrertrag erreicht, wenn mehr als 40 kg N/ha gegeben wurden.

Vor allem bei der Schwarzerde zeigte sich in diesen Versuchen, daß der Einfluß der Düngung auf Grund des hohen Nährstoffversorgungszustandes einschließlich des Stickstoffgehaltes im Boden gegenüber anderen ertragsbildenden Faktoren zurücktritt. Dieses Ergebnis kann jedoch nicht für Praxisbedingungen verallgemeinert werden. Besonders für diese Standorte muß eine genaue Kalkulationsmethode erarbeitet werden, die auf der direkten Bestimmung des verfügbaren Stickstoffs beruht.

Eindeutiger sind die Zusammenhänge auf lehmigen Tonböden des Standortes Miesitz, der über längere Zeit auf Grund der geringen Wasserdurchlässigkeit größere Nährstoffmengen in der oberen Bodenschicht speichert, die im Folgejahr wirksam werden können. Zwischen allen Vorfruchtgruppen bestehen mit Ausnahme des Jahres 1970 signifikante Ertragsdifferenzen. Die Getreideerträge nach der Vorfrucht mit geringer Düngung (Getreide 80 kg N/ha) erreichen durch entsprechende Erhöhung der Stickstoffgabe die Erträge von hoch gedüngten Vorfrüchten. Unterscheiden sich die Vorfrüchte nur in der Düngung und nicht in der Fruchtart, so verringerten sich bei den hohen Gaben zu Getreide im folgenden Jahr die Ertragsdifferenzen. Auch das Ertragsoptimum und das Maximum wird nach einer hohen Düngung zur Vorfrucht mit einer geringeren Stickstoffgabe erreicht.

Zur Beantwortung der Frage nach der Düngermenge, die den Einfluß der Vorfruchtdüngung ausgleicht, wurde für jede Regression die Maximalgabe, die Optimalgabe und die Düngermenge, die zur Erzielung des Versuchsmittelwertes notwendig war, verglichen. Auf Grund der Vielzahl der Einflußfaktoren ist es nicht möglich, nur in Abhängigkeit von der Düngergabe zur Vorfrucht eine Ausgleichsmenge zu ermitteln. Deshalb sind entsprechend der Vorfruchtwirkung, der Bodenart und der klimatischen Faktoren Gruppen und Bedingungen festzulegen, für die diese Korrekturwerte gültig sind. Die vorgeschlagenen Werte sind in Verbindung mit den Optimalgaben des EDV-Düngungssystems zu sehen (s. Tabelle). Diese Optimalgaben beinhalten bereits die unterschiedlichen Wirkungswerte der Stickstoffdüngung auf den einzelnen Bodenarten. Als Gruppierungsmerkmale bei der Festlegung der Zu- und Abschläge für

Korrekturwerte (Vorschlag) für die Berücksichtigung der Düngung zur Vorfrucht bei der Bemessung der optimalen Stickstoffdüngung zu Getreide* in kg N/ha

	Vorfrucht	Bodengruppen Sand-boden	sandiger Lehm	Lehm, Ton	Schwarz-erde
normale Wachstumsbedingungen** bei durchschnittlicher Auswaschung im Winter*** *oder* ungünstige Wachstumsbedingungen** bei starker Auswaschung im Winter***	Hackfrucht				
	hohe Düngung	–20	–20	–20	–15
	durchschnittliche Düngung	–10	–15	–10	–15
	einjährige Futterpflanzen	–5	–5	–10	0
	Getreide	0	0	0	0
normale Wachstumsbedingungen** bei starker Auswaschung im Winter***	Hackfrucht				
	hohe Düngung	–10	–5	–15	–10
	durchschnittliche Düngung	–5	0	–10	–10
	einjährige Futterpflanzen	0	+5	0	0
	Getreide	+5	+10	+10	0
ungüstige Wachstumsbedingungen** bei durchschnittlicher Auswaschung*** *oder* normale Wachstumsbedingungen bei geringer Auswaschung im Winter***	Hackfrucht				
	hohe Düngung	–15	–25	–30	–25
	durchschnittliche Düngung	–15	–20	–20	–25
	einjährige Futterpflanzen	–10	–15	–15	–10
	Getreide	–5	–10	–10	–10
ungünstige Wachstumsbedingungen** *und* geringe Auswaschung im Winter***	Hackfrucht				
	hohe Düngung	–25	–35	–40	–30
	durchschnittliche Düngung	–25	–30	–30	–25
	einjährige Futterpflanzen	–20	–30	–30	–20
	Getreide	–10	–25	–15	–20

* Abschläge bzw. Zuschläge zur Optimalgabe entsprechend den Produktionsfunktionen des EDV-Düngungssystems
** Wachstumsbedingungen, die im Vorjahr zu unterschiedlich hohen Entzügen geführt haben
*** als Winter gilt die Zeitspanne von Oktober bis März

unterschiedliche Vorfruchtdüngung sind sowohl die Auswaschung in der vegetationslosen Zeit als auch die Wachstumsbedingungen im Vorjahr erfaßt. Es wird davon ausgegangen, daß ein durchschnittlich bis gut entwickelter Bestand den überwiegenden Teil des verfügbaren Stickstoffs aufgenommen hat, während ein weniger entwickelter Bestand große Nährstoffmengen im Boden hinterläßt, die der Auswaschung unterliegen. Auf leichten Sandböden und in bestimmtem Maße auf sandigem Lehmboden wird dieser leicht bewegliche Stickstoff bereits von durchschnittlichen Niederschlagsmengen zum größten Teil verlagert, auf Lehmböden und Schwarzerde ist dagegen eine größere Niederschlagsmenge notwendig, um eine merkliche Auswaschung hervorzurufen. Als Grenzwerte für die Einschätzung der Auswaschung gelten 70% (geringe Auswaschung) und 130% (hohe Auswaschung) des langjährigen Niederschlagsmittels für die Monate Oktober bis März. In der dargestellten Tabelle wird nicht berücksichtigt, daß vor allem auf mittleren Böden eine kontinuierliche Stickstoffverlagerung eintritt und die Korrekturwerte deshalb ebenfalls in Abhängigkeit von der Niederschlagsmenge kontinuierlich verändert werden müßten.
Bei der Festlegung dieser Grenzwerte wird berücksichtigt, daß die größeren Ertragsunterschiede in Abhängigkeit von der Vorfrucht auf Lehmböden und zum Teil den sandigen Lehmböden eintreten. Auf Sandböden zeigen sich diese Unterschiede dann, wenn durch normale Wachstumsbedingungen im Vorjahr der größte Teil der verabreichten Düngermenge gebunden wurde und durch Mobilisation im Folgejahr freigesetzt wird. Akkumulierter Stickstoff in löslicher Form, wie er nach ungünstigen Wachstumsbedingungen im Vorjahr vorliegt, ist auf derartigen Sandstandorten nicht so stark wirksam, wie auf anderen Böden. Die Spanne der Korrekturwerte in Abhängigkeit von den Vorfrüchten bzw. der Vorfruchtdüngung beträgt bei den Sand- und sandigen Lehmböden bis 20 kg N/ha, bei Lehmböden bis 25 kg N/ha und bei Schwarzerde bis 15 kg N/ha.
Stärker als die Vorfruchtdüngung beeinflußt die Winterwitterung die Nährstoffversorgung im Folgejahr. Diese Spannen der Korrekturwerte betragen auf leichten Sandböden maximal 20 kg N/ha. Eine größere Differenzierung ist bei sandigem Lehm und Lehmböden erforderlich, während bei Schwarzerde auf Grund der geringen Verlagerung die witterungsabhängigen Korrekturwerte 20 kg nicht überschreiten.
Aus der Kombination der genannten Abhängigkeiten ergeben sich die in der Tabelle dargestellten Korrekturmengen.

Zusammenfassung

Bei dem gegenwärtig erreichten Düngungsniveau ist die Berücksichtigung der N-Nachwirkung der Vorfrucht und der N-Düngung zur Vorfrucht bei der Bemessung der optimalen Stickstoffgabe unbedingt notwendig. Die Vorfruchtwirkung, insbesondere die Nachwirkung von Düngemitteln, ist abhängig von der Bodenart. Sie ist auf Sandböden und nährstoffspeichernden Lehm- und

Tonböden am stärksten ausgeprägt. Die Wirkung auf Sandböden beruht auf einer höheren Wurzelmassebildung infolge erhöhter Düngung. Auf Lehmboden tritt die verstärkte Akkumulation von Stickstoff in den Vordergrund. Die verringerte Nachwirkung der Düngung auf lehmigem Sandboden ist wahrscheinlich standortspezifisch. Schwarzerde unterdrückt auf Grund des hohen Nährstoffgehaltes der Versuchsstandorte die Wirkung der Vorfrüchte und der im Boden verbleibenden Reststickstoffmenge. Es ist anzunehmen, daß bei Schwarzerde unter Praxisbedingungen der akkumulierte Stickstoff ähnlich wie bei Lehmboden wirkt. Gegenwärtig erreicht die Nährstoffakkumulation unter Praxisbedingungen nicht die Menge, die unter Versuchsbedingungen vorliegt. Die Kalkulation der verfügbaren Nährstoffe wird von einer Vielzahl Einflußfaktoren bestimmt. Für die Erzielung von genaueren Resultaten ist künftig eine direkte Bestimmung des verfügbaren Stickstoffs erforderlich. Dazu ist jedoch noch eine umfangreiche Erarbeitung von Grenzwerten und Parametern für die Beurteilung des Stickstoffgehaltes im Boden notwendig.

Резюме

Название работы: Влияние различного уровня удобрения предшественников на эффективность азотного удобрения под зерновые культуры

Исходя из современного уровня норм удобрений при определении оптимальной дозы азота обязательно следует учитывать количество и последействие азотного удобрения под предшествующую культуру. Действие предшественника и в частности последействие удобрений, зависят от вида почвы. Наиболее четко это проявляется на песчаных и на накопляющих питательные вещества суглинистых и глинистых почвах. На песчаных почвах оно сказывается в усиленном развитии корневой массы в результате применения повышенных доз удобрений, а на суглинистых в первую очередь в возрастающем накоплении азота. Снижение последействия удобрений на супесчаной почве, вероятно, обусловливается спецификой места обитания. Черноземная почва на местах проведения опытов, в связи с высоким содержанием в ней питательных веществ, подавляет действие предшественников и остаточного азота. Можно полагать, что в производственных условиях накопленный в чернозёме азот действует как в суглинистой почве. В настоящее время в условиях практики уровень накопления питательных веществ ниже, чем в условиях опыта. При расчете доступных питательных веществ необходимо учитывать множество влияющих факторов. Для получения более точных данных требуется в будущем непосредственное определение доступного азота. В связи с этим, однако, должны быть разработаны лимиты и параметры для определения содержания азота в почве.

Summary

Title of the paper: The effect of different fertilization of preceding crops on the efficiency of nitrogen fertilization of cereals

At the present level of fertilization it is absolutely necessary to consider the nitrogen residual effect of the preceding crop and the nitrogen fertilization of the preceding crop when calculating optimal nitrogen quantities. The preceding-crop effect, i.e. above all the residual effect of fertilizers, depends on the kind of the soil. It is most significant on sandy soils and on loamy and clay soils capable of accumulating plant nutrients. The effect achieved on sandy soils is due to the development of larger root quantities resulting from increased fertilization. On loamy soil increased nitrogen accumulation is of prime importance. The lower residual effect of fertilization on loamy sand seems to be related to the site. Because of the high nutrient content found on the black earth sites, that soil seems to suppress the effect of the preceding crops as well as of the residual soil nitrogen quantity. It is supposed that under conditions of commercial farming the nitrogen accumulated in black earth becomes effective in a similar way as that in loamy soil. At present nutrient accumulation under field conditions does not reach the level achieved in the experiments. The calculation of available nutrients depends on a large number of different factors. To obtain more precise results direct determination of available nitrogen becomes inevitable. This requires large-scale establishment of threshold values and parameters for estimating the soil nitrogen content.

Literatur

ANSORGE, H.: Die Beziehungen zwischen Vorfruchtwert und Düngung. Z. f. landwirtsch. Versuchs- u. Untersuchungswes. 6 (1960) 4, S. 296–321

ANSORGE, H.: Untersuchungen über die Wirkung von Stallmist und Mineraldüngung zu Zuckerrüben nach unterschiedlicher Vorfrucht. Z. f. landwirtsch. Versuchs- u. Untersuchungswes. 8 (1962) 3, S. 225–233

ANSORGE, H.; SCHNEE, M.; JAUERT, R.: Beziehungen zwischen Vorfrucht und Düngung zu Getreide. Albrecht-Thaer-Arch. 11 (1967) 2, S. 163–169

EBERT, D.; KOBOLD, F.: Ein Beitrag zur Wechselwirkung zwischen Vorfrucht und Stickstoffdüngung bei Sommergerste. Arch. Acker- u. Pflanzenbau und Bodenkd. 17 (1973) 6, S. 429–434

EHRENPFORDT, V.; RÖNSCH, H.: Steuerung von Fruchtfolgewirkung durch den Einsatz der Stickstoffdüngung als Intensivierungsmaßnahme. Arch. Acker- u. Pflanzenbau u. Bodenkd. 17 (1973) 6, S. 435–440

Anschrift der Verfasser:
Dipl.-Landwirt KLAUS REINSBERG, Dr. habil. HERMANN ANSORGE,
Dr. sc. RUDOLF JAUERT
Institut für Düngungsforschung Leipzig-Potsdam
der Akademie der Landwirtschaftswissenschaften der DDR
7022 Leipzig, Gustav-Kühn-Straße 8

Tag.-Ber., Akad. Landwirtsch.-Wiss. DDR, Berlin (1975) 135, S. 225–234

Institut für Getreideforschung Bernburg-Hadmersleben
der Akademie der Landwirtschaftswissenschaften der DDR

Georg Kratzsch

Ergebnisse über eine rationelle Verteilung der Stickstoffgaben bei Getreide

Die Ertragssteigerung in der Getreideproduktion wird wesentlich vom richtigen Einsatz der Intensivierungsfaktoren bestimmt. Besonders bedeutsam ist dabei der rationelle Einsatz der ständig steigenden Stickstoffdüngermengen. Das Düngungsniveau mit Stickstoff bei Getreide ist bereits seit einigen Jahren so hoch, daß eine effektive Nutzung in der Regel sowohl hinsichtlich des Kornertrages als auch der Eiweißleistung nur bei geteilten N-Gaben gewährleistet ist. Die N-Grundgabe im Frühjahr muß begrenzt werden, da ein Überangebot in der Jugendentwicklung des Getreides die Lagerneigung stark begünstigt. Nicht nur aus der Sicht der Verbesserung der Standfestigkeit sind die N-Gaben zu unterteilen; auch bei standfesten Sorten sprechen morphologisch-physiologisch bedingte Aspekte für eine Unterteilung der N-Gabe. Ziel unserer Untersuchungen war es zu prüfen, welches N-Verteilungsverhältnis bei steigendem N-Angebot am günstigsten zu beurteilen ist.

1. Material und Methode

Die Versuche wurden bei den Getreidearten Winterroggen, Winterweizen, Hafer und Sommergerste durchgeführt. Je Getreideart waren in die Prüfungen 2–3 Sorten bzw. Neuzuchtstämme einbezogen. Das N-Düngungsniveau war gestaffelt bei Weizen mit 80, 120, 160 kg N/ha, bei den anderen Getreidearten mit 60 und 100 kg N/ha. Diese vorgegebenen N-Mengen wurden in unterschiedlicher Verteilung verabreicht, wobei aus der Erwägung der praktischen Anwendbarkeit heraus nur eine Unterteilung in 2 Gaben vorgesehen worden ist. Folgende Unterteilungsvarianten wurden geprüft:

I. 100% im Frühjahr,
II. 67% im Frühjahr, 33% zu Feekes 8,
III. 33% im Frühjahr, 67% zu Feekes 8,
IV. 100% im Frühjahr + 60 kg N/ha zu Feekes 8.

Eine Übersicht der Versuchsorte gibt die Tab.1. Winterweizen wurde nicht in Herzberg und Cobbelsdorf, Hafer nicht in Bernburg geprüft.

Tabelle 1

Charakteristik der Versuchsorte

	Bernburg Bez. Halle	Langenwetzendorf, Bez. Gera	Cobbelsdorf Bez. Halle	Herzberg Bez. Cottbus
Standorteinheit	Lö 1	V 2	D 4	D 2/2
Bodenart	L	SL–sL	SL	S–lS
Ackerzahl	85–95	35–44	38–42	26–33
Höhe über NN	60	380	134	84
Niederschlag mm	485	630	610	550
Jahrestemperatur in °C	8,9	7,4	8,0	8,6

2. Ergebnisse

Die varianzanalytische Auswertung ergab, daß bezüglich des Kornertrages zwischen den Sorten und den N-Düngungsstufen bei allen Getreidearten nur in Ausnahmefällen Interaktionen bestanden. Die nachfolgend mitgeteilten Ergebnisse sind deshalb in der Regel Mittelwerte mehrerer Züchtungen. Es ist dabei zu bemerken, daß die geprüften Sorten in der Anbauverbreitung derzeitig vorherrschend sind bzw. als Sortentyp auch in den nächsten Jahren Bedeutung haben. Bei Weizen ist diese Aussage z.T. einzuschränken, worauf später kurz eingegangen wird.

2.1. Winterroggen

In der Abb. 1 sind die an 4 Standorten ermittelten Ergebnisse mitgeteilt. Zur Einschätzung der N-Wirkung wurden die Korn- und Rohproteinerträge und der Rohproteingehalt herangezogen.

An allen Standorten zeigte sich zunächst, daß mit einer Gesamtgabe von 60 kg N/ha der Höchstertrag erreicht worden ist. In jedem der 3 Untersuchungsjahre wurde dieses Ergebnis gleichermaßen erzielt, wobei in Bernburg und Herzberg als Vorfrucht Getreide, an den anderen beiden Orten Hackfrüchte zur Verfügung standen.

Eine signifikant höhere Effektivität der N-Düngung wurde bei geteilter N-Gabe erzielt, wobei die Variante 3 am günstigsten zu beurteilen ist. Das gilt sowohl für das niedrigere Düngungsniveau, im besonderen Maße aber für das höhere. Bei einer N-Düngung von 30 kg/ha im Frühjahr und 70 kg/ha zu Feekes 8 erreichte mit Ausnahme von Cobbelsdorf sowohl der Korn- als auch der Rohproteinertrag ein Optimum. Diese Düngungsvariante erbrachte auch hohe Rohproteingehalte.

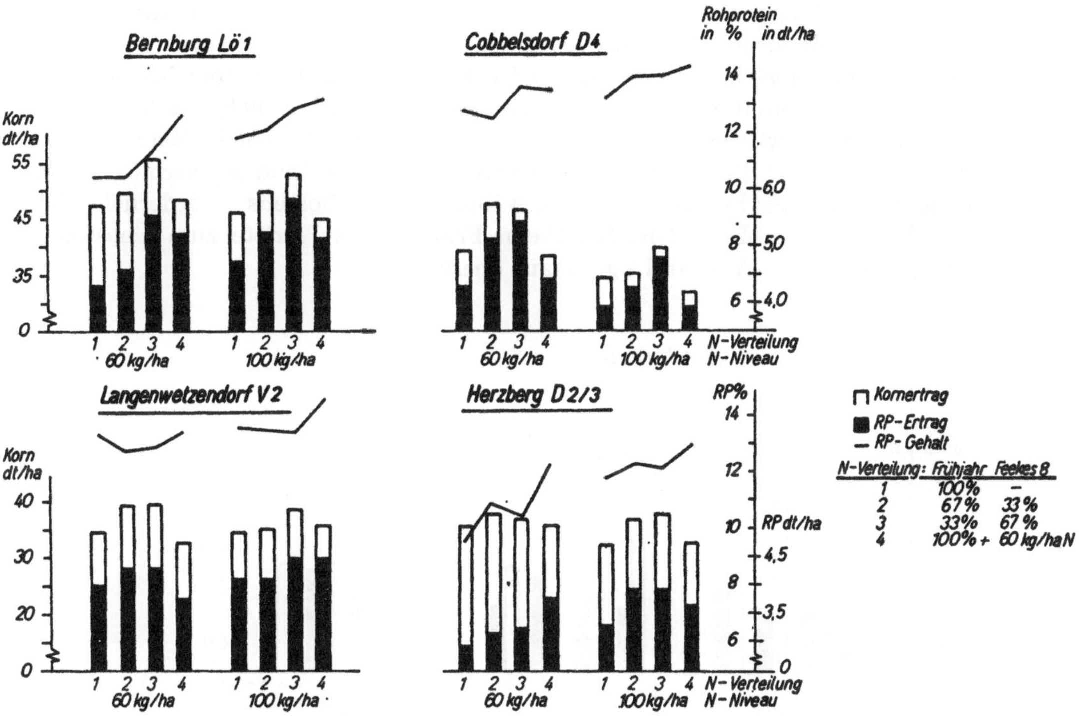

Abb. 1: Der Einfluß der N-Düngung auf Korn- und Rohproteinertrag sowie Rohproteingehalt bei Winterroggen ('Danae') – Durchschnitt 1971–1973

Die geringe Effektivität höherer N-Gaben im Frühjahr (über 40 kg N/ha) ist bei Roggen eindeutig mit der verstärkten Lagerneigung zu erklären. Dadurch traten erhebliche Mindererträge auf, in erster Linie bedingt durch reduzierte TKM-Werte. Die in Variante 4 erzielten hohen Proteingehalte sind unter diesem Aspekt zu werten.

Insgesamt zeigen die Ergebnisse bei Winterroggen, daß mit steigendem N-Düngungsniveau sich das Verhältnis von Frühjahrsgabe zu zweiter Gabe zugunsten der Zweitgabe verschieben muß, damit diese höheren Gaben effektiv ausgenutzt werden.

2.2. Winterweizen

Bei der Versuchsdurchführung zu Winterweizen ist generell eine CCC-Applikation erfolgt. Von wenigen Ausnahmen abgesehen wurde dadurch eine gute Standfestigkeit erreicht, so daß die Aussagekraft der Ergebnisse durch diesen Faktor nicht eingeengt wird. Außerdem besitzen die hier für die Interpretation ausgewählten Sorten 'Mironovskaja 808' und 'Fakir' eine gute Resistenz gegenüber Blattkrankheiten. Die mögliche Begrenzung der N-Wirkung bei hohen N-Gaben durch verstärkten Krankheitsbefall ist somit ebenfalls weitestgehend eliminiert.

Die in Abb. 2 dargestellten Ergebnisse bringen für den Standort Bernburg eindeutig zum Ausdruck, daß nur bei geteilten N-Gaben hohe Korn- und Rohproteinerträge gleichzeitig erzielt werden können. Für die Ertragsbildung hat sich ein Überschreiten der N-Gabe im Frühjahr über 40–50 kg/ha hinaus als nicht günstig erwiesen, auch bei der hier vorliegenden Vorfrucht Getreide war das der Fall! Für die Nutzung des Ertrags- und Eiweißbildungsvermögens ist dann jedoch eine höhere 2. N-Gabe während des Schossens erforderlich. Die Kombination – ein Drittel der N-Gabe im Frühjahr, zwei Drittel zum Schossen – ist bei höherem N-Aufwand signifikant überlegen.

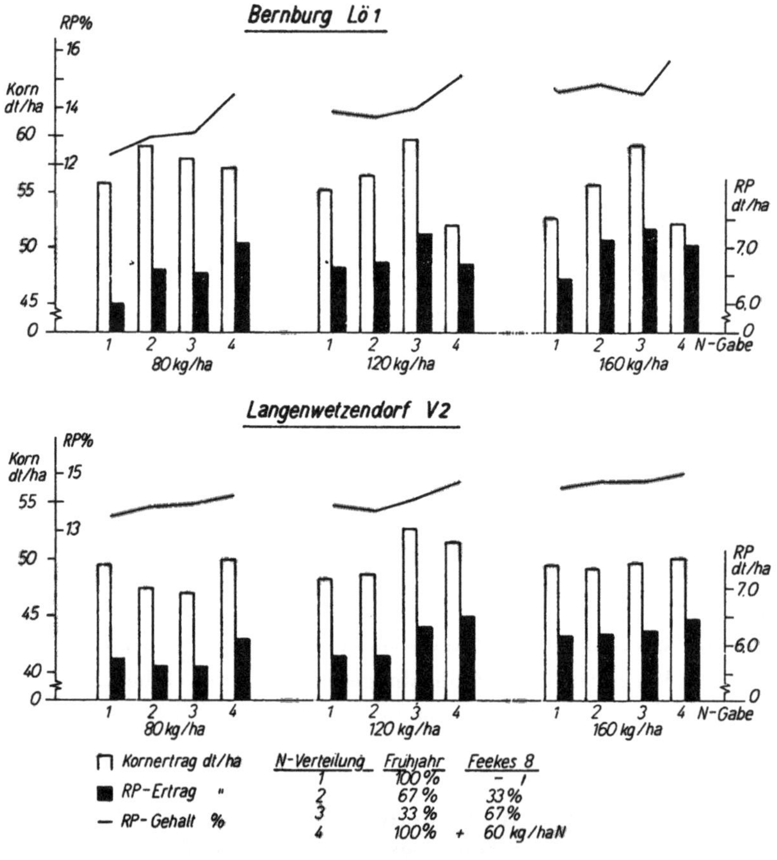

Abb. 2: Einfluß der N-Düngung auf Korn- und Rohproteinertrag sowie Rohproteingehalt bei Winterweizen ('Mironovskaja 808') und 'Fakir' – Durchschnitt 1971–1973

Prinzipiell gelten die für den Versuchsort Bernburg getroffenen Feststellungen auch für Langenwetzendorf (Abb. 2). Auf Grund des vergleichsweise weniger tätigen Bodens und des vermutlich in geringeren Mengen für die Pflanzen verfügbaren Bodenstickstoffs auf diesem Standort wird bei niedrigem N-Niveau ein in der Tendenz vorhandener, jedoch nicht signifikanter Ertragsrückgang bei unterteilter N-Gabe angedeutet. Dieser im mehrjährigen Mittel vorliegende Befund ist aber in Abhängigkeit vom Jahreseinfluß differenziert. So war im Jahre 1973 in Langenwetzendorf auch bei niedrigstem Düngungsniveau ein positiver Effekt der Unterteilung der N-Gabe zu verzeichnen (Tab. 2). Bei höherem Düngungsniveau wurde in allen Jahren einheitlich das Ergebnis erzielt, daß kombiniert hohe Korn- und Eiweißerträge durch eine mäßige 1. N-Gabe in Verbindung mit einer höheren 2. Gabe zum Schossen zu realisieren sind.

Tabelle 2

N-Wirkung in Abhängigkeit von der N-Verteilung und vom Jahreseinfluß bei Winterweizen ('Fakir') – Kornerträge dt/ha, Langenwetzendorf

N-Verteilung		1971			1973		
Frühjahr	Feekes 8	N-Gabe kg/ha			N-Gabe kg/ha		
		80	120	160	80	120	160
100%	–	**59,2**	61,3	60,3	48,3	46,5	(50,1)
67%	33%	57,9	**63,0**	61,7	48,7	47,5	47,3
33%	67%	56,1	61,5	**62,5**	**50,5**	**54,0**	**52,3**
GD 5%			3,9			6,2	

2.3. Hafer

Die Befunde bei Hafer sind in Abb. 3 dargestellt. Mit einer Gesamtgabe von 60 kg N/ha wurde auf allen 3 Standorten schon das Ertragsoptimum erreicht. Nur in Herzberg, dem Standort mit der geringsten Bodenbonität, hatte die Unterteilung der N-Menge von 60 kg/ha einen signifikanten Ertragsanstieg zur Folge. Bei Berücksichtigung sowohl der Korn- als auch der Rohproteinerträge ist die Variante 3 (30 kg N/ha im Frühjahr, 70 kg N zu Feekes 8) am günstigsten einzuschätzen. Teilweise wird diese Tendenz beim Rohproteinertrag durchbrochen. So erreicht in Cobbelsdorf die Variante 4 beim N-Niveau von 60 kg/ha und in Langenwetzendorf die Variante 1 den höchsten Rohproteinertrag. Die Variante 4 (Cobbelsdorf) ist nicht unmittelbar vergleichbar, da hier zusätzlich 60 kg N/ha als 2. Gabe verabreicht worden sind; in Langenwetzendorf ist der hohe Rohproteinertrag auf den hohen Rohproteingehalt zurückzuführen, der wiederum durch Lagern des Getreides bei den nicht unterteilten N-Gaben bedingt ist.

Ein Grund für die geringe Effektivität bei hohen ungeteilten N-Gaben insgesamt bzw. bei einer Unterteilung mit höheren Anteilen im Frühjahr und damit nur geringerem Anteil zum Schossen ist beim Hafer die verstärkte Lagerneigung. Besonders deutlich ließ sich dies in Langenwetzendorf nachweisen. Wie bei anderen Getreidearten kann jedoch das Lagern des Hafers nicht als alleinige Ursache für eine ungenügende Wirksamkeit höherer N-Gaben im Frühjahr angesehen werden. Deutlich positive Wirkungen der geteilten N-Gabe sind auch ohne Lager zu verzeichnen (Tab. 3).

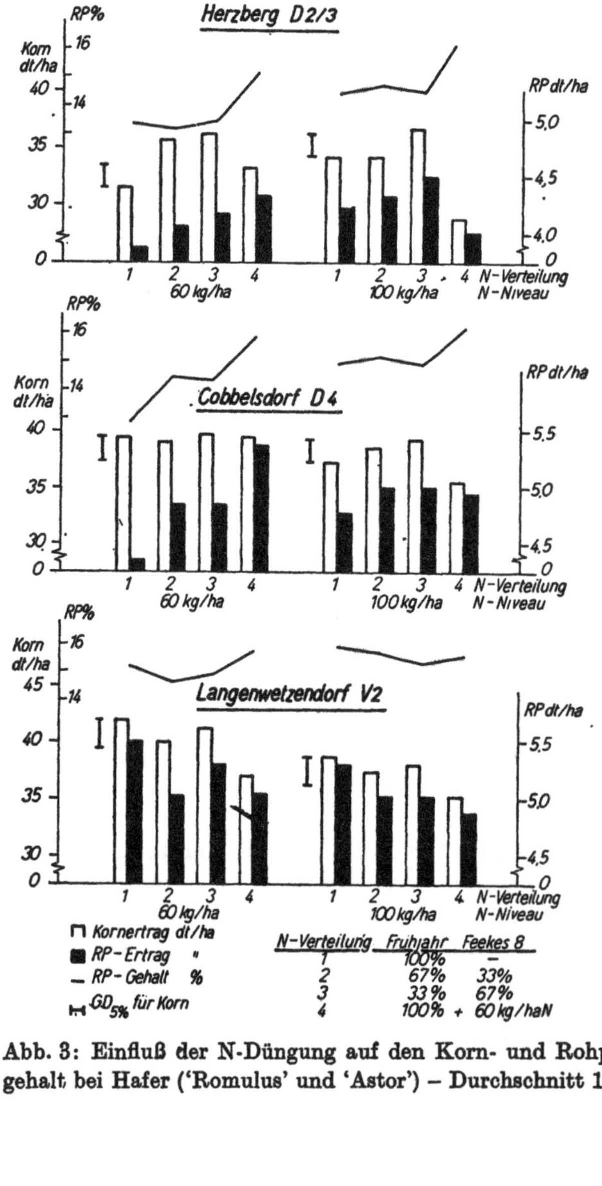

Abb. 3: Einfluß der N-Düngung auf den Korn- und Rohproteinertrag sowie Rohproteingehalt bei Hafer ('Romulus' und 'Astor') – Durchschnitt 1971–1973

Tabelle 3

Ertrag und Standfestigkeit nach variierter N-Düngung bei Hafer 'Romulus'-Herzberg D 2/3

N-Düngung kg/ha Frühjahr	Feekes 8	1971 dt/ha	Stand-festigkeit (9–1) zur Ernte	1972 dt/ha	Standfestigkeit (9–1) n. Ähren-schieben	Standfestigkeit (9–1) zur Ernte
60	–	31,8	9	32,2	7	4
40	20	38,2	9	37,5	8	4
20	40	36,6	9	40,8	9	7
60	60	34,6	9	36,2	7	3
100	–	34,0	9	34,2	7	4
70	30	34,1	9	38,3	7	4
30	70	38,4	9	39,8	9	4
100	60	33,3	9	24,5	3	2
GD 5%		3,6		3,7		

2.4. Sommergerste

Auf die Darstellung der Ergebnisse aus den Versuchen mit Sommergerste soll verzichtet werden, da sie prinzipiell das gleiche aussagen wie die Ermittlungen zu den anderen Getreidearten.

3. Diskussion

Nach den vorliegenden Ergebnissen ist eine geringe bis mäßige, auf die Standortbedingungen abgestimmte N-Gabe im Frühjahr in Verbindung mit einer höheren N-Gabe zum Schossen bei hohem N-Niveau am günstigsten. Diese N-Verteilung ist dem Bedarf der Pflanzen angepaßt. Überhöhte N-Gaben im Frühjahr führen zu einer starken vegetativen Entwicklung verbunden mit einer hohen, jedoch verstärkt unproduktiven Bestockungsrate. Dadurch werden Bestände aufgebaut, die oftmals über dem Optimum liegende Ährenzahlen aufweisen und einen starken Wasserbedarf besitzen. Auf leichten Böden tritt ein Wasserdefizit teilweise schon während des Schossens auf, so daß im Frühjahr stark gedüngte Bestände trotz hoher Bestockungsrate die Triebzahl so stark reduzieren, daß die Ährenzahl geringer als bei mäßiger N-Gabe im Frühjahr ist.

Am Beispiel der Ergebnisse des Winterweizens am Standort Bernburg wird der negative Einfluß der durch überhöhte N-Gaben im Frühjahr verursachten zu hohen Ährenzahl sichtbar (Abb. 4). Es besteht eine eindeutig negative Korrelation zwischen Ertrag und Ährenzahl.

Die Ergebnisse bei Weizen wurden mit der sich stark bestockenden Sorte 'Fakir' und der Sorte 'Mironovskaja 808' mit mittlerer Bestockung erzielt. Die sich gering bestockende Sorte 'Kavkaz' war nicht in die Untersuchungen ein-

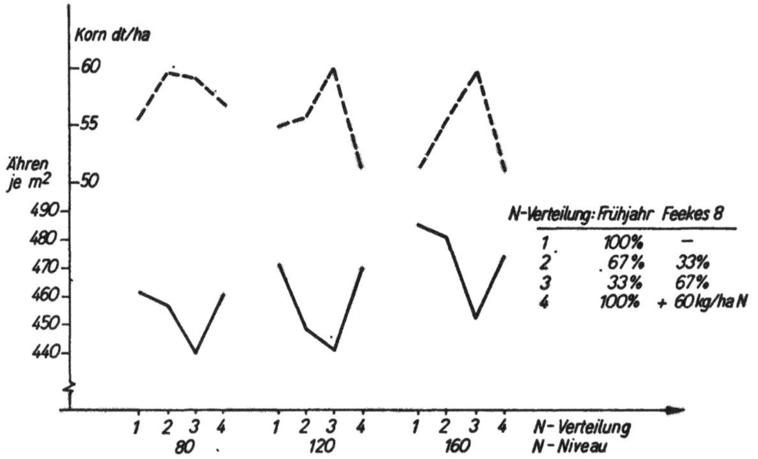

Abb. 4: Kornertrag und Ährenzahl/m² bei variierter N-Düngung bei Winterweizen ('Mironovskaja 808' und 'Fakir') – Durchschnitt 1971–1973, Bernburg

bezogen. Aus Untersuchungen von Wuth (1973) kann abgeleitet werden, daß eine geringe N-Gabe im Frühjahr kombiniert mit einer höheren in späteren Entwicklungsstadien auch für diese Sorte unter den Bedingungen des Standortes Bernburg ertragsoptimal ist. Höhere N-Gaben im Frühjahr sind bei dieser Sorte für die Ertragsbildung zwar nicht so negativ zu beurteilen wie bei Sorten mit stärkerer Bestockung, sie sind aber auch nicht ertragsfördernd. Das in den Untersuchungen erzielte Ergebnis, daß bei höherem N-Niveau die Unterteilung der N-Gabe in eine geringere 1. Gabe und in eine höhere 2. Gabe am effektivsten ist, wird prinzipiell in den Parametern der 2. Generation des EDV-Düngungsmodells berücksichtigt (o. V., 1973). Von entscheidender Bedeutung ist deshalb die Einhaltung der gegebenen Düngungsempfehlungen und die weitere Verbesserung der Realisierungsmöglichkeiten dieser Befunde in der Praxis aus technisch-technologischer Sicht.

Zusammenfassung

In dreijährigen Untersuchungen wurde bei Winterroggen, Winterweizen, Hafer und Sommergerste an mehreren Standorten der Einfluß unterschiedlicher N-Verteilungsverhältnisse (I. 100% im Frühjahr; II. $^2/_3$ im Frühjahr, $^1/_3$ zu Feekes 8; III. $^1/_3$ im Frühjahr, $^2/_3$ zu Feekes 8; IV. 100% im Frühjahr + 60 kg N/ha zu Feekes 8) bei verschieden hohem N-Niveau untersucht. Das N-Niveau war gestaffelt bei Winterweizen mit 80, 120, 160 kg N/ha, bei den anderen Getreidearten mit 60 und 100 kg N/ha. Zur Erzielung sowohl hoher Korn- als auch Rohproteinerträge hat sich bei höherem N-Niveau eine N-Verteilung von einem Drittel im Frühjahr und zwei Drittel zu Feekes 8 als am effektivsten erwiesen. Bei dieser Variante wurden ebenfalls hohe Rohproteingehalte erzielt.

Резюме

Название работы: Результаты рационального распределения доз азота при возделывании зерновых культур

В трехлетних исследованиях, проведенных на озимой ржи, озимой пшенице, овсе и яровом ячмене в различных почвенно-климатических условиях, изучалось влияние дифференцированного внесения азотных удобрений (опыт I: 100% весной; опыт II: 2/3 весной и 1/3 на стадии Feekes 8; опыт III: 1/3 весной, 2/3 на стадии Feekes 8; опыт IV: 100% весной + 60 кг азота на гектар на стадии Feekes 8) при неодинаковых нормах расхода. Под озимую пшеницу давали 80, 120 и 160 кг/га, а под другие зерновые культуры 60 и 100 кг/га. Для достижения высоких сборов зерна и сырого протеина наиболее эффективным оказалось применение повышенной дозы азота с дробным внесением — 1/3 весной и 2/3 на стадии Feekes 8. В этом варианте был получен также высокий сбор сырого протеина.

Summary

Title of the paper: Results regarding the adequate splitting of nitrogen applications for cereals

In 3-year investigations with winter rye, winter wheat, oats, and spring barley grown on several sites, the influence of various ways of splitting N dressings of varying level (I. 100 per cent in spring; II. two thirds in spring, one third at Feekes 8; III. one third in spring, two thirds at Feekes 8; IV. 100 per cent in spring + 60 kg/ha at Feekes 8) was studied. The total amount of nitrogen varied (80, 120, 160 kg/ha for winter wheat, and 60 and 100 kg/ha for the other cereal species). Treatment III (one third in spring and two thirds at Feekes 8) proved to be the most efficient method for obtaining both high grain- and crude-protein yields in case of applying high levels of N fertilization. Likewise, this treatment produced high crude-protein levels in grain.

Literatur

Wuth, E.: Forsch.-Ber., Inst. Getreideforsch. Bernburg-Hadmersleben der Akad. Landwirtsch.-Wiss. DDR, Berlin 1973

O. V.: Forschungskollektiv Düngungssysteme. Parameter der 2. Generation Düngungssysteme. Inst. Düngungsforsch. Leipzig-Potsdam der Akad. Landwirtsch.-Wiss. DDR

Anschrift des Verfassers:
Dr. Georg Kratzsch
Institut für Getreideforschung Bernburg-Hadmersleben
der Akademie der Landwirtschaftswissenschaften der DDR
4351 Bernburg-Strenzfeld, Mitschurinstraße 22

Tag.-Ber., Akad. Landwirtsch.-Wiss. DDR, Berlin (1975) 135, S. 235–242

Sektion Pflanzenproduktion – Wissenschaftsbereich Pflanzenbau – der Martin-Luther-Universität Halle-Wittenberg

ARNULF BANNEICK

Beziehungen zwischen Bestandesdichte und Ertrag einiger Winterweizensorten als Beitrag zum Problem der Aussaatmengenfestlegung bei sowjetischen Sorten

Sowjetische Winterweizensorten wurden zur Ernte 1973 auf 50% der Weizenfläche der DDR angebaut. Ihr gegenüber den DDR-Sorten anders gearteter Wachstumsablauf, vor allem die Neigung zur Ausbildung geringerer Bestandesdichten, führten in den ersten Anbaujahren zu bisweilen extremen Forderungen an einzelne Faktoren der Agrotechnik. So sollten durch wesentlich höhere Aussaatmengen sowohl die Großkörnigkeit des Saatgutes als auch die geringere Halmbildungsfähigkeit berücksichtigt werden. Intensive Propagierung entsprechender Feldversuchsergebnisse sowie der Aussaatmengenberechnung auf der Basis Kornzahl/Flächeneinheit und auch die Durchsetzung der TKM-Attestierung zumindest bei Hochzucht-Saatgutpartien brachten die Aussaatnormen im praktischen Anbau der sowjetischen Sorten auf eine etwas realere Basis. Das trifft vor allem für die auf 44% der DDR-Weizenfläche angebaute Sorte 'Mironovskaja 808' zu (1973).

Ziemlich unklar sind jedoch noch die Vorstellungen über Zusammenhänge zwischen erreichten Bestandesdichten (Halmzahl) und den Flächenerträgen sowie entsprechende Rückschlüsse auf die anzuwendenden Aussaatmengen.

Da von Feldschlägen in der Regel exakte Angaben über Saatmengen, Bestandesdichten und Ertragsaufbau nur schwer einzuholen sind, soll im folgenden versucht werden, aus einer Serie eigener faktorieller Feldversuche auf mehreren Standorten im Bezirk Halle die Vielzahl von Auszählungen des Bestandesaufbaues und der Ertragsstruktur zu analysieren.

In einer Gegenüberstellung der Werte für die Bestandesdichte im Zeitraum 1969–1973 auf gleichem Standort wird der erhebliche Einfluß der Jahreswitterung auf diesen Ertragsfaktor nachgewiesen (Tab. 1). Vor allem die milden Winter und länger andauernden kühlen Frühjahrsperioden der Jahre 1972 und 1973 führten zu 15–20% stärkeren Bestockungsraten als in den Vorjahren und auch zu wesentlich mehr Halmen. Dennoch sind für die im Vergleich zur DDR-Sorte 'Fakir' stehenden sowjetischen Sorten ähnliche Abstufungen wie 1969 bis 1971 vorhanden.

Die Auszählungen der Bestockungstriebe ergaben folgende charakteristische Abstufungen: 'Mironovskaja 808' bildete 1969–1971 30% weniger Triebe/Flächeneinheit aus als 'Poros', 1972/73 20% weniger als 'Fakir'. 'Kavkaz' lag in diesem Zeitraum in der Bestockung noch 20% niedriger als 'Mironovskaja 808'.

Tabelle 1

Bestockungstriebe und ährentragende Halme von 'Mironovskaja 808' und einer DDR-Sorte unter gleichen Standortverhältnissen (Lö 2, Kreis Köthen)

	Bestockungstriebe						Ährentragende Halme			
Jahr	'Mironovskaja 808'			DDR-Sorte*			'Mironowskaja 808'		DDR-Sorte*	
	je m²	rel.	je Pflanze	je m²	rel.	je Pflanze	je m²	rel.	je m²	rel.
1969	942	79	2,9	1387	100	3,9	479	101	476	100
1970	953	67	2,8	1414	100	3,4	492	93	529	100
1971	864	72	2,4	1206	100	3,3	348	82	424	100
1972	1083	74	3,0	1469	100	4,0	567	93	611	100
1973	1165	85	3,4	1367	100	3,5	643	100	640	100
$\bar{x}$	1001	73	2,9	1369	100	3,6	506	94	536	100

* 1969–1971 = 'Poros', 1972–1973 = 'Fakir'

Die Anzahl der angelegten Bestockungstriebe hat zwar für die Erreichung eines geschlossenen Anfangsbestandes Bedeutung, muß aber bei normalem Witterungsablauf nicht unbedingt den Kornertrag beeinflussen. Die sogenannte „unproduktive" Bestockung ist bei den später reifenden DDR-Sorten wesentlich höher als bei den frühreifen sowjetischen Züchtungen. In unserer Versuchsreihe brachte 'Mironovskaja 808' rund 50% der Bestockungstriebe zur Ährenausbildung ('Poros' 38%) und lag dadurch in der Zahl ährentragender Halme nur um 7% unter 'Poros' (BANNEICK, 1973).

Nach der Analyse der Ertragsstruktur kommt 'Mironovskaja 808' durch die wesentlich höheren Einzelährenerträge, wofür die größere Tausendkornmasse ausschlaggebend ist, zu der besseren Flächenleistung im Kornertrag. Für die Sorte 'Kavkaz' ist die größere Ährenleistung bei geringerer Bestandesdichte noch mehr ausgeprägt als bei 'Mironovskaja 808' (Abb. 1). Durch die Vorsommertrockenheit in den Jahren 1972 und 1973 wurden allerdings die Einzelährenleistungen im Vergleich zu 1969–1971 mehr oder weniger gemindert.

Obgleich die Besonderheiten der Witterungsabläufe der Jahre 1972 und 1973 eine allgemeingültige Aussage einschränken, soll im folgenden versucht werden, aus der großen Spanne der Erträge und Bestandesdichten innerhalb unserer faktoriellen Versuche gewisse Zusammenhänge herauszulesen. Die Versuche kamen mit den Sorten 'Kavkaz', 'Mironovskaja 808' und 'Fakir', mit 3 Saatzeiten-, 3 Saatmengen- und 2 N-Düngungsstufen auf den Standorten Libehna

(Kreis Köthen, Lö 2), Tornau (Kreis Bitterfeld, D 4) und Schielo (Kreis Quedlinburg, V 2, 350 m Höhenlage im Harz) zur Anlage. Von 72 Einzelwerten jeder Sorte wurden die Flächenerträge und Bestandesdichten in einem Koordinatensystem zusammengestellt (Abb. 2). Der Kurvenverlauf aus diesem Punkte-

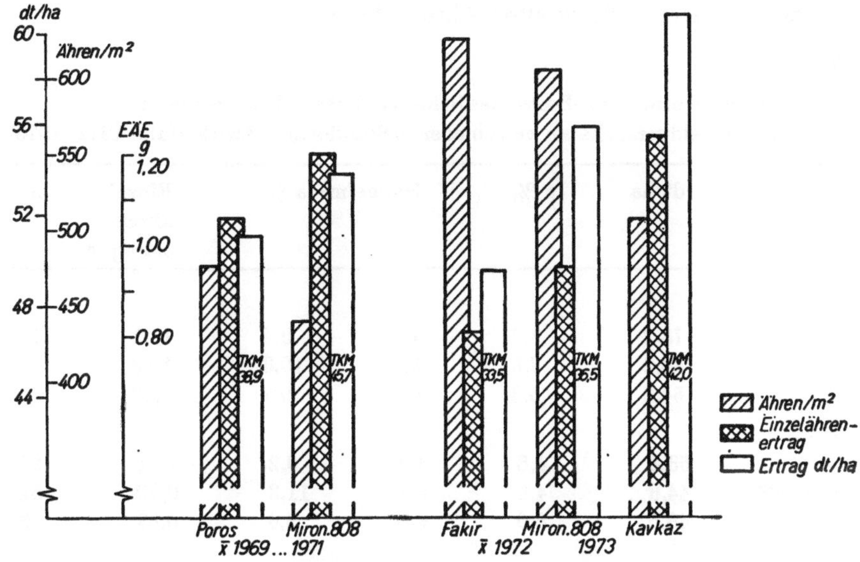

Abb. 1: Ertragsaufbau verschiedener Sorten unter gleichen Anbau- und Standortbedingungen (Lö 2, Kreis Köthen)

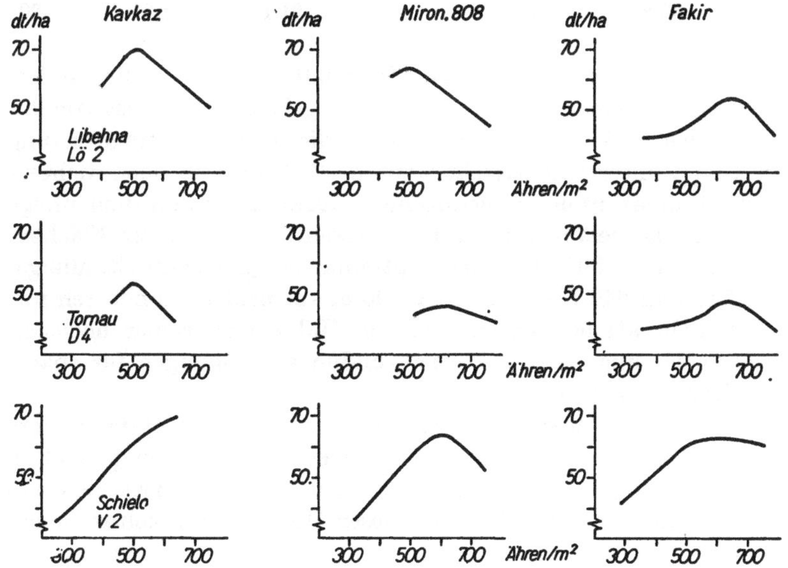

Abb. 2: Abhängigkeit des Kornertrages von der Bestandesdichte, 3 Standorte im Bezirk Halle – 1972/73

schwarm zeigt auf dem Lö 2- und dem D 4-Standort ein deutliches Streben nach einer optimalen Kombination Bestandesdichte–Ertrag. Über und unter diesem relativ engen Bereich sinkt die Ertragsleistung erheblich ab. Lediglich auf dem V 2-Standort steigt bei 'Kavkaz' und auch bei 'Fakir' die Ertragsleistung bis zur höchsten festgestellten Ährenzahl an.

Tabelle 2

Beziehungen Kornertrag–Bestandesdichte bei hohem Ertragsniveau (Faktorielle Feldversuche an verschiedenen Standorten, Bezirk Halle 1972, 1973)

Sorte	dt/ha	s %	Halme/m²	s %	Einzelährenertrag, g	n
Libehna – Lö 2 –						
'Kavkaz'	73,2	3,7	487	9,4	1,51	14
'Mironovskaja 808'	63,2	3,6	539	10,3	1,18	20
'Fakir'	54,3	5,3	615	9,7	0,89	24
Tornau – D 4 –						
'Kavkaz'	53,8	4,8	488	9,2	1,11	27
'Mironovskaja 808'	44,6	4,6	644	11,3	0,70	51
'Fakir'	43,5	6,0	634	9,6	0,69	43
Schielo – V 2 –						
'Kavkaz'	64,3	3;4	541	13,0	1,21	16
'Mironovskaja 808'	64,1	4,1	591	12,8	1,10	19
'Fakir'	63,8	11,3	554	21,1	1,21	20

In der Tab. 2 sind die Zahlenwerte aus den „Optimalbereichen" = Bestandesdichten in Beständen mit hohem Ertragsniveau angegeben. Danach ist von der Sorte 'Kavkaz' auf den Lö 2- und D 4-Standorten die höchste Ertragsleistung bei Halmzahlen knapp unter 500 erreicht worden. 1973 führten noch dichtere Bestände (550–600 Halme) infolge ungenügender Auskörnung und demzufolge erheblich absinkenden Einzelährenerträgen zu wesentlich geringerer Flächenleistung. Für 'Mironovskaja 808' liegt das Optimum bei größerem Streuungsbereich zwischen 540 und 640 Halmen. 'Fakir' kam auf beiden Standorten nur in Beständen mit mehr als 600 ährentragenden Halmen zu seiner höchsten Leistung, die wegen der ungünstigen Kornausbildungsbedingungen für später reifende Sorten relativ niedrig lag.

Wie aus dem Kurvenverlauf ersichtlich, ergaben sich auf dem Harzstandort abweichende Tendenzen. Bei recht unterschiedlichen Einzelwerten pendelten sich die Halmzahlen zum jeweils höchsten Ertrag der 3 Sorten zwischen 540 und 590 ein. Beachtlich sind hierbei die in dieser Höhenlage erzielten hohen Einzelährenerträge.

Die engen Wechselbeziehungen zwischen Bestandesdichte und Einzelährenertrag kommen in Tab. 3 zur Darstellung. Ausgehend von der festgestellten

„optimalen" Bestandesdichte wird der Einfluß von sehr hohen sowie zu niedrigen Halmzahlen auf den Einzelährenertrag untersucht. Danach ist durch überhöhte Bestandesdichten bei allen geprüften Sorten ein erhebliches Absinken der Einzelährenerträge festzustellen. Bedeutsam scheint aber zu sein, daß 'Kavkaz' bei zu niedrigen Bestandesdichten unter den gegebenen Bedingungen

Tabelle 3

Abhängigkeit des Einzelährenertrages von der Bestandesdichte
(Faktorielle Feldversuche an verschiedenen Standorten, Bezirk Halle 1972, 1973)

Bestandesdichte	Einzelährenertrag, rel. zu 'Optimum' in g ≙ 100		
	'Kavkaz'	'Mironovskaja 808'	'Fakir'
Libehna – Lö 2 –			
'Optimum'	1,51	1,18	0,89
>10% höher	63	68	74
>20% niedriger	99	98	116
Tornau – D 4 –			
'Optimum'	1,11	0,70	0,69
>10% höher	72	81	86
>20% niedriger	–	123	132
Schielo – V 2 –			
'Optimum'	1,21	1,10	1,21
>10% höher	86	79	76
>20% niedriger	118	116	112

Tabelle 4

Prozentualer Anteil der Saatmengen an Varianten mit hohem Ertragsniveau
(Faktorielle Feldversuche an verschiedenen Standorten, Bezirk Halle 1972, 1973)

Sorte	Saatmenge			
	350	500	650 Korn/m²	n
Libehna – Lö 2 –				
'Kavkaz'	44	29	27	14
'Mironovskaja 808'	45	25	30	20
'Fakir'	42	25	33	24
Tornau – D 4 –				
'Kavkaz'	37	33	30	27
'Mironovskaja 808'	35	32	33	51
'Fakir'	37	35	28	43
Schielo – V 2 –				
'Kavkaz'	19	37	44	16
'Mironovskaja 808'	37	26	37	19
'Fakir'	25	35	40	20

keine höheren Einzelährenleistungen brachte, während 'Fakir' und auf dem D 4-Standort auch 'Mironovskaja 808' zu größerem Ährengewicht und damit zum Ertragsausgleich tendierten. Unter dem Einfluß günstigerer Auskörnungsbedingungen (s. Harzstandort) sind auch von 'Kavkaz' bei ungenügenden Bestandesdichten höhere Einzelährenerträge zu erwarten.
Nach der Verteilung der angewandten Saatmengen auf die Varianten mit hoher Ertragsleistung stand auf dem Lö 2-Standort der größte Prozentsatz nach relativ niedriger Saatmenge (350 Korn/m²). Die jeweils etwa 30% Anteile höherer Saatmengen wurden zu späterer Saatzeit gedrillt. Auf dem D 4-Standort ist keine klare Tendenz festzustellen, während sich in der Höhenlage die bekannte ertragssteigernde Wirkung höherer Saatmengen speziell bei 'Kavkaz' und 'Fakir' abzeichnet.

Schlußfolgerungen

Die vorstehenden Ergebnisse basieren auf den besonderen Witterungsbedingungen der Jahre 1972 und 1973. Unter feuchteren Verhältnissen – vor allem bei günstigeren Bedingungen während der Kornfüllungsperiode – können sich die Voraussetzungen für höhere Einzelährenerträge wesentlich verbessern. Das trifft besonders für die später reifenden DDR-Sorten zu. Mit den hier vorgestellten Untersuchungen sollte das Augenmerk auf eine intensivere Verfolgung der Zusammenhänge Bestandesdichte–Ertrag mit entsprechender Rückkoppelung auf die Aussaatmengenbemessung gerichtet werden. Denn die meisten unserer modernen Intensivsorten sind auf die Kombination hoher Einzelährenertrag–mittlere, aber gleichmäßige Bestandesdichte gezüchtet. Das einseitige Streben nach hohen Bestandesdichten, welches früher bei wesentlich geringerem Ertragsniveau oder bei nicht ausreichender Nährstoffversorgung am Platze war, führt nicht zu den angestrebten hohen Produktionsleistungen von der Flächeneinheit.

Zusammenfassung

An Hand 5jähriger Untersuchungen wird nachgewiesen, daß sich die in der DDR auf derzeitig 50% Weizenfläche angebauten sowjetischen Winterweizensorten in der Ertragsstruktur gegenüber den später reifenden DDR-Sorten durch geringere Bestockungsraten, etwas niedrigere Zahlen ährentragender Halme und höhere Einzelährenerträge unterscheiden. Aus faktoriellen Versuchen mit den Sorten 'Kavkaz', 'Mironovskaja 808' und 'Fakir', die in den Jahren 1972 und 1973 auf je einem Lö 2-, einem D 4- und einem V 2-Standort (Harz) im Bezirk Halle zum Anbau kamen, erfolgte eine Gegenüberstellung von Bestandesdichten und Ertragsanalysen bei hohem Ertragsniveau.

Die höchste Ertragsleistung ist auf dem Lö 2- und D 4-Standort von 'Kavkaz' mit etwa 500 Halmen, 'Mironovskaja 808' mit 540–640 Halmen und 'Fakir' mit mehr als 600 ährentragenden Halmen erreicht worden. Auf dem V 2-Standort reichten bei hohen Einzelährenerträgen 540–590 Halme zum jeweils höchsten Flächenertrag. Überhöhte Bestandesdichten führten bei allen Sorten zu erheblichem Absinken der Einzelähren- und Flächenerträge. Bei zu niedrigen Bestandesdichten brachte 'Kavkaz' keine höheren Einzelährenleistungen, während 'Mironovskaja 808' und 'Fakir' zu größeren Ährengewichten und damit Ertragsausgleich tendierten. Unter dem Einfluß günstigerer Auskörnungsbedingungen sind auch von 'Kavkaz' bei ungenügenden Bestandesdichten höhere Einzelährenerträge zu erwarten. Es wird auf eine intensivere Verfolgung der Zusammenhänge Bestandesdichte–Ertrag bei den modernen Intensivsorten hingewiesen.

Резюме

Название работы: Изучение связей между плотностью стеблестоя и урожаем некоторых сортов озимой пшеницы как вклад в решение проблемы норм высева советских сортов

В пятилетних исследованиях было установлено, что советские сорта озимой пшеницы, возделываемые в ГДР на 50% общей площади под пшеницей, отличаются по элементам продуктивности от созревающих позднее сортов ГДР меньшей кустистостью, несколько меньшим числом колосоносных стеблей и более высокими сборами зерна с отдельных колосьев. В факторных опытах на сортах 'Кавказ', 'Мироновская 808' и 'Факир', посеянных в 1972 и 1973 гг. в Галльском округе (Гарц) на лёссовой (Lö 2), дилювиальной (D 4) и элювиальной (V 2) почвах, сравнивались плотности стеблестоя и проводились анализы продуктивности при высоком уровне урожаев. Самые высокие сборы урожаев на лёссовой (Lö 2) и дилювиальной (D 4) почвах отмечались у сортов 'Кавказ', 'Мироновская 808' и 'Факир' при плотности продуктивного стеблестоя соответственно 500, 540—640 и 600 колосоносных стеблей на 1 м^2. На элювиальной почве (V2) при высоких сборах зерна с отдельных колосьев было достаточно 540—590 колосоносных стеблей для достижения каждым сортом наивысшего урожая с единицы площади. Чрезмерно высокая плотность стеблестоя приводила к снижению сборов зерна у всех сортов как с отдельных колосьев, так и с единицы площади. При слишком низких плотностях стеблестоя сорт 'Кавказ' уже не повысил сборов зерна с отдельных колосьев, в то время как сорта 'Мироновская 808' и 'Факир' компенсировали низкую плотность стеблестоя более высокими весовыми показателями колосьев, а тем самым и урожаев. В благоприятных условиях завязывания семян можно ожидать и от сорта 'Кавказ' при недостаточной плотности продуктивного стеблестоя более высоких урожаев с отдельных колосьев. Отмечается необходимость основательного изучения связей между плотностью продуктивного стеблестоя и урожаем современных интенсивных сортов.

Summary

Title of the paper: Relations between stand density and yield of some winter wheat varieties – a contribution to the problem of fixing the seed rates for Soviet varieties

Five-year experiments have shown that the Soviet winter wheat varieties – which for the time being are grown on 50 per cent of the GDR wheatland – differ from the later-maturing GDR varieties in that they exhibit lower tillering rates, somewhat smaller numbers of ear-bearing culms and higher single-ear yields. Factorial trials with the varieties 'Kavkaz', 'Mironovskaya 808' and 'Fakir', which in 1972 and 1973 were grown each on a Lö 2, a D 4 and a V 2 site (Harz mountains) in the county of Halle, have been used to compare stand densities and yield analyses at high yield levels. On the Lö 2 and D 4 sites, maximum yields were obtained from 'Kavkaz' with about 500 ear-bearing culms per m^2, 'Mironovskaya 808' with 540 to 640 ear-bearing culms per m^2, and 'Fakir' with more than 600 ear-bearing culms per m^2. On the V 2 site, at higher single-ear yields 540 to 590 ear-bearing culms per m^2 were enough for maximum yield per unit area. With all the varieties tested excessive stand densities resulted in a considerable decline in yields per single ear and per unit area. In case of too low stand densities 'Kavkaz' did not produce higher single-ear yields, while 'Mironovskaya 808' and 'Fakir' tended to produce heavier ears and thus to balance yields. If the conditions for grain development are more favourable, 'Kavkaz', too, may bring higher single-ear yields at insufficient stand densities. The author points out that with the modern intensive varieties it is necessary to more intensively follow up the relations between stand density and yield.

Literatur

BANNEICK, A.: Einfluß von Aussaatmenge, N-Düngung und CCC-Anwendung auf die Anzahl der Bestockungstriebe und der ährentragenden Halme sowie die Kornerträge und die Tausendkornmasse bei zwei Winterweizensorten. Arch. Acker- u. Pflanzenbau u. Bodenkd. 17 (1973), S. 457–461

Anschrift des Verfassers:
Dr. ARNULF BANNEICK
Sektion Pflanzenproduktion – Wissenschaftsbereich Pflanzenbau,
Lehrkollektiv Getreideproduktion –
der Martin-Luther-Universität Halle-Wittenberg
401 Halle, Ludwig-Wucherer-Straße 79

Tag.-Ber., Akad. Landwirtsch.-Wiss. DDR, Berlin (1975) 135, S. 243–251

Sektion Pflanzenproduktion – Wissenschaftsbereich Pflanzenbau – der Martin-Luther-Universität Halle-Wittenberg

PETER-CHRISTIAN ULRICH und HANS-JOACHIM WICKE

Zur Steuerung der Beregnung von Getreide mit Hilfe der Refraktometermethode

Getreide ist unter den natürlichen Bedingungen der DDR im Vergleich zu anderen Kulturpflanzen weniger beregnungswürdig. Trotzdem liegt sein Anbauumfang in größeren, für die Beregnung erschlossenen Gebieten verhältnismäßig hoch. So betrug 1971 der Getreideanteil an der Erschließungsfläche im Mittel von 24 Klarwasserberegnungsanlagen 32 Prozent (SCHWARZ, ROTH u. KACHEL, 1973). Die Empfehlung zur Reduzierung dieses Getreideanteils kann die Praxis größtenteils nicht berücksichtigen, weil das eine zu starke Konzentration von Getreide außerhalb der Vorteilsfläche und damit eine unvollkommene Ausschöpfung des Ertragspotentials zur Folge hätte. In Abhängigkeit vom Stand der kooperativen Zusammenarbeit werden darum auch in Zukunft 20–30 Prozent Getreide in der Beregnungsrotation verbleiben müssen (KUNDLER, 1971; DÖRTER, 1972). Da die durch Beregnung erzielbaren Mehrerlöse ausreichen, um die variablen und mehrertragsabhängigen Kosten zu decken, sollte diese Getreidefläche auch beregnet werden, wenn Beregnungsbedarf vorliegt (ROTH u.a., 1973). Eine Erhöhung der Bewässerungswürdigkeit von Getreide kann das ökonomische Ergebnis noch verbessern und ist deshalb dringend erforderlich. Als wichtigste Maßnahmen zur Steigerung der Bewässerungswürdigkeit sind entsprechende Sortenwahl und Agrotechnik sowie eine möglichst genaue und schnelle Erfassung des Zusatzwasserbedarfes der Pflanzen zu nennen.

Die zur Zeit und in naher Zukunft für die Beregnungssteuerung verwendeten indirekten Kriterien – klimatische Wasserbilanz, Bodenfeuchte und deren Kombination – geben zwar wesentliche Hinweise über den Wasserversorgungsgrad des Standortes, aber keine genaue Information über den aktuellen Wasserzustand der Pflanzen. Denn veränderte äußere Bedingungen üben nur dann einen Einfluß auf die Pflanze aus, wenn sich die inneren Wasserverhältnisse selbst ändern (WALTER, 1931). Um diese aber bestimmen zu können, ist die direkte Ermittlung eines möglichen Wasserdefizits an der Pflanze erforderlich.

Die dafür in Betracht kommenden Methoden wurden entsprechend ihrer Bestimmungsprinzipien von ROTH und BERGMANN (1973) in einem Übersichtsbeitrag dargestellt. Besondere Beachtung verdient in diesem Zusammenhang

die Refraktometermethode, weil sie nach dem derzeitigen Stand der Untersuchungstechnik die einfachste Methode zur direkten Ermittlung des Wasserdefizits der Pflanzen ist. Sie kann in kurzer Zeit ohne größeren manuellen und technischen Aufwand relative Werte über die Zellsaftkonzentration der Pflanzen liefern (Singh, 1972; Pfleger, 1973). Wir untersuchen deshalb schon seit einigen Jahren, ob sich die Refraktometermethode zur Beregnungssteuerung eignet (Singh, 1972; Wicke u. Singh, 1973a u. b).
Die dabei gesammelten Erfahrungen und Ergebnisse können gegebenenfalls auch Wege aufzeigen, wie die Prüfung und Anwendung anderer direkter, eventuell kontinuierlich arbeitender Methoden erfolgen sollte.
Wie an anderer Stelle bereits mitgeteilt wurde (Wicke u. Singh, 1973a), besteht zwischen Refraktometerwert (im folgenden R-Wert) und Bodenfeuchte in der Regel eine negative Korrelation, deren Ausmaß von anderen exogenen Faktoren variiert wird. In der vorliegenden Arbeit werden die Beziehungen zwischen R-Wert und Bodenfeuchte unter dem Einfluß der Witterungskomponente Temperatur konkretisiert. (Die Strahlung und die relative Luftfeuchtigkeit wurden nicht berücksichtigt, da sie nach Stock (1969) und Xylander (1973) in der Regel eine sehr enge Korrelation zur Lufttemperatur aufweisen.) Des weiteren wird die Frage diskutiert, auf welche Weise man den R-Wert zur Steuerung der Beregnung verwenden kann.

1. Material und Methoden

Zur Klärung der genannten Probleme wurden in den Jahren 1971 bis 1973 Feldversuche im Lehr- und Forschungsstützpunkt Seehausen (Kreis Leipzig) der Martin-Luther-Universität Halle-Wittenberg durchgeführt. Der Boden besteht in der Krume aus feinsandigem Lehm und gehört zur Bodenform Lehm-Staugley (natürliche Standorteinheit Lö 4, Bodenzahl 60). Versuchspflanzen waren Winterweizen, Hafer und Sommergerste. Um eine möglichst breite Variation des Wasserzustandes der Pflanzen zu erreichen, wurde in den Entwicklungsstadien Schossen bis Milchreife eine Abstufung der Bodenfeuchte in den Bereichen 30–40%, 50–60% und 70–80% Sättigung der nutzbaren Feldkapazität (nFK) angestrebt; eine Variante erhielt keinen Zusatzregen. Die methodischen Probleme der Ermittlung des Refraktometerwertes von Getreide wurden bereits an anderer Stelle ausführlich erörtert (Wicke u. Singh, 1973a).

2. Ergebnisse und Diskussion

Eine Regressionsanalyse der Wechselbeziehungen zwischen Bodenfeuchte und Temperatur einerseits und dem R-Wert von Winterweizen der Sorten 'Poros' und 'Fakir' andererseits ergab im Mittel von 4 Jahren, daß die Bodenfeuchte erst bei Temperaturen über 16–18°C den Wasserzustand der Pflanzen beeinflußte (Abb.).

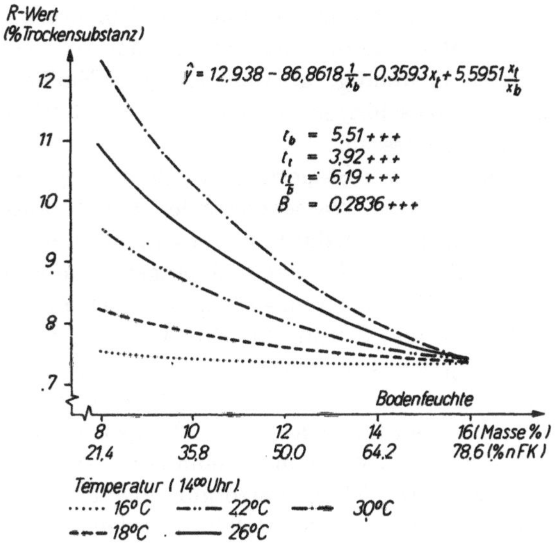

Wirkung von Bodenfeuchte und Lufttemperatur auf den Refraktometerwert von Winterweizen 'Poros' (1969) und 'Fakir' (1970, 1971, 1973)

Die Erhöhung der Bodenfeuchte führte nur bei warmer Witterung zur Senkung der R-Werte, das heißt zur Verbesserung des Wasserzustandes der Pflanzen. Ohne Wirkung blieb die Steigerung der Bodenfeuchte bei niedrigen Temperaturen, Beregnung wäre also überflüssig. Betrachtet man die Ergebnisse vom Standpunkt der Temperatur aus, läßt sich die Aussage so formulieren, daß hohe Temperaturen besonders dann zu einer Steigerung des R-Wertes führten, wenn die Bodenfeuchte niedrig lag.

Keinen Einfluß hatte die Temperatur dagegen bei hoher Bodenfeuchte (16 Masse-%). Eine negative Korrelation zwischen R-Wert und Bodenfeuchte bestand also nur bei höheren Temperaturen. Herrschte kühle Witterung, waren die R-Werte kaum von der Bodenfeuchte abhängig, sie lagen grundstäzlich niedrig. Wir möchten jedoch daraus nicht folgern, daß man die Bodenfeuchte immer hoch halten sollte, gewissermaßen als Sicherheitsmaßnahme. Ein solches Vorgehen wäre einmal Wasserverschwendung und würde außerdem die variablen Kosten der Beregnung erhöhen. Wenn in der dargestellten Regression das Bestimmtheitsmaß von B = 0,28 relativ niedrig war, so ist das in erster Linie dadurch bedingt, daß wegen des Anstieges der R-Werte im Verlauf der Vegetationsperiode eine zusätzliche Streuung entstand, die hier nicht eliminiert wurde.

Eine ähnliche Wirkung von Bodenfeuchte und Lufttemperatur auf den R-Wert konnte wie bei den Winterweizensorten 'Poros' und 'Fakir' auch bei 'Kavkaz' sowie bei Hafer und Sommergerste festgestellt werden.
Der R-Wert von Getreide reagiert also auf Änderungen sowohl der Bodenfeuchte als auch der Witterungsbedingungen, in unserem Fall der Temperatur. Hierin liegt der Vorteil dieser direkten Methode der Bestimmung der Wasserversorgung der Pflanzen. Es ist nicht notwendig, mehrere exogene Einflußgrößen zu ermitteln und deren Wirkung abzuschätzen, sondern mit dem R-Wert wird der Wasserzustand in einem Wert gemessen.
Die Verwendung der Refraktometermethode zur Steuerung der Beregnung hat die Fixierung von Grenzwerten des optimalen Wasserzustandes zur Voraussetzung. Im folgenden soll ein Vorschlag dazu diskutiert werden. Da die R-Werte von Getreide wesentlich vom Alter der Pflanzen abhängen, kann es keinen für die gesamte Vegetationszeit gültigen Grenzwert geben, bei dessen Überschreitung zu beregnen wäre (WICKE und SINGH, 1973b). Auch die Festlegung eines einzigen Grenzwertes für jeden Entwicklungsabschnitt erschien nicht zweckmäßig, weil innerhalb eines Entwicklungsstadiums die R-Werte ebenfalls zunehmen. Es wurde deshalb versucht, den Trend des entwicklungsbedingten Anstieges der R-Werte zu ermitteln, d.h. einen von Umwelteinflüssen bereinigten Anstieg, der für die Bedingung einer guten Wasserversorgung der Pflanzen zutrifft. Unter Einbeziehung der Ergebnisse von SINGH (1972) aus den Jahren 1969 und 1970 sind dazu Regressionsanalysen nach folgenden Ansätzen gerechnet worden:

1. $\hat{y} = a + bx$
2. $\hat{y} = a + b_1x + b_2x^2 + b_3x^3 + b_4x^4$ (mit Reduktion)

abhängige Variable $\hat{y}$ = Refraktometerwerte
unabhängige Variable x = Termin der Probeentnahme in der Vegetationsperiode

Die Prüfung der Ansätze hinsichtlich Sicherung der Regressionskoeffizienten und Bestimmtheitsmaß ergab, daß der lineare Ansatz am besten dem Verlauf der R-Werte im Untersuchungszeitraum (Schossen bis Milchreife) entsprach. Den Regressionen lagen die Mittel der R-Werte aller geprüften vier Bodenfeuchtestufen und aus mindestens zwei Versuchsjahren zugrunde (Tab. 1), um eine Bereinigung von extremen Bodenfeuchte- und Temperaturschwankungen zu erreichen. Die Einbeziehung der R-Werte der unberegneten Variante in das Mittel erfolgte, weil in kühlen und feuchten Perioden besonders die R-Werte der beregneten Varianten absanken und somit im Durchschnitt einen zu niedrigen Verlauf ergeben würden, der nicht dem arteigenen Verlauf der Pflanzen entspräche. Dagegen sorgte die Einbeziehung der R-Werte der höchsten Bodenfeuchtestufe für den notwendigen Ausgleich gegenüber den R-Werten der unberegneten Variante, die in warmen und trockenen Abschnitten am stärksten anstiegen. Wir wollen deshalb unterstellen, daß der errechnete mittlere Verlauf des entwicklungsbedingten Anstieges der R-Werte weitgehend dem typischen

Verlauf der untersuchten Getreideart bzw. -sorte unter den Bedingungen einer guten Wasserversorgung der Pflanzen entspricht. Gewissermaßen als Arbeitshypothese kann dieser lineare Trend als „Grenzverlauf des optimalen Wasserzustandes“ für die Steuerung benutzt werden (Tab. 2). Wenn die ermittelten

Tabelle 1

Regressionsfunktionen für den entwicklungsbedingten Anstieg* der Refraktometerwerte von Winterweizen, Hafer und Sommergerste

Getreideart, Getreidesorte	Versuchsjahre	n**	Regressionsfunktion	t-Wert für Regressionskoeffizient	B
Winterweizen					
'Poros', 'Fakir'	1969–1971, 1973	60	$y = 7{,}0941 + 0{,}0916\,x$	6,92+++	0,4525+++
'Kavkaz'	1972–1973	27	$y = 9{,}79 + 0{,}0809\,x$	6,36+++	0,6181+++
Hafer					
'Astor'	1969–1973	56	$y = 7{,}6817 + 0{,}1084\,x$	8,54+++	0,5746+++
Sommergerste					
'Elgina'	1971–1973	33	$y = 7{,}9809 + 0{,}111\,x$	9,18+++	0,7312+++

* Mittel der Refraktometerwerte (% TS) aus vier Bodenfeuchtevarianten (unberegnet, 30–40% nFK, 50–60% nFK, 70–80% nFK)

** Anzahl der Meßtage

Tabelle 2

Linearer entwicklungsbedingter Anstieg der Refraktometerwerte* von Winterweizen, Hafer und Sommergerste in den Entwicklungsabschnitten Schossen bis Milchreife

Getreideart Getreidesorte	linearer Anstieg der Refraktometerwerte (% der Trockensubstanz) in den Entwicklungsabschnitten Schossen	Ährenschieben	Milchreife
Winterweizen			
'Poros', 'Fakir'	5,2–7,0	7,1– 9,2	9,3–11,2
'Kavkaz'	8,2–9,7	9,8–11,5	11,6–13,4
Hafer			
'Astor'	5,6–7,6	7,7– 9,6	9,7–11,3
Sommergerste			
'Elgina'	6,1–7,9	8,0–10,3	10,4–11,9

* auf der Grundlage der Regressionsfunktionen für den entwicklungsbedingten Anstieg der Refraktometerwerte (s. Tab. 1) errechnet

R-Werte in der Vegetationsperiode diesen Grenzlauf überschreiten, dann liegt mit der angegebenen Bestimmtheit ein Wasserdefizit in den Pflanzen vor, das eine Zusatzwassergabe notwendig machen würde.

Der „Grenzverlauf" ist als Weiterentwicklung der in früheren Arbeiten (SINGH, 1972; WICKE und SINGH, 1973b) mitgeteilten Grenzwerte anzusehen. Aus einer Gegenüberstellung von Grenzwerten und „Grenzverlauf" sowie den 1972 und 1973 erzielten Erträgen verschieden bewässerter Parzellen ergibt sich die Schlußfolgerung, daß der „Grenzverlauf" den Bedürfnissen der Pflanzen nach einer ausgeglichenen Wasserbilanz wahrscheinlich besser Rechnung trägt. Es gilt jedoch in Vergleichen mit anderen Steuerungsmethoden, insbesondere auch indirekten, den Nachweis einer eventuellen Überlegenheit der Steuerung der Beregnung nach dem „Grenzverlauf" in bezug auf Mehrertragsleistung und Wasserausnutzung zu bringen.

Eine weitere noch offene Frage war bisher, ob eine Abhängigkeit des R-Wertes von Getreideart und -sorte vorliegt. Dazu wurden 1972 und 1973 in Sortenversuchen auf Böden der natürlichen Standorteinheiten Lö 2 und D 4 Messungen durchgeführt. Diese ergaben, daß im Mittel beider Jahre die R-Werte von Hafer und Sommergerste um 2% bzw. 12% höher lagen als die R-Werte von Winterweizen (DDR-Sorten). Gesicherte Sortenunterschiede wurden nur bei Winterweizen festgestellt, und zwar lag der mittlere R-Wert von drei sowjetischen Sorten im Durchschnitt der Versuchsjahre um 15% höher als der von drei DDR-Sorten. Innerhalb der beiden Sortengruppen waren keine signifikanten Differenzen vorhanden.

Daraus ergibt sich im Falle einer Steuerung der Beregnung nach direkten Methoden und insbesondere nach dem R-Wert die Notwendigkeit, bei Getreidesorten, die für die Beregnung vorgesehen sind, einen „Grenzverlauf des optimalen Wasserzustandes" zu ermitteln.

Der Einfluß der Nährstoffversorgung und der Chlorcholinchlorid-Behandlung auf die Höhe der R-Werte kann auf Grund eigener umfangreicher Prüfungen vernachlässigt werden. Voraussetzung ist aber, daß keine vom Optimum extrem abweichenden Bedingungen gegeben sind. Auch unterschiedliche R-Werte zwischen verschiedenen Standorten können nach ersten Ergebnissen im wesentlichen auf Unterschiede in der Bodenwasserversorgung zurückgeführt werden. Allerdings ist noch eine Überprüfung dieser Tatsache unter Einbeziehung extremer Böden notwendig.

Zusammenfassung

Einige Probleme der Verwendung des Wasserdefizits der Pflanze als Kriterium für die Steuerung der Getreideberegnung werden am Beispiel der Refraktometermethode diskutiert. Da der Wasserzustand der Pflanze, gemessen mit Hilfe der Refraktometermethode, nicht nur von der Bodenfeuchte, sondern auch von der Temperatur abhängt, bietet die Refraktometermethode den Vorteil, diese Wirkungen in einer einzigen Meßgröße zu erfassen. Als Grenzwert des Refraktometerwertes, dessen Unterschreitung Zusatzwasserbedarf anzeigt, wird ein „Grenzverlauf" vorgeschlagen, dessen Bewährung im Vergleich mit anderen Methoden noch zu ermitteln ist. Der „Grenzverlauf" ist artentypisch und in manchen Fällen auch sortenabhängig. Zwischen den Winterweizenzüchtungen aus der DDR bestanden keine signifikanten Differenzen, jedoch zwischen den Sorten aus der Sowjetunion und der DDR. Standortdifferenzen zwischen den Refraktometerwerten beruhten auf Unterschieden des Bodenwassergehaltes. Die Nährstoffversorgung hatte keinen Einfluß auf den Refraktometerwert, wenn kein extremer Mangel oder Überschuß vorlag.

Резюме

Название работы: Об управлении дождеванием зерновых культур методом рефрактометра

Обсуждаются некоторые проблемы использования у растения дефицита влаги в качестве критерия для управления дождеванием зерновых культур методом рефрактометра. Так как тургесценция в растении, определяемая методом рефрактометра, зависит не только от влажности почвы, но и от температуры, то метод рефрактометра имеет то преимущество, что он позволяет учитывать все эти воздействия в одном только показателе. Вместо предельного значения показателя рефрактометра, ниже которого наступает потребность в дополнительной воде, предлагается метод 'варьирующего лимита' ('Grenzverlauf'), применяемость которого по сравнению с другими методами требует еще обоснования. 'Варьирующий лимит' является типичным для видов, в некоторых случаях он зависит также от сорта. Достоверных разностей между сортами озимой пшеницы ГДР не отмечалось, но такие разности были установлены между сортами из Советского Союза и ГДР. Разности между показателями рефрактометра в различных географических точках обусловливаются различиями по влажности почвы. Обеспеченность почвы питательными веществами не влияла на показатель рефрактометра, за исключением случая крайнего недостатка или излишка питательных веществ.

Summary

Title of the paper: Controlling sprinkler irrigation of cereals by the refractometer method

By the example of the refractometer method the authors discuss some problems regarding the use of plant water deficit as a criterion for controlling sprinkler irrigation of cereals. Since the plant water status, as measured by the refractometer method, does not only depend on soil moisture but also on temperature, the refractometer method offers the advantage of recording these effects in one single coefficient. As the critical limit of the refractometer value (when the refractometer value falls below that limit there is need for water to be added) a "critical course of optimal water status" is proposed. However, the reliability of that "critical course" has still to be established by comparison with other methods. The "critical course" depends on the species concerned and in some cases also on the variety. No significant differences were found to exist between the winter wheat breeds from the German Democratic Republic, whereas such differences existed between GDR and Soviet varieties. Differences between the refractometer values of the various test sites were due to differences in soil water content. The refractometer value was not affected by the nutrient status unless there was extreme deficiency or excess.

Literatur

Dörter, K.: Untersuchungen über den großflächigen Einsatz der Beregnung mit Klarwasser und Gülle in der Kooperativen Pflanzenproduktion der Kooperation Görzig, Gröbzig, Wörbzig. Inform. f. d. Meliorationswesen 6 (1972), S. 26–31

Kundler, P.: Steigerung der Erträge in der Pflanzenproduktion durch hohe Ackerkultur. Feldwirtsch. 12 (1971), S. 249–259

Pfleger, I.: Untersuchungen zur Beziehung Bodenfeuchte, Refraktometerwert und Ertrag bei landwirtschaftlichen Fruchtarten mit Schlußfolgerungen über die Eignung des Refraktometerwertes zur Beregnungssteuerung. Jena, Univ., Diss. 1973

Roth, D.; Bergmann, H.: Methoden zur Bestimmung des Pflanzenwasserdefizits und ihre Eignung für die Steuerung der Zusatzwasserversorgung – Übersichtsbeitrag. Arch. Acker- u. Pflanzenbau u. Bodenkd. 17 (1973), S. 675–693

Roth, D.; Kachel, K.; Bechstädt, O.; Albrecht, M.: Intensivierung der Pflanzenproduktion in LPG und VEG durch Großflächenberegnung. Melioration u. Landwirtschaftsbau 1973, S. 262–265

Singh, D. P.: Wirkung von Beregnungsmaßnahmen auf den Wasserzustand von Getreidepflanzen und seine Beziehungen zu Wachstum und Ertrag. Halle, Univ., Diss. 1972

Stock, H. G.: Untersuchungen über den Einfluß der Witterung auf Wachstum und Ertrag von Rotklee und Luzerne. Leipzig, Univ., Diss. 1969

Schwarz, K.; Roth, D.; Kachel, K.: Pflanzenbauliche Leistungsparameter und Bemessungsgrößen des Beregnungseinsatzes mit Klar- und Abwassser unter Großflächenbedingungen. Arch. Acker- u. Pflanzenbau u. Bodenkd. 17 (1973), S. 133–142

Walter, H.: Die Hydratur der Pflanzen und ihre physiologisch-ökologische Bedeutung. Jena, Fischer-Verl., 1931, S. 9–12

Wicke, H. J.; Singh, D. P.: Untersuchungen über die Beziehungen zwischen Bodenfeuchte und Wasserzustand der Pflanze als Beitrag zum Problem der Steuerung der Getreideberegnung nach physiologischen Kriterien. Arch. Acker- u. Pflanzenbau u. Bodenkd. 17 (1973a), S. 573–584

Wicke, H. J.; Singh, D. P.: Über die Beziehungen zwischen dem mit Hilfe der Refraktometermethode ermittelten Wasserzustand von Getreidepflanzen und ihrer Stoffproduktion (Beitrag zur Entwicklung der Refraktometermethode als Steuerungsverfahren für die Getreideberegnung). Arch. Acker- u. Pflanzenbau u. Bodenkd. 17 (1973b), S. 585 bis 596

XYLANDER, W.: Beziehungen zwischen Bodenwassergehalt und Ertrag in Abhängigkeit von verschiedenen meteorologischen Faktoren bei Weidelgras, Zuckerrüben und Frühkartoffeln als Grundlage für die Steuerung des Beregnungseinsatzes auf einer Tonschwarzerde. Berlin, Akad. Landwirtsch. Wiss. DDR, Diss. 1973

Anschrift der Verfasser:
Hochschulagraringenieur PETER-CHRISTIAN ULRICH
Dozent Dr. habil. HANS-JOACHIM WICKE
Sektion Pflanzenproduktion – Wissenschaftsbereich Pflanzenbau – der Martin-Luther-Universität Halle-Wittenberg
401 Halle, Ludwig-Wucherer-Straße 79

Tag.-Ber., Akad. Landwirtsch.-Wiss. DDR, Berlin (1975) 135, S. 253-260

Zentralstelle für Sortenwesen der DDR

HELMUT REUSS

Die Erhöhung der Getreideproduktion durch Beregnung bei Getreidearten und Getreidesorten

Die Beregnung des Getreides besitzt unter Berücksichtigung der erforderlichen Aufwendungen eine geringere Effektivität als die Beregnung einer Reihe anderer Kulturen. Gemessen am GE-Mehrertrag liegt das Getreide in der Rangfolge der Beregnungswürdigkeit an letzter Stelle. Dennoch kann innerhalb der Beregnungsfruchtfolgen bzw. bei extremen Witterungsverhältnissen auch die Getreideberegnung ökonomisch sein.
Die relativ kurzen Beregnungszeiträume der einzelnen Getreidearten einerseits und die erreichbare beachtliche Ertragsstabilisierung unter speziellen Anbaubedingungen andererseits rücken die Getreideberegnung stärker in den Blickpunkt des Interesses.
Von der Zentralstelle für Sortenwesen wurden in den Jahren 1969 bis 1973 umfangreiche Sortenversuche mit Beregnung auf unterschiedlichen Standorten durchgeführt und dabei eine große Anzahl von Sorten bzw. Neuzüchtungen auf ihre Beregnungswürdigkeit untersucht. Nachfolgend wird über diese Ergebnisse und die geeignetsten Sorten berichtet. Die Steuerung der Beregnung erfolgte auf der Grundlage des Beregnungsdiagrammes nach KLATT. Die Anbaubedingungen – Saat, Pflege, Düngung und Unkrautbekämpfung – waren bei den unberegneten und beregneten Beständen stets einheitlich. Die Stickstoffdüngung basierte auf Gaben von 70 kg N/ha···110 kg N/ha bei den einzelnen Getreidearten bzw. auf den unterschiedlichen Standorten im Frühjahr und einer Spätdüngung von 40 kg N/ha.
In den folgenden Tabellen werden die Ergebnisse der verschiedenen Versuchsstandorte nach vergleichbaren Boden- und Klimabedingungen zusammengefaßt dargestellt, um Schlußfolgerungen für größere Anbaugebiete zu ermöglichen.

1. Wintergerste

Die zweijährigen Ergebnisse zeigen, daß die Wintergerste positiv auf die Zusatzberegnung anspricht, wenn entsprechender Wasserbedarf vorliegt. Während der hohe Mehrertrag auf den besseren Böden im Jahre 1970 nur bei sehr starker

Trockenheit im Beregnungszeitraum zu erwarten ist, läßt der Beregnungseffekt auf den leichten Böden der D 1- bis D 3-Standorte bereits eine deutliche Ertragsstabilisierung erkennen. Als beregnungsdankbare Züchtung erwies sich 'Vogelsanger Gold', besonders wegen ihrer guten Standfestigkeit.

Tabelle 1

Mehrerträge durch Beregnung bei Wintergerste (Sorte 'Vogelsanger Gold')

Jahre	1970	1970	1970, 1973
Anzahl der Versuche	1	1	4
Anbaugebiet (Bodenart)	Lö 2 (L)	D 4 (ls)	D 1–D 3 (S)
Zusatzberegnung mm	87	60	43
Kornertrag dt/ha unberegnet	45,2	32,9	33,6
Mehrertrag beregnet	10,5+	3,2	11,7
Mehrertrag kg/mm Zusatzwasser	12,1	5,3	27,2

Beregnungszeitraum: 30. 4.–30. 5.

+ Gesicherter Mehrertrag (GD 5%)

2. Winterweizen

Im fünfjährigen Mittel wurden auch bei Winterweizen gesicherte – im absoluten Ertragszuwachs jedoch relativ geringe – Mehrerträge durch die Beregnung erzielt. Dabei ist zu berücksichtigen, daß sich die Untersuchungen auf Löß- bzw. auf die besseren Böden diluvialer Standorte beziehen, auf denen die Getreideberegnung insgesamt nur bei anhaltenden Trockenperioden höhere Mehrerträge lieferte.

Tabelle 2

Mehrerträge durch Beregnung bei Winterweizen (Mittel der Jahre 1969···1973, Sorte 'Kavkaz')

Anbaugebiet Bodenart	Anzahl Versuche	Zusatz-beregnung mm	Kornertrag dt/ha unberegnet	Mehrertrag beregnet	Mehrertrag kg/mm Zusatzwasser
Lö 1–Lö 4 (L)	11	65	49,3	3,8+	5,8
D 4, D 5 (SL, lS)	10	57	51,0	4,3+	7,5

Beregnungszeitraum: 15. 5.–29. 6.

Als leistungsstärkste Winterweizensorte unter Beregnungsbedingungen erwies sich die sowjetische Sorte 'Kavkaz'. Auch die Sorten 'Avrora' und 'Winnetou' reagierten positiv auf die Beregnung, erreichten aber nicht ganz die Mehrerträge von 'Kavkaz'.

3. Sommerfuttergerste

Bei Sommerfuttergerste wurden besonders auf den leichten Böden der D 1- und D 2-Standorte hohe Ertragszunahmen durch die Beregnung erzielt. Auf diesen Böden trat zugleich eine starke Ertragssicherung ein. Die Schwankungen der Erträge gingen durch die Beregnung von 57,1% auf 23,9% zurück.

Tabelle 3

Mehrerträge durch Beregnung bei Sommerfuttergerste
(Mittel der Jahre 1969···1973, Sorten 'Elgina' und 'Trumpf')

Anbaugebiet (Bodenart)	Anzahl Versuche	Zusatzberegnung mm	Kornertrag dt/ha unberegnet	Mehrertrag beregnet	Mehrertrag kg/mm Zusatzwasser
D 4, D 5 (SL, lS)	11	53	36,1	6,3	11,9
D 1, D 2 (S)	14	81	32,2	10,6+	13,1

Beregnungszeitraum: 15. 5.–27. 6.

Die als Futtergerste, d.h. mit Stickstoffgaben von 80 kg N/ha bis 140 kg N/ha angebauten Sorten 'Elgina' und 'Trumpf' sowie eine Futtergerstenneuzüchtung erreichten bei Beregnung die höchsten Leistungen. Neben dem hohen Ertragspotential der Sorten sind die gute Standfestigkeit und Krankheitsresistenz ausschlaggebend für die Überlegenheit.

Mit der stärkeren Bereitstellung der Sorte 'Trumpf' bzw. des neuen Futtergerstenstammes sollte 'Elgina' unter Beregnungsbedingungen nicht mehr angebaut werden, da sie bei gleicher relativer Ertragszunahme durch die Beregnung das absolute Leistungsniveau der beiden anderen Züchtungen nicht erreicht.

Bei der Sortenwahl für Beregnungsflächen ist außerdem zu beachten, daß 'Trumpf' nur auf den besseren Böden der diluvialen Standorte die besten Leistungen bringt, während die Futtergerstenneuzüchtung auf den leichtesten Böden (bis etwa Ackerzahl 30) überlegen ist.

4. Hafer

Die Beregnung zu Hafer zeigt ebenfalls auf den leichten Böden den höchsten Mehrertrag. Die Ertragssicherung durch die Beregnung war beim Hafer auf allen Standorten sehr stark ausgeprägt. Die Schwankungen der Erträge gingen auf den Lößböden von 29,6% auf 19,5%, auf den Böden des Anbaugebietes D 4 und D 5 von 36,7% auf 22,0% und auf den leichtesten Böden sogar von 51,2% auf 21,4% zurück. Während ohne Beregnung die Ertragsschwankungen mit abnehmender Bodenqualität stark zunehmen, sind sie mit Zusatzberegnung auf allen Böden annähernd gleich. Das unterstreicht zugleich die aus den Ergebnissen ersichtliche bemerkenswerte Feststellung, daß die Beregnung zu Hafer in allen Anbaugebieten ein etwa gleichhohes Ertragsniveau gewährleistete.

Tabelle 4

Mehrerträge durch Beregnung bei Hafer
(Mittel der Jahre 1969···1973, Sorte 'Astor')

Anbaugebiet (Bodenart)	Anzahl Versuche	Zusatzberegnung mm	Kornertrag dt/ha unberegnet	Mehrertrag beregnet	Mehrertrag kg/mm Zusatzwasser
Lö 1–Lö 4 (L)	8	50	40,7	2,6	5,2
D 4, D 5 (SL, lS)	13	54	38,2	5,2+	9,6
D 1–D 2 (S)	14	91	34,0	10,6+	11,6

Beregnungszeitraum: 15. 5.–4. 7.

Von den untersuchten Hafersorten verwertete 'Astor' auf Grund der guten Standfestigkeit die zusätzlichen Wassergaben am besten.

5. Sommerweizen

Die Beregnung zu Sommerweizen ergab auf den Lößstandorten relativ geringe Mehrerträge, die denen des Winterweizens entsprechen. Auf den D 4- und D 5-Standorten konnte demgegenüber eine deutlich bessere Beregnungswirkung festgestellt werden. Von den geprüften Züchtungen war die Sorte 'Hatri' an allen Orten am besten geeignet.

Der Vergleich der Lößstandorte mit den besseren und leichteren diluvialen Standorten zeigt, daß mit abnehmender Bodenqualität und damit schlechterer Wasserführung die Beregnungsmehrerträge stark ansteigen. Gleichzeitig ist

damit ein absolut höherer Zusatzwasserverbrauch verbunden. Die erzielten Mehrerträge je Millimeter sind trotzdem auf den leichten Böden wesentlich günstiger.
Die Abnahme der Ertragsschwankungen war bei allen Getreidearten und Anbaugebieten nachzuweisen. Sie war am stärksten auf den D 1- bis D 3-Standorten vorhanden.

Tabelle 5

Mehrerträge durch Beregnung bei Sommerweizen
(Mittel der Jahre 1970···1973)

Anbaugebiet (Bodenart)	Anzahl Versuch	Zusatz-beregnung mm	Kornertrag dt/ha Mehrertrag unberegnet	beregnet	Mehrertrag kg/mm Zusatz-wasser
Lö 1–Lö 4 (L)	6	83	49,8	3,9	4,7
D 4, D 5 (SL, lS)	7	52	33,8	8,9	17,1

Beregnungszeitraum: 15. 5.–4. 7.

Im Wachstums- und Entwicklungsverlauf traten bei den Getreidearten zwischen „unberegnet" und „beregnet" nur geringfügige Unterschiede auf. Die Standfestigkeit wurde bei den genannten Sorten durch die zusätzlichen Wassergaben – sie wurden mit praxisüblichen Rundstrahlregnern ausgebracht – nur geringfügig verschlechtert. Nur in wenigen Fällen trat – durch unmittelbar nach der Beregnung einsetzende stärkere natürliche Niederschläge – Lager auf. Die gute Standfestigkeit der empfohlenen Sorten ist deshalb ein wesentliches Kriterium für deren Beregnungswürdigkeit. Dazu kommt weiterhin die allgemein gute Krankheitsresistenz dieser Züchtungen. Im Durchschnitt der Versuchsjahre waren keine Unterschiede im Mehltau- und Rostbefall zwischen den unberegneten und beregneten Beständen vorhanden. Während sich bei Sommer- und Winterweizen durch die Beregnung eine etwas höhere Neigung zu Zwiewuchs zeigt, ist bei Hafer eine Abnahme festzustellen.
Der Einfluß der Beregnung auf die Kornqualität muß in Verbindung mit dem erreichten Mehrertrag eingeschätzt werden. Die einzelnen Getreidearten zeigten dabei auf allen Standorten etwa gleiche Reaktionen. Die in Tab. 6 für Winterweizen, Sommerfuttergerste und Hafer im Mittel aller Anbaugebiete dargestellten Qualitätseigenschaften zeigen, daß bei geringen Mehrerträgen bis zu 5,0 dt/ha im Rohproteingehalt, der Vollkörnigkeit und der TKM praktisch keine Unterschiede zwischen „unberegnet" und „beregnet" vorhanden sind.

Tabelle 6

Einfluß der Beregnung auf die Kornqualität bei Getreide
(Mittel der Jahre 1969···1973)

Getreideart	Mehrertrag beregnet dt/ha Spanne	Mittel	Rohproteingehalt % unberegnet	beregnet	Siebsortierung >2 mm % unberegnet	beregnet	TKM g unberegnet	beregnet
Winterweizen	0,0– 5,0	0,8	15,1	15,0	94,5	94,8	45,6	44,7
	5,1–10,0	7,7	16,2	15,7	97,8	96,5	48,0	48,6
	>10,0	10,4	16,3	15,7	94,0	95,0	44,9	47,8
Sommerfuttergerste	0,0– 5,0	2,2	14,4	14,6	93,9	93,9	39,0	40,6
	5,1–10,0	7,2	14,9	13,9	90,8	91,5	39,1	41,4
	>10,0	17,2	17,2	14,7	86,4	95,1	38,9	41,1
Hafer	0,0– 5,0	0,4	13,5	13,8	–	–	30,5	30,1
	5,1–10,0	7,5	16,7	15,3	–	–	28,7	27,2
	>10,0	17,9	14,6	13,4	–	–	29,6	31,2

Bei Mehrerträgen von 5,0 dt/ha bis 10,0 dt/ha ist bereits ein spürbarer Rückgang im Gehalt an Rohprotein des Erntegutes festzustellen, der bei weiterer Ertragszunahme durch die Beregnung noch deutlicher wird.
Der Kornanteil in der Siebsortierung über 2 mm und die TKM erreichen demgegenüber mit zunehmenden Mehrerträgen günstigere Werte.
Daraus kann die Feststellung abgeleitet werden, daß die Verminderung des Rohproteingehaltes in erster Linie durch die bessere Kornausbildung bewirkt wird. Dabei entsprechen die absoluten Rohproteingehalte im Erntegut nach Beregnung auch bei hohen Mehrerträgen etwa dem bekannten Durchschnittswert der jeweiligen Sorte.

Zusammenfassung

In fünfjährigen Versuchen konnte nachgewiesen werden, daß die Beregnung des Getreides unter speziellen Anbaubedingungen zu einer beachtlichen Ertragsstabilisierung beiträgt. Aus dem Vergleich der Lößstandorte mit den besseren bzw. leichteren diluvialen Standorten ist ersichtlich, daß mit abnehmender Bodenqualität und damit schlechterer Wasserführung der Ertragszuwachs durch die Beregnung stark ansteigt. Auf den besseren Böden der Lößstandorte und zum Teil auch der D 4- und D 5-Standorte sind nur bei längeren Trockenperioden höhere Mehrerträge durch Zusatzwassergaben zu erwarten. Die leichten Böden der Standorteinheiten D 1···D 3 lieferten demgegenüber bei Wintergerste, Sommerfuttergerste und Hafer beachtliche Mehrerträge, wenn der Wasserbedarf durch die Beregnung voll gedeckt wurde. Aus einer großen Anzahl von geprüften Sorten und Neuzüchtungen erwiesen sich bei jeder Getreideart einzelne Sorten als besonders geeignet für die Beregnung. Bis auf Sommergerste und Hafer, bei denen zwischen jeweils zwei Sorten standortabhängig unterschiedliche Reaktionen unter Beregnungsbedingungen vorhanden waren, reagierten alle übrigen Sorten auf den einzelnen Standorten einheitlich. Die gute Standfestigkeit und Krankheitsresistenz der empfohlenen Sorten sind wesentliche Merkmale für deren Beregnungswürdigkeit.

Резюме

Название работы: Увеличение производства зерна путем орошения зерновых культур дождеванием

Пятилетние опыты показали, что орошение зерновых культур дождеванием в специальных условиях возделывания приводит к значительной стабилизации урожаев. При сравнении лёссовых почв с лучшими и легкими дилювиальными почвами отмечается, что с ухудшением качества почвы, а тем самым и водного режима, урожайность зерновых культур при орошении сильно возрастает. На лучших лёссовых почвах, а отчасти и на дилювиальных почвах (D 4 и D 5) от орошения можно ожидать повышенных прибавок урожая лишь в длительные засушливые периоды. В противоположность этому на дилювиальных почвах легкого механического состава (D1—D3) озимый ячмень, яровой кормовой ячмень и овес давали значительные прибавки в тех случаях, когда потребность в воде полностью удовлетворялась дождеванием. Из большого числа уже испытанных, а также новых выведенных сортов отдельные сорта каждой зерновой культуры оказались особенно пригодными для возделывания в условиях орошения. За исключением двух сортов ярового ячменя и двух сортов овса, реагировавших в зависимости от мест произрастйания неодинаково наорошение, все остальные сорта на отдельных местах произрастания отзывались однородно. Хорошая устойчивость к полеганию и к болезням является существенным критерием пригодности рекомендуемых сортов для возделывания в условиях орошения.

Summary

Title of the paper: Higher grain production through sprinkler irrigation of grain species and varieties

Five-year experiments have shown that under specific cropping conditions sprinkler irrigation of cereals would add considerably to yield stabilization. As can be seen from the comparison of the Lö sites with the better or lighter diluvial sites, respectively, the yield increase from sprinkler irrigation goes up as the soil quality declines and thus the water passage deteriorates. On the better soils of the Lö sites and partly also of the D 4 and D 5 sites, higher yield increase from additional water supply is expected only in case of prolonged drought. On the other hand, the light soils of the site units D 1 to D 3 produced a quite considerable additional yield of winter barley, spring barley for forage, and oats when the water demand was fully met by sprinkler irrigation. From among the large number of varieties and new breeds tested, each cereal species showed certain varieties that were particularly suitable for sprinkler irrigation. Except for spring barley and oats, where in each case under conditions of sprinkler irrigation site-specific differences in reaction were observed between two varieties, all the varieties showed uniform reaction on the various sites. The high resistance to lodging and to diseases observed with the recommended varieties is an essential criterion for their suitability for sprinkler irrigation.

Anschrift des Verfassers:
Dr. Helmut Reuss
Zentralstelle für Sortenwesen der DDR
8253 Nossen, Waldheimer Straße 219

Bei Fragen zur Produktsicherheit wenden Sie sich bitte an:
If you have any questions regarding product safety,
please contact:

Walter de Gruyter GmbH
Genthiner Straße 13
10785 Berlin
productsafety@degruyterbrill.com